생각하는 기계

이 도서의 국립중앙도서관 출판예정도서목록(CIP)은 서지정보유통지원시스템 홈페이지(http://seoji.nl.go.kr)와
국가자료공동목록시스템(http://www.nl.go.kr/kolisnet)에서 이용하실 수 있습니다. (CIP제어번호 : CIP2018016965)

MACHINES THAT THINK

토비 월시 지음 | **이기동** 옮김

AI의 미래
The Future of Artificial Intelligence

생각하는 기계

도서
출판 프리뷰

인공지능은 인류에게 축복인가

멀리 1950년으로 되돌아가서 이야기를 시작해 보자. 그때는 세상이 지금보다 훨씬 더 단순했다. 텔레비전은 흑백 화면이고, 비행기가 있었지만 여객기는 운항되기 전이었다. 실리콘 트랜지스터도 발명되기 전이고, 컴퓨터는 전 세계적으로 열 대 남짓밖에 없었다.1 그나마 모두 진공관과 계전기relays, 배선반, 콘덴서를 조립한 것이어서 컴퓨터 한 대가 방 한 칸을 다 차지할 정도로 컸다.

그 시절에 어떤 대담한 사람이 이런 예측을 내놓았다. "20세기 말이 되면 우리가 쓰는 단어의 의미가 바뀌고, 교육받은 사람들의 일반적인 생각이 크게 바뀌어서 '생각하는 기계'에 대해 이야기해도 크게 이상하지 않은 시대가 되어 있을 것이다."2 생각하는 기계라니! 얼마나 멋진 생각인가! 정말 머지않은 장래에 기계가 생각을 할 수 있게 될까? 만약 기계가 생각을 한다면, 언제쯤이면 기계의 생각이 사람을 능가하게 될까?

도대체 누가 그런 예견을 했을까? 진지하게 한 예견이었을까? 그 주인공은 1999년 타임Time 매거진이 선정한 '20세기에 가장 영향력 있는 인물

100인' 가운데 뽑힌 사람이었다.[3] 자타가 공인하는 20세기의 괴짜 사상가 가운데 한 명으로 수학자에 전쟁영웅이었으며, 무엇보다도 그는 꿈을 추구하는 사람이었다. 아깝게 요절하고 오랜 세월이 지난 지금까지 그의 꿈은 우리의 삶에 영향을 미치고 있다.

제2차세계대전 중 독일군의 에니그마Enigma 암호코드를 해독하는 데 결정적인 역할을 한 그의 이야기는 영화로 만들어져 오스카상을 수상했다. 전쟁 당시 영국 총리 윈스턴 처칠은 암호해독 임무에 투입된 그와 그의 동료들을 가리켜 '우는 소리를 내지도 않고 황금알을 낳은 거위들'이라고 불렀다. 역사가들은 이들이 에니그마 암호를 해독함으로써 종전終戰이 적어도 2년 앞당겨졌다고 말한다. 그 덕분에 수백만 명이 목숨을 건진 것은 물론이다. 하지만 20세기 말이 되면서부터 나는 이 주인공의 가장 큰 공적이 '암호해독'에 그치지 않는다는 생각을 하기 시작했다.

암호해독 과정에서 그는 계산기 작동원리의 이론적인 토대를 만들고, 사실상 최초의 계산기인 '봄베'bombe의 발명에 기여했다. 이 봄베가 독일군의 암호를 해독하는 데 사용되었고, 그의 이론은 오늘날 컴퓨터과학의 토대가 되었다.[4] 그는 계산기가 만들어지기도 전에 가장 완전한 형태의 보편적인 만능 컴퓨터를 만들겠다는 생각을 했다.[5] 이런 공적을 인정해서 컴퓨터과학 분야의 가장 권위 있는 상은 그의 이름을 따서 제정됐다. 현재 컴퓨터가 우리 삶의 모든 분야에 엄청난 영향을 미치고 있지만 사람들은 컴퓨터과학의 토대를 닦은 그의 공적을 제대로 기억하고 있지 않다.

그는 또한 행태형성morphogenesis이라는 생물학 분야에도 큰 영향을 끼쳤다. 그가 끼친 영향력의 원천은 가장 오래 된 과학저널 가운데 한 곳에 발표한 '행태형성의 화학적 토대'*The Chemical Basis of Morphogenesis*라는 한편의 논문에서 비롯됐다.**6** 그때까지 찰스 다윈(다윈의 진화론은 인간존재에 대한 그 때까지의 생각을 바꾸어놓았다.)알렉산더 플레밍(페니실린을 발견함으로써 수백만 명의 목숨을 구했다.) 제임스 왓슨*James Watson*, 프랜시스 크리크*Francis Crick*, 도로시 호지킨*Dorothy Hodgkin* 같은 과학계의 우상들이 논문발표자로 이름을 올린 바로 그 저널이다.(호지킨은 분자구조 분석을 통해 유전학 연구 분야의 혁명적인 발전을 촉발시켰다.) 그는 이 논문을 통해 자연계에서 형성되는 패턴에 관한 이론을 제시했다. 식물과 동물들에게 줄이나 점, 나선형 등이 왜 만들어지는지에 대한 설명이다.

그는 동성애자 세계에서도 매우 중요한 인물이다. 1950년대 영국에서 동성애는 불법이었다. 그는 1952년 동성애 혐의로 기소된 다음 화학적 거세를 당했는데, 이런 일들이 그의 갑작스런 죽음에 영향을 주었을 것이다. 그렇게 해서 그는 제2차세계대전 중에 자신이 크게 기여한 영국의 기성사회로부터 버림을 받았다.**7** 2009년에 고든 브라운*Gordon Brown* 영국 총리는 국민들의 청원을 받아들여 그의 박해받은 삶에 대해 공식적으로 사과했다. 그로부터 4년 뒤, 영국 여왕은 그에게 내려졌던 유죄판결에 대해 사면 결정을 내렸다. 게이 사회에서는 그를 순교자로 추앙한다. 하지만 나는 21세기 말이 되면 그가 이런 일들로 가장 크게 기억될 것이라고는 생각하지 않는다.

그렇다면 그는 과연 어떤 업적으로 가장 선명하게 기억될 것인가? 나는 그가 다소 이름 없는 철학저널인 마인드*Mind*에 발표한 한 편의 논문이 아닐까 생각한다.8 글 첫머리에서 인용한 '생각하는 기계'에 관한 구절도 바로 이 논문에 들어 있는 것이다. 앞에서 인용한 그의 논문은 오늘날 인공지능의 역사에서 가장 중요한 논문 가운데 하나로 간주되고 있다.9 이 논문은 생각하는 기계의 탄생이라는 미래를 그려 보여주고 있다.

저자가 이 논문을 쓸 당시 세계 전역에 열 대 남짓한 컴퓨터가 있었는데 하나같이 대형에다 엄청나게 비싼 기계였다. 물론 성능은 지금 우리가 호주머니에 넣고 다니는 스마트폰보다 형편없었다. 당시에는 앞으로 컴퓨터가 우리 생활에 얼마나 많은 영향을 미치게 될지 감히 상상도 하지 못했다. 하물며 생각하는 컴퓨터는 꿈도 꿔 보지 못했을 것이다. 하지만 이 논문에서 저자는 생각하는 기계의 탄생 가능성에 대해 앞으로 제기될 여러 반대주장을 예견하고 이를 반박까지 했다. 많은 이들이 이 논문의 저자를 인공지능*AI* 분야의 아버지 가운데 한 명이라고 생각한다.

아시다시피 그 사람은 바로 앨런 매티슨 튜링*Alan Mathison Turing*이다. 영국왕립협회 회원이었으며 1912년에 태어나 1954년에 자살로 생을 마감했다. 21세기가 끝날 무렵이 되면 사람들은 앨런 튜링을 생각하는 기계를 발명하는 연구 분야에 토대를 닦은 인물로 기억할 것이라고 나는 생각한다. 생각하는 기계가 탄생된다면 산업화 시대 초기에 증기엔진이 그랬던 것처럼 인류의 삶에 엄청난 변화를 가져올 것이다. 우리의 일하는 방식은 물론이고, 놀이방식, 육아방식, 환자치료와 노인 간병 방식까지 바뀔 것이고,

궁극적으로는 인류의 존재의미 자체가 바뀔 것이다. 이 기계는 인류의 삶에 가장 많은 변화를 가져오는 발명품이 될 것이다. 공상과학 소설은 이미 생각하는 로봇 이야기로 가득하고, 실제로 과학은 소설 속의 이야기들을 바짝 뒤따라가며 하나하나 현실로 바꾸어 놓고 있다.

공상과학 소설이 꿈꾼 미래가 우리의 삶에서 현실로 나타나고 있는 것이다. 호주머니 안에 넣어 다니는 휴대용 컴퓨터가 난해한 문제들의 답을 알려주고, 게임과 영화로 놀거리를 제공해 주며, 길을 잃으면 집으로 가는 길을 알려준다. 뿐만 아니라 일자리를 구해주고, 삶의 동반자를 찾아주며, 세레나데를 연주하고, 세계 곳곳에 흩어져 있는 친구들과 순식간에 연결해 준다. 전화기로 쓰이는 용도는 가장 평범한 기능 가운데 하나에 불과하다.

물론 튜링이 남긴 유산이 인공지능의 시대를 여는 데 큰 역할을 할 것이라는 나의 예견에는 여러 가지 의문이 뒤따른다. 이번 세기가 끝날 때쯤에는 튜링이 생각하는 기계의 발명에 기여한 장본인으로 기억될 것인가? 그리고 그 미래는 좋은 미래일까? 로봇이 지금 인간이 하는 힘들고 위험한 일을 모두 대신하게 될 것인가? 경제는 더 발전할까? 인간은 일을 덜 하고, 그 대신 여가를 더 즐길 수 있게 될까? 할리우드 영화에서 그리는 일들이 현실로 나타날까? 미래는 더 힘든 세상이 될까? 빈익빈 부익부가 더 심해질까? 많은 사람이 일자리를 잃고, 로봇이 그 자리를 모두 차지하게 될까? 인간은 지금 스스로 자멸의 씨앗을 뿌리고 있는 것은 아닐까?

이 책은 이런 질문들에 대한 답을 찾기 위해 썼다. 그리고 인공지능AI이 인류를 어떤 방향으로 이끌고 나갈 것인지에 대해 예측해 보려고 했다.

첫째 파트에서는 과거의 경험에서 얻을 교훈에 대해 알아본다. 기술의 발전이 나아갈 방향에 대해 가장 정확하게 알 수 있는 방법 가운데 하나는 그 기술이 어디서 진화되어 나왔는지 알아보는 것이다. 두 번째 파트에서는 AI의 현주소에 대해 알아보고, 생각하는 기계를 만들어서 인류가 누리게 될 혜택과 위험에 대해 알아본다. 이 위대한 기술의 발전이 이룰 성과를 가능한 한 현실적인 입장에서 평가하려고 노력했다.

생각하는 기계를 만드는 일은 성공한다면 우리 사회에 엄청난 영향을 미칠 담대하고 의욕적인 노력이다. 마지막 셋째 파트에서는 AI의 미래에 대해 보다 상세히 다루었다. 많은 책자와 영화 속에서 구체적인 근거 없이 예견한 일들이 실제 현실로 나타날 것인가? 아니면 그런 일들은 공상과학이 그린 단순한 허구에 그칠 것인가? 나는 다소 모험적인 시도로 AI가 2050년까지 인류의 미래에 초래할 변화에 대해 10가지 예측을 해보았다. 그 가운데는 여러분이 놀랄만한 예견들도 들어 있을 것이다.

관련 업계는 이미 그런 일들로 들떠 있다. 최근 5년 동안 수십 억 달러의 벤처자금이 인공지능 개발 기업들에 쏟아져 들어갔다.[10] 엄청난 거액이 투자되고 있다. 거대 컴퓨터 기업인 IBM은 인지컴퓨팅cognitive computing 플랫폼 왓슨Watson에 10억 달러를 쏟아 붓고 있다.[11] 도요타는 자율주행 연구에 10억 달러를 투자했다. 안전하고 일반적인 용도의 인공지능 개발을 목표로 하는 비영리 단체인 오픈OpenAI에도 10억 달러의 연구자금이 모였다. 사우디의 국부펀드가 거액을 투자한 소프트뱅크 비전펀드SoftBank Vision Fund는 2015년 10월에 출범해 인공지능과 사물인터넷 기업들을 대상으로 지금까지 1천 억 달러 규모를 집중투자했다.

이밖에도 구글과 페이스북, 바이두*Baidu*를 비롯해 기술 분야의 주요 기업들이 인공지능 개발에 대대적으로 투자하고 있다. 이 분야의 연구가 매우 흥미진진하게 전개되고 있는 것은 분명한 사실이다. 대규모 자금이 유입되면서 앞으로 생각하는 기계의 탄생에는 더 가속도가 붙을 것이다.

AI의 위험성에 대비해야

컴퓨터는 오늘날 인류의 삶을 놀라운 속도로 바꾸어놓고 있다. 그에 따라 인공지능에 대해 제대로 알고자 하는 욕구가 전 세계적으로 커지고 있다. 많은 전문가들이 앞으로 엄청난 일들이 일어날 것이라는 예측을 내놓았다. 2016년 5월 영국 마이크로소프트*Microsoft UK*의 최고전략책임자 데이브 코플린*Dave Coplin*은 "오늘날 인류가 하는 연구 가운데서 가장 중요한 분야는 바로 인공지능이다. 인공지능이 기술과 인간의 관계뿐만 아니라 인간들끼리의 관계도 바꿀 것이며, 나아가서 인간이 어떤 존재인가에 대한 지금까지의 생각까지 바꾸어 놓을 것"이라고 했다.

그보다 한 달 전에 구글의 CEO인 순다 피차이*Sundar Pichai*는 구글 전략의 핵심이 바로 인공지능이라며 이렇게 말했다. "우리의 핵심동력은 머신러닝*machine learning*과 인공지능에 대한 장기투자이다. 우리는 미래를 내다보며, 모바일 퍼스트에서 인공지능 퍼스트를 향해 나아갈 것이다."

하지만 여전히 많은 전문가들이 AI와 함께 나타날 많은 위험성에 대해 경고하고 있다. 이 위험성에 제대로 대비하지 않으면 인류의 종말이 앞당겨질 것이라는 우려까지 나오고 있다. 2014년 일론 머스크*Elon Musk*는 MIT 에서 행한 연설에서 청중들을 향해 "인공지능에 대해 많은 주의를 기울여 야 합니다. 인류의 존재에 가장 큰 위협이 무엇일까에 대해 생각해 보면 아마도 인공지능이 바로 그 주인공이 될 것이라는 걱정이 듭니다."라고 경 고했다. 머스크는 페이팔*PayPal*, 테슬라*Tesla*, 스페이스엑스*SpaceX*를 잇따라 창업한 기업가이며 발명가, 투자자이다. 그는 혁신적인 아이디어로 금융 분야와 자동차 산업, 우주여행 분야에 큰 충격파를 던진 사람이다.

머스크는 AI가 인류에 심각한 존재론적인 위협을 안겨 줄 것이라는 우 려를 자기 돈을 써서 직접 뒷받침해 보였다. 2015년 초에 그는 인류미래 연구소*Future of Humanity Institute*에 1천만 달러를 기부해 인공지능을 안전하 게 개발하는 방안을 연구하는 데 쓰도록 했다. 순자산이 100억 달러에 달 하고, 세계 100대 부호 반열에 오른 그에게 1천만 달러는 큰돈이 아니라 고 생각하는 사람이 있을지도 모르겠다. 그는 바로 그해 기부금 액수를 100배로 늘려서 10억 달러 규모 오픈AI 프로젝트의 핵심 후원자가 되겠다 고 발표했다. 오픈AI 프로젝트의 목표는 인공지능을 안전하게 개발하고, 관련 정보를 오픈소스로 만들어 전 세계적으로 누구나 이용할 수 있도록 공개하겠다는 것이다.

머스크에 이어 물리학자인 스티븐 호킹*Stephen Hawking*박사도 인공지능 의 위험성을 경고하고 나섰다. 아이러니 하게도 그는 자신의 음성합성장 치 소프트웨어 업데이트를 환영하는 말을 하면서 '인공지능이 본격적으로 개발되면 인류의 종말을 촉진시킬 수 있다.'는 경고를 내놓았다.

마이크로소프트의 빌 게이츠와 일명 '보즈'Woz로 불리는 애플의 스티브 보즈니악Steve Wozniak을 비롯해 여러 유명 첨단기술 전문가들도 AI로 인해 초래될 위험한 미래를 예고하고 나섰다. 정보이론의 아버지로 불리는 클로드 섀넌Claude Shannon은 1987년에 이렇게 썼다. "우리가 애완견을 대하듯이 로봇이 인간을 다루는 시대가 올 것이라는 예감이 든다. 내가 기계의 도우미 역할을 하게 되는 것이다!"12 앨런 튜링 본인도 1951년 BBC 라디오3Third Programme 방송에 출연해 다음과 같이 신중한 예측을 내놓았다.

"생각하는 기계가 만들어진다면, 인간보다 더 지능적으로 생각할 수 있게 될 것이다. 그렇게 되면 우리 인간이 설 땅은 어디겠는가? 예를 들어 결정적인 순간에 전원을 끄든지 하는 식으로 기계를 계속 인간에게 종속적인 지위에 머물도록 할 수는 있을 것이다. 그렇더라도 우리는 인간이라는 종種의 자리에 대해 매우 겸허한 생각을 갖지 않을 수 없게 될 것이다. 다시 말해 불안감 같은 것을 느끼게 될 것이다."

물론 모든 기술 분야 전문가들이 생각하는 기계의 발명이 인간에게 미치는 영향에 대해 걱정하는 것은 아니다. 2016년 1월, 페이스북의 마크 저커버그Mark Zuckerberg는 이런 종류의 불안감을 이렇게 일축했다. "나는 AI로 하여금 인간을 위해 봉사하고, 우리에게 도움이 되도록 만들 수 있다고 생각한다. 공포감을 조성하는 사람들이 마치 AI가 엄청난 위험을 초래할 것같이 호들갑을 떨지만 그것은 지나친 과장이라고 생각한다. AI가 초래할 위험성은 광범위하게 퍼진 질병이나 폭력 같은 재앙에 비해 훨씬 경미할 것이다." 중국의 유명 인터넷 기업 바이두Baidu의 대표적인 인공지능 연구자인 앤드루 응*Andrew Ng*은 이렇게 말했다. "AI를 둘러싼 우려는 화성의 인구과잉을 걱정하는 것이나 마찬가지이다."(실제로 일론 머스크는 문샷*moonshot* 프로젝트를 통해 인간을 화성에 이주시키는 계획을 추진하고 있다.)

그렇다면 우리는 과연 어느 쪽 말을 믿어야 하나? 만약 머스크나 저커버그 같은 사람들의 말이 사실이라면 AI의 미래에 대해 걱정할 필요가 전혀 없다는 것인가? 과거에 제기된 인공지능에 대한 우려들을 되짚어 보자. SF 문학의 거장인 아서 C. 클라크*Arthur C. Clarke*는 1968년에 인공지능이 초래할 위험성을 경고했다. 그는 미래의 기술에 대해 탁월한 예견을 남긴 사람으로 정지궤도 위성*geosynchronous satellites*과 지금의 인터넷에 해당되는 글로벌 디지털 라이브러리, 번역기계의 등장을 예견했다. 무엇보다도 그는 소설 〈2001 : 스페이스 오디세이〉*2001: A Space Odyssey*에 등장하는 인공지능 컴퓨터 '할*HAL* 9000'을 통해 인공지능 시대의 출발을 알렸다.

나는 클라크를 비롯한 여러 공상가들로부터 영감을 받아서 어릴 적부터 인공지능에 관한 꿈을 꾸기 시작했다. 그리고 그 꿈을 이루기 위해 평생 이 분야에 대한 연구를 계속했다. 유명 물리학자나 성공한 첨단기술 기업인들이 AI가 인류의 종말을 초래할 것이라는 경고를 내놓는 것을 보면 다소 우려스럽다는 생각이 든다. AI 연구에 종사하는 우리는 이 일에 너무 몰두하다 보니 그 위험성을 제대로 보지 못하는 것일까? 그게 사실이라면 우리는 인류의 존립을 무너뜨릴지 모를 기계를 만들겠다고 매달리는 어리석은 일을 하고 있는 게 아닌가?

인공지능과 관련한 우려들 가운데 일부는 우리의 심리상태 속 깊숙이 자리한 불안감에 기인할지도 모른다. 그 불안감은 프로메테우스 신화에 들어 있는 불안감과 일맥상통한다. 그리스 신화에서 프로메테우스는 제우스의 지시를 어기고 인간에게 불을 훔쳐다 주었고, 인간은 그 불로 인해 많은 혜택과 화를 함께 입었다. 메리 셸리Mary Shelley의 소설 〈프랑켄슈타인〉Frankenstein에도 같은 불안감이 등장한다. 그것은 바로 우리가 만든 생명체가 어느 날 우리 자신을 해칠지 모른다는 불안감이다. 오래 전의 일이라고 근거 없는 두려움으로 치부할 수는 없다. 인간이 개발한 기술 가운데는 한 번쯤 멈추고 되돌아봐야 할 것들이 많다. 핵무기를 비롯해 복제술cloning, 표적을 눈멀게 만드는 실명失明 레이저blinding lasers, 소셜미디어 등 얼마든지 꼽을 수 있다. 이 책을 통해 나는 생각하는 기계의 탄생을 우리가 얼마나 반겨야 할지, 아니면 얼마나 두려워해야 할지에 대해 사람들이 올바른 판단을 하도록 도움을 주고자 한다.

책임의 일부는 인공지능 연구에 종사하는 우리 과학자들에게 있다.

비非전문가들과의 소통에 소홀했고, 소통하더라도 의미전달을 명쾌하게 하지 않은 경우가 많았다. 우리가 어떤 일을 하고 있고, 우리가 하는 일이 우리 사회를 어떤 방향으로 이끌어 나갈지에 대해 사람들에게 좀 더 명확하게 설명할 필요가 있었다. 우리가 이끄는 변화의 대부분이 사회적인 파장을 미치는 것이고, 사회적인 변화는 기술의 발전보다 훨씬 느리게 진행된다. 대부분의 기술과 마찬가지로 인공지능도 도덕적으로 중립적이다. 좋은 결과를 낳을 수도 있고, 나쁜 결과를 낳을 수도 있다는 말이다.

한 가지 심각한 점은 인공지능에 관해 많은 오해가 있으며, 이런 오해들은 해소되어야 한다는 사실이다. 특히 이 분야에서 일하지 않는 사람들은 현재 인공지능의 능력, 그리고 가까운 미래에 갖추게 될 인공지능의 능력을 지나치게 과대평가하려는 경향이 있다. 이들은 컴퓨터가 포켓몬 GO를 사람보다 더 잘한다고 생각하고, 사람은 절대로 컴퓨터만큼 잘할 수 없다고 단정한다.13 이들은 게임뿐만 아니라 다른 여러 지적인 활동도 컴퓨터가 사람보다 더 우수하다고 생각한다.

하지만 다른 컴퓨터 프로그램과 마찬가지로 GO 프로그램은 해당 게임만 잘하도록 만들어진 '바보 천재'에 불과하다. 체스나 포커 같은 단순한 게임을 GO 프로그램에 시켜도 못한다. 해당 프로그램으로 하여금 다른 게임을 할 수 있도록 만들기 위해서는 사람의 손으로 상당한 수준의 엔지니어링 작업을 해주어야만 한다. 컴퓨터가 어느 날 아침에 눈을 떠서 갑자기 GO 게임에 싫증이 난다며 스스로 온라인 포커 도박을 시작할 수는 없다. 마찬가지로 컴퓨터가 어느 날 아침 일어나서 갑자기 세계를 지배하겠다는 욕심을 부릴 수도 없다. 컴퓨터에게는 욕망이 없다. 그것은 단지 컴퓨터 프로그램에 불과하며, 사람에 의해 프로그램 된 대로 움직일 뿐이다. 컴퓨터가 포켓몬 GO를 잘하는 것은 그 게임을 아주 잘하도록 프로그램 되었기 때문이다.

다른 한편으로, 나는 또한 우리 모두 기술발전이 가져다주는 장기적인 변화를 과소평가하는 경향이 있다고 생각한다. 스마트폰이 도입되고 불과 10년이 지나는 동안 우리의 삶이 얼마나 바뀌었는지 한번 살펴보자. 인터넷이 시작되고 20년 정도 지나는 동안 우리의 삶은 거의 모든 분야에서 바뀌었다. 그리고 지금부터 20년 뒤에는 얼마나 많은 변화가 일어날지 상상해 보자. 기술이 가져오는 복합적인 영향을 감안하면 이후 20년은 이전 20년보다 더 큰 변화가 일어날 가능성이 높다.

우리 인간은 기하급수적으로 늘어나는 급격한 성장을 인식하는 데 서툴다. 진화과정에서 눈앞의 위험에 잘 대처하도록 최적화되었기 때문이다. 인간은 장기적인 위험요소를 파악하는 데 취약하며, 도저히 일어날 것 같지 않은 충격적인 사태인 '블랙스완'black swan을 제대로 예측하지 못한다.14 장기예측을 제대로 한다면 모두가 복권 사는 짓을 그만두고 연금가입 액수를 늘릴 것이다. 쾌락을 추구하고 고통을 회피하도록 진화된 인간의 뇌로는 복합적인 성장을 동반하는 발전을 이해하기 어렵다. 인간은 순간을 추구하는 존재이다.

이 책을 본격적으로 읽기 시작하기 전에 여러분에게 당부할 일이 하나 있다. 미래를 예측하는 일은 부정확한 학문이라는 사실을 잊으면 안 된다는 것이다. 노벨상 수상자인 덴마크 물리학자 닐스 보어Niels Bohr는 "예측은 어려운 작업이며, 미래를 예측하는 일은 특히 더 어렵다."고 했다. 내가 이 책에서 제시하는 큰 틀의 예측은 정확할 것이지만, 일부 세세한 부분에서는 내 예측이 빗나가는 경우들이 분명히 있을 것이다. 그러한 과정에서 나를 포함해 수천 명의 동료들이 '생각하는 기계'의 탄생이라는 목표를 향해 평생을 바쳐 가슴 설레는 작업을 계속해 온 이유를 여러분이 이해하게 될 것이라고 생각한다. 그리고 우리가 가는 이 길이 이 지구상에서 사는 우리 인간의 삶의 질을 향상시키기 위해 반드시 가야 하는 길이라는 점도 여러분이 알게 될 것이다.

무엇보다도 우리가 사는 사회가 얼마나 변화를 필요로 하는지에 대해 여러분이 알아주었으면 좋겠다. 이 책을 통해 제시하고자 하는 궁극적인 메시지는 인공지능이 우리를 여러 다양한 길로 인도해 줄 수 있다는 사실이다. 거기에는 좋은 길도 있고, 좋지 않은 길도 있을 것이다. 어떤 길을 택해서 나아갈지를 결정하는 것은 우리 사회의 몫이다. 인간이 기계의 손에 결정을 맡길 수 있는 분야는 많다. 하지만 나는 설사 기계가 사람보다 더 나은 결정을 내릴 수 있는 분야가 있더라도 그 범위는 일부분에 국한시켜야 한다고 생각한다. 이제 사회 전체가 나서서 어떤 일을 기계에게 맡길지 선택하는 작업을 시작해야 한다.

이 책은 인공지능에 관심을 가진 전문가는 물론이고 비전문가인 독자들을 포함한 모두를 위해 썼다. 많은 이들이 인공지능이 인류를 어떤 방향으로 이끌고 갈 것인지 궁금해 할 것이다. 생각하는 기계를 둘러싼 그 많은 예측들 가운데 실제로 현실화 되는 것은 얼마나 될까? 인공지능이 인간지능을 넘어서는 '기술적 특이점' *technological singularity*은 실제로 다가올 것인가? AI가 인도하는 미래는 우려할만한 것인가? 그 미래는 나와 우리 아이들에게 어떤 영향을 미칠까? 제기되는 예측들이 실제로 일어나기까지 과연 어느 정도의 시간이 걸릴까?**15**

글 싣는 순서

PART 01
현실이된 AI의꿈

Chapter 01 : 생각하는 기계

Chapter 02 : 초기 AI 연구

Chapter 03 : 어디서부터 인공지능인가

PART 02
AI 연구 어디까지 왔나

Chapter 04 ∶ **AI의 현주소**

Chapter 05 ∶ **AI의 한계**

PART 03
AI가 만드는 새로운 미래

Chapter 09 : AI 시대를 축복으로 맞이하려면

Chapter 10 : 2050년, AI가 만들 10가지 미래 변화

PART
01

현실이 된 AI의 꿈

MACHINES THAT THINK

생각하는 기계

1

생각을 계산할 수 있을까

인공지능이 인류의 미래를 어디로 이끌고 갈 것인지에 대해 알아보기 위해서는 인공지능이 걸어온 과거와 현재에 대해 아는 게 도움이 될 것이다. 그런 다음 미래에 대한 예측에 나서 볼 수 있을 것이다. 인공지능 *Artificial Intelligence*이라는 용어는 '인공지능의 아버지' 가운데 한 명인 존 매카시*John McCarthy*[1]가 1956년 뉴햄프셔에서 열린 다트머스 회의*Dartmouth Summer Research Project on Artificial Intelligence*에서 처음으로 소개했다.[2]

매카시가 이름을 제대로 붙인 것이냐를 놓고 그동안 많은 논란이 있었다. 지능*Intelligence*이란 단어 자체의 개념정의가 워낙 모호하기 때문이다. 그리고 어떤 단어든 그 앞에 '인공'*artificial*이라는 수식어를 붙이면 썩 좋은 어감을 주지 못한다는 주장도 있다. 하지만 싫든 좋든 현재 우리는 인공지능이란 이름을 쓰고 있고, AI의 역사는 컴퓨터가 발명되기 훨씬 이전으로 거슬러 올라간다. 인류는 '생각하는 기계'를 만들기 위해, 혹은 '생각을 기계로 표현하기 위해' 수 세기 동안 고민해 왔다.

많은 경우에 그렇듯이 인공지능도 정확한 출발점이 어디라고 못 박기는 쉽지 않지만 논리학의 시작과 밀접한 연관이 있다. 가능한 출발점은 아리스토텔레스가 형식논리학의 토대를 닦은 기원전 3세기로 잡을 수 있다. 논리학이 없었다면 지금의 디지털 컴퓨터는 탄생하지 못했다. 그리고 논리학은 인간의 사고 틀을 나타내는 학문이다. 인간이 어떻게 사고하고, 어떻게 추론을 전개하는지 명료하게 보여주는 하나의 수단이 논리학이다.

천체의 움직임을 비롯해 기본적인 계산을 해내는 기계를 발명해 낸 것을 제외하고, 인류는 아리스토텔레스 이후 2000년이 지나도록 생각하는 기계의 탄생을 향해 거의 앞으로 나아가지 못했다. 물론 선진국들조차 그동안 전쟁과 질병, 기아와 싸워야 했고, 중세의 암흑시대를 거치느라 생각하는 기계에 몰두할 여력이 없었던 것도 사실이다.

그런 가운데서 주목할 만한 인물이 바로 13세기 카탈루냐의 작가이며 시인, 신학자, 신비주의자, 수학자, 논리학자로 순교자인 라몬 룰*Ramon Llull*이었다.[3] 그를 '컴퓨터의 아버지' 가운데 한 명으로 꼽는 사람들도 있다. 그는 어떤 주제와 관련해 모든 가능한 지식을 기계적으로 확인할 수 있는 초보적인 논리를 만들었다. 최초로 기계적이고 논리적인 방식으로 지식을 만들어 낸 것이다. 룰의 이론은 인공지능의 역사에서 그 다음 사람에게 큰 영향을 끼쳤지만 당시에는 널리 인정을 받지 못했다.

중세를 뒤덮은 지적인 안개가 걷히기 시작하며 인공지능의 발전은 속도를 내기 시작했다. 가장 두드러진 인물 가운데 한 명이 바로 고트프리트 빌헬름 라이프니츠*Gottfried Wilhelm Leibnitz*이다.[4] 그는 놀라운 지적 통찰력을 발휘해 인간의 생각은 대부분 계산의 형식으로 나타낼 수 있다고 보았다. 그리고 계산을 통해 인간이 저지른 추론상의 오류를 잡아내고 견해차도 해소할 수 있다고 보았다. 그는 이렇게 썼다. "잘못된 추론을 바로잡는 유일한 방법은 그것을 수학자들이 하는 것처럼 가시적으로 나타내는 것이다. 그렇게 하면 어디서 오류가 생겼는지 한눈에 알 수 있다. 사람들 간에 견해차가 생기면 '자, 여러 말 할 것 없이, 누구 생각이 옳은지 우리 한번 계산해 봅시다.'라고 하면 되는 것이다."[5]

라이프니츠는 그런 계산에 필요한 기본적인 논리를 제시했다. 모든 기본적인 개념을 독특한 기호로 나타내는 '인간사고의 알파벳'을 만들겠다고 생각한 것이다. 컴퓨터는 궁극적으로 기호를 조작하는 엔진이다.[6]

따라서 라이프니츠의 추론은 디지털 컴퓨터가 '생각'을 하는 데 필수적인 요소이다. 컴퓨터는 기호를 조작할 뿐이지만, 이 기호들이 기본 개념을 나타내도록 해주면 컴퓨터도 인간이 추론하는 방식으로 새로운 개념을 도출해낼 수 있게 된다는 논리이다.

그 무렵 토마스 홉스Thomas Hobbes라는 또 한 명의 철학자가 생각하는 기계를 향한 철학적 토대를 놓는 데 힘을 보탰다.[7] 라이프니츠처럼 홉스도 추론을 계산과 동일시하며 이렇게 썼다. "추론하면서 나는 계산을 한다. 따라서 추론은 덧셈이나 뺄셈과 같다."[8]

라이프니츠와 홉스처럼 추론을 계산과 동일시하는 것은 생각하는 기계의 탄생을 향해 나아가는 길에 첫걸음을 내디딘 것이었다. 계산기는 홉스나 라이프니츠가 이런 주장을 펴기 조금 앞서서 만들어졌다. 하지만 계산

을 통한 추론이 실행에 옮겨지기까지는 그 후 2세기가 넘게 걸렸다.[9]

암흑시대가 지나감에 따라 등장한 또 한 명의 석학은 르네 데카르트였
다.[10] 그는 지금까지도 인공지능 연구자들이 머리를 싸매고 고민하는 중
요한 철학적 명제인 '코기토 에르고 숨'*Cogito ergo sum*을 제시했다. '나는 생
각한다. 고로 존재한다.'라는 유명한 명제이다. 이 세 마디의 라틴어 단어
는 생각과 인간존재를 신비롭게 연결시켜 준다. 역으로 추론하면 '존재하
지 않으면, 생각할 수도 없다.'는 결론이 가능하다.[11]

따라서 데카르트의 이 명제는 생각하는 기계의 탄생 가능성에 정면으
로 맞서는 셈이 된다. 기계는 우리 인간과 같은 식으로 존재하지 않는다.
기계는 인간존재에 결부되어 있는 많은 특별한 속성들을 가지고 있지도
않다. 감정과 윤리, 양심, 창의성 등 이런 속성은 얼마든지 늘어놓을 수 있
다. 앞으로 보게 되겠지만, 인간존재와 결부된 이런 속성들은 생각하는 기
계의 탄생에 반대논거로 제시된다. 예를 들어 '기계는 의식이 없기 때문에
생각할 수 없다.' '기계는 창의성이 없기 때문에 생각할 수 없다.'와 같은
주장들이다.

2

컴퓨터의 토대를 만든 사람들

인공지능의 역사에서 중요한 또 한 명의 인물은 이후 200년이 지나서야 등장한다. 조지 불George Boole은 독학으로 학문을 익힌 수학자였다.12그는 대학을 졸업한 적이 없는데도 1849년 아일랜드 카운티 코크County Cork에 있는 퀸즈칼리지Queen's College의 첫 번째 수학교수가 되었다. 낮 시간에 아이들을 가르치며 여가시간에 쓴 여러 편의 수학논문이 인정을 받아 교수로 채용된 것이었다. 당시 수학계에서 그의 대학교수직은 변방에 속했다. 덕분에 그는 연산computing능력을 발전시키고 생각하는 기계의 발명이라는 꿈을 실현하는 데 매우 중요한 몇 가지 이론을 자유롭게 발전시킬 수 있었다.

그는 논리를 진위眞僞, 온-오프, 0-1 등의 2진수로 작동되는 대수로 정리할 수 있는 논리대수를 전개했다. 불대수Boolean logic로 불리는 이 논리는 오늘날 사용되는 모든 컴퓨터의 작동원리이다. 현대 컴퓨터는 불의 2진수인 0과 1로 작동되지만 매우 복잡한 정보를 처리한다는 차이가 있을 뿐이다. 당시에는 그의 생각이 얼마나 중요한 의미를 갖고 있는지 알아주는 사람이 거의 없었지만, 그를 정보화 시대의 아버지라고 불러도 전혀 과장이 아니다. 그가 개발한 논리는 당시로서도 상당히 시대에 앞선 것이었다. 하지만 그는 자신의 논리에 대해 훨씬 더 큰 야망을 갖고 있었으며, 그 야망을 자신이 발표한 대표적인 논문의 제목 '사고의 법칙 연구'*An Investigation of the Laws of Thought*에서 드러냈다. 그는 단순히 논리에 수학적 기초를 제공하는 데 그치지 않고 인간의 사고 자체를 설명하고자 했다.

하지만 조지 불은 자신의 이러한 야심을 제대로 자각하지 못했다. 그의 연구는 당시 사람들에게 거의 알려지지 않았고, 그는 논문이 발표되고 10년 뒤에 갑자기 세상을 떠났다.13 공교롭게도 그는 죽기 2년 전에 인공지능 역사에서 그의 뒤를 잇게 될 주역인 찰스 바비지*Charles Babbage*를 만났다. 두 사람의 만남은 런던만국박람회에서 이루어졌는데, 이 두 위대한 혁신가는 그곳에서 바비지가 고안한 '사고엔진'*thinking engine*에 관해 의견을 나누었음이 분명하다. 그 직후에 조지 불이 갑자기 세상을 떠나지 않았더라면 이 두 사람이 어떤 꿈을 함께 이루어나갔을지 생각만 해도 짜릿하다. 찰스 바비지는 수학자, 철학자, 발명가, 엔지니어로서 박학다식한 학자였다.14

그는 기계로 계산을 하겠다는 꿈을 가지고 계산기의 이론을 연구했다. 계산기를 완성하는 단계에는 이르지 못했지만 많은 이들이 그를 프로그램 가능한 컴퓨터의 아버지로 부른다. 그가 제작한 분석엔진은 펀치카드를 이용해 프로그램 되도록 했다. 프로그램에 의해 컴퓨터가 작동되도록 하고, 그 프로그램은 바꿀 수 있도록 하는 아이디어는 컴퓨터 작동의 토대가 되는 근본원리이다. 지금 우리가 쓰는 스마트폰에는 새로운 앱을 장착할 수 있다. 앱은 스티브 잡스를 비롯해 스마트폰 개발자들이 꿈도 꾸지 못한 프로그램이다. 이런 식으로 스마트폰은 계산기, 쪽지 주고받기, 건강 모니터, 내비게이터, 카메라, 영화 상영, 그리고 전화기 등 여러 기능을 모두 수행할 수 있게 된 것이다.

이러한 기능이 바로 인공지능의 꿈을 실현하는 데 바탕이 된다. 학습기능인 러닝*learning*은 인간지능의 핵심적인 부분이다. 컴퓨터가 인간의 학습을 따라하려면 자신에게 프로그램 된 것을 스스로 수정할 수 있어야 한다. 다행히 스스로 수정 가능한 컴퓨터 프로그램을 만드는 것은 비교적 쉽다. 프로그램은 데이터로 이루어지기 때문에 조작이 가능하다. 스프레드시트 프로그램에 들어 있는 수치, 워드프로세서에 들어 있는 문자, 혹은 디지털 이미지에 있는 컬러를 생각해 보라. 컴퓨터는 스스로 배워서 새로운 기능을 수행할 수 있다. 다시 말해 초기에 프로그램 되지 않은 임무를 스스로 수행하도록 프로그램을 바꿀 수 있는 것이다.

바비지와 함께 일한 사람 가운데 러브레이스*Lovelace* 백작부인인 오거스타 에이다 킹*Augusta Ada King*이 있었다.[15] 그녀는 바비지가 만든 분석엔진의 설명서를 일반인들이 알기 쉽게 작성했다. 이 설명서는 인류 최초의 컴퓨터 프로그램으로 간주된다. 바비지는 이 분석기계의 계산능력과 복잡한 각종 자료를 취합하는 능력에 연구를 집중했다. 반면에 러브레이스는 단순한 수치처리 이상의 기능을 수행하는 컴퓨터를 꿈꾸었다. 그녀는 '바비지가 만든 발명품이 복잡하면서도 정교하고 과학적인 음악을 작곡할 수 있을 것'이라고 생각했다.

실로 1백년을 앞서 간 생각이었다. 러브레이스가 가졌던 앞선 생각은 오늘날 우리가 쓰는 스마트폰에 그대로 들어 있다. 우리는 스마트폰으로 수치처리만 하는 게 아니라 음악을 듣고, 영상 이미지와 비디오 등 수많은 기능을 처리한다. 그녀는 또한 인공지능에 대한 최초의 비판자 가운데 한 사람이기도 하다. 창의력을 갖춘 생각하는 기계를 만든다는 꿈은 실현 가능하지 않다고 일축한 것이다. 그러면서 "분석엔진은 무엇을 창의적으로 만드는 자질을 갖고 있지 않다. 그것은 사람이 어떻게 하라고 지시하는 일만 한다. 어떤 분석적인 상관관계나 진리를 예측할 능력은 없다."고 했다.

컴퓨터는 창의력이 없기 때문에 지능을 가진 것으로 볼 수 없다는 생각은 지금까지 많은 논의의 주제가 되었다. 튜링은 과학저널 마인드에 발표한 논문에서 이 문제를 다루었다. 나중에 그가 논문에서 한 주장을 다루겠지만, 그 전에 러브레이스가 제시한 반박논리를 먼저 짚어보기로 한다. 그녀는 단순히 수치처리만 하는 컴퓨터가 아니라 컴퓨터 프로그래밍에 대해 최초로 생각한 사람이지만, 생각하는 기계를 만든다는 최종 목표에 대해서는 매우 회의적인 생각을 갖고 있었다.

그녀는 생각하는 기계에 대해 다음과 같이 근본적인 회의를 가졌다. 생각하는 기계를 만든다는 것은 단순한 꿈이 아니라 우주에서 인간이 차지하는 위치의 가장 핵심적인 부분을 건드리는 것이다. 인간을 특별한 존재로 만들어 주는 특성은 따로 있는가? 아니면 우리가 쓰는 컴퓨터처럼 인간도 기계에 지나지 않는가? 이런 질문에 대한 답은 인간존재의 의미를 궁극적으로 바꾸어 놓게 될 것이다. 모든 사물의 중심이라는 인간의 위치가 위협받게 될 것이고, 그것은 지구가 태양의 주위를 돈다는 코페르니쿠스의 발견이나 인간이 원숭이에서 진화했다고 주장하는 다윈의 진화론에 버금가는 충격을 가져올 것이다.

18세기의 논쟁에서 그리 유명하지 않은 인물로 윌리엄 스탠리 제번스 *William Stanley Jevons*가 있다.**16** 수학과 경제학에 많은 공헌을 한 인물인데 우리가 관심을 갖는 것은 그가 1970년에 발명한 '논리 피아노'*logic piano*이다. 논리 피아노는 주어진 문장이 참인지 아닌지 구분할 수 있는 기계 컴퓨터이다. 실제로 제번스는 이 피아노를 논리학을 가르치는 데 쓰려고 만들었다. 그가 제작한 논리 피아노는 옥스퍼드의 과학사박물관에 전시돼 있다. 논리 피아노는 불*Boole* 논리의 일부를 건반을 통해 기계로 바꾼다. 제번스는 이렇게 쓰고 있다. "논리적 추리를 실행하는 데 필요한 사고의 대부분은 기계로 대체할 수 있다는 사실이 밝혀질 것이다."**17**

따라서 제번스는 아주 초보적인 형태의 '생각하는 기계'를 만들었다고 할 수 있다. 물론 1870년 왕립협회에서 열린 논리 피아노 시연장에 모인 저명인사들은 이 발명품이 우리의 삶을 얼마나 바꾸어 놓을지에 대해 제대로 깨닫지 못했을 것이다. 논리 피아노가 컴퓨터를 만들기 전에 거친 중간 단계 가운데 하나인 것은 분명하다. 다시 말해 인공지능으로 나아가는 하나의 디딤돌이 놓아진 것이다. 안타깝게도 이러한 발전과정에 등장하는 다른 주요 인물들처럼 제번스도 너무 일찍 세상을 뜨고 말았고, 타임스 *Times*에 실린 그의 사망기사에 논리 피아노는 언급도 되지 않았다.**18**

3

최초의 컴퓨터

생각하는 기계를 만들겠다는 꿈은 거의 이론 차원에 머물러 있다가 제2차세계대전이 일어나면서 상황이 바뀌었다. 암호교신을 해독할 필요성과 원자탄 제조에 필요한 복잡한 계산을 수행할 필요성이 실질적인 계산능력을 향상시키고 실용 컴퓨터의 탄생을 도운 것이다.

세계 최초의 컴퓨터가 어느 것인지에 관해서는 여러 주장이 있다.

2차세계대전 중에 개발 작업이 비밀리에 진행되었기 때문이기도 하고, 개발된 기계들의 성능이 차이가 많이 나기 때문이기도 하다. 1941년에 가동된 독일의 Z3, 1944년에 완성된 영국의 콜로서스*Colossus*, 1946년에 완성된 미국의 에니악*Eniac*, 1948년 뒤늦게 만들어진 맨체스터스 베이비*Manchester's Baby* 등이 자체 프로그램이 가능한 초기 컴퓨터들이다.[19]

하지만 어느 것이 최초의 컴퓨터인가 하는 문제는 크게 중요하지 않다. 중요한 것은 이들의 처리속도와 메모리 용량이 얼마나 빠르게 발전되어 온 반면, 크기와 가격은 얼마나 큰 폭으로 떨어져 왔는가 하는 것이다. 그

결과로 전 세계 컴퓨터 대수는 급속히 늘어나 현재 사용되는 수는 수십억 대에 이른다. 출처가 불분명하지만 불과 대여섯 대의 컴퓨터를 놓고 세계 시장이 쟁탈전을 벌일 것이라고 했다는 IBM 초대 회장 토마스 왓슨*Thomas Watson*의 말은 확실히 틀린 것으로 판명 났다.[20]

세계가 2차세계대전의 참화로부터 회복되면서 컴퓨터는 점차 널리 보급되기 시작했다. 그러면서 생각하는 기계를 만들기 위한 분위기도 무르익어 갔다. 무언가 전환점이 필요했고, 1956년 뉴햄프셔의 아이비리그 대학인 다트머스 칼리지에서 열린 다트머스 하계 연구 프로젝트가 바로 그 역할을 했다. 이 모임은 튜링과 함께 인공지능 연구 분야의 아버지로 불리는 존 매카시*John McCarthy*가 주도했다. 당시 매카시는 다트머스 칼리지의 교수로 있었는데, 이후 스탠퍼드로 자리를 옮겨서 그곳에 유명한 인공지능*AI* 연구소를 설립했다. 매카시는 마빈 민스키*Marvin Minsky*, 나다니엘 로체스터*Nathaniel Rochester*, 클로드 섀넌*Claude Shannon*과 함께 제안서를 만들어 록펠러재단으로부터 2개월짜리 브레인스토밍 과정 설립에 필요한 후원을 얻어냈다.

민스키는 신경망 연구의 초기 개척자이고, 나중에 MIT에 유명한 AI 연구소를 설립했다.[21] IBM에 근무한 로체스터는 IBM이 다량생산에 성공한 최초의 대형 진공관 컴퓨터 IBM 701의 공동 제작자였다. 섀넌은 벨연구소*Bell Labs*에 근무했는데 통계학적 정보이론으로 당시 이미 유명인사 반열에 올라 있었다. 이는 커뮤니케이션 네트워크에 기본이 되는 이론으로 컴퓨터의 설계와 제작에 수학적 논리를 제공해 주었다.

다트머스 회의에 참석한 인사들로는 이들 외에도 런던백화점 창업주의 손자로 나중에 GTE 연구소의 책임연구원이 된 올리버 셀프리지Oliver Selfridge, 나중에 노벨경제학상을 수상하게 되는 허버트 사이먼Herbert Simon,22 카네기 멜론대에 유명한 AI 연구소를 설립하는 앨런 뉴웰Allen Newell 등이 있었다.23

다트머스 하계 연구 프로젝트의 분위기는 생각하는 기계를 향한 연구가 급속히 진전될 것이라는 데 대해 매우 낙관적이었다. 프로젝트의 자금 지원을 요청하는 제안서는 이렇게 시작되었다.

우리는 1956년 여름 하노버에 있는 다트머스 칼리지에서 10명이 참여해 2개월 동안 인공지능에 대한 연구를 진행할 것을 제안한다. 학습능력을 비롯한 지능의 여러 특성은 원칙적으로 기계가 모방할 수 있을 정도로 명료하게 표현할 수 있다는 전제 아래 연구가 진행될 것이다. 기계가 인간의 전유물인 언어사용과 추론능력 및 개념 사용 능력을 어떻게 보여줄지에 대한 연구가 시작될 예정이다. 엄선된 과학자들이 여름 동안 모여서 이 연구를 함께 진행한다면 이런 문제들에 있어서 의미 있는 진전이 있을 것이라고 우리는 생각한다.

넘치는 자신감에도 불구하고 당시 이 제안은 잠꼬대 같은 소리로 치부되었다. 인간지능이 지닌 러닝을 비롯한 여러 특성을 컴퓨터 같은 기계로 정확히 모방해 낸다는 것은 당시로서는 꿈같은 일이었다. 다시 말해 이들은 사고를 계산으로 나타내겠다는 라이프니츠의 꿈을 구체적으로 실현하고 싶어 했다. 얼마 가지 않아서 당시 관련 학계 전반이 이런 낙관적인 분위기에 빠져들었다.

이런 연구가 미국 안에서만 진행되었다고 생각하면 오산이다. 영국은 컴퓨팅의 탄생지 가운데 한 곳이고, 인공지능 연구 초기에 중추역할을 담당했다. 실제로 세계에서 인공지능 연구에 종사한 가장 오래된 과학협회는 영국의 인공지능 및 행동 시뮬레이션 연구협회*Society for the Study of artificial Intelligence and the Simulation of Behaviour*로 1964년에 설립돼 지금까지 활동하고 있다.

이 분야의 초기 연구에 아주 중요한 역할을 한 연구기관이 있다.

도널드 미치*Donald Michie*는 1963년 에든버러대에 연구단체를 설립했는데, 이곳이 나중에 잠시 동안이나마 세계 최초의 인공지능 연구기관이 되었다.24 미치는 튜링과 함께 블레츨리 파크에서 독일군 암호해독 작업에 참여했으며, 그와 수시로 식사를 함께 하며 생각하는 기계를 만드는 일에 대해 대화를 나누었다. 에든버러대에서는 프레디*Freddy* 로봇 개발을 비롯해 많은 혁신적인 프로젝트들이 진행됐다. 프레디 로봇은 비전을 통합하고, 정밀한 컨트롤 소프트웨어를 이용하는 최초의 로봇 가운데 하나이다.

하지만 아쉽게도 영국은 1973년에 인공지능 연구에 대해 매우 비관적이고 비판적으로 전망한 라이트힐 보고서*Lighthill report*가 나온 이후 초기 인공지능 연구 분야에서의 선구적인 지위가 흔들리고 말았다.

응용수학자였던 마이클 제임스 라이트힐 경*Sir Michael James Lighthill*은 영국과학연구위원회로부터 당시 영국의 인공지능 연구에 대한 평가의뢰를 받고 이 보고서를 작성했다. 보고서는 인공지능 연구의 많은 핵심 분야에 대해 '어떤 분야에서도 당초 약속했던 영향력 있는 연구성과를 지금까지 만들어내지 못했다.'며 대단히 비관적인 평가를 내렸다. 라이트힐 경이 보고서에서 이와 같이 부정적인 평가를 내리게 된 배경의 일부는 에든버러 연구진 내부의 불화 때문이었다. 이 보고서로 인해 영국 내에서 인공지능 연구에 대한 지원은 크게 줄었고, 이후 앨비 프로그램*Alvey Programme*으로 연구가 다시 활성화되기까지 10년이 걸렸다.

4

초기 로봇의 등장

초기 인공지능 연구에서의 진전은 다트머스 하계 연구 프로젝트 참여자들이 기대한 만큼 빠르게 이루어지지 않았다.[25] 하지만 1956년 이후 20년 동안 여러 단계에 걸쳐 중대한 진전이 이루어졌다. 여러 프로젝트들이 시행되면서 중요한 이정표가 마련되었다.

그 가운데 하나가 샤키Shakey 로봇인데, 최초의 모바일 로봇으로 자신이 놓인 주변을 인지하고 그 환경에 반응해서 자신이 보일 행동을 추리해내는 능력을 보였다.[26] 많은 일을 처리해 내지는 못했지만 어느 의미에서는 자율로봇을 만들겠다는 진지한 노력이 처음으로 결실을 맺은 것이었다. 샤키 프로젝트는 캘리포니아주 팔로알토에 있는 스탠퍼드연구소에서 1966년부터 1972년까지 진행되었다. 다른 대부분의 인공지능 연구와 마찬가지로 이 프로젝트도 사람을 위험에 빠트리지 않고 정찰임부를 대신 수행해 줄 군사용 로봇을 만들고자 한 미국 국방부의 연구비 지원을 받아서 진행되었다. (그런 군사용 로봇은 그로부터 50년 쯤 뒤에 실제로 개발되었다.)

라이프*Life* 매거진은 샤키 로봇을 '최초의 전자인간'이라고 불렀다.**27** 너무 과대평가했다는 느낌이 들기는 하지만 샤키는 '생각할 줄 알고' 스스로 행동할 줄 아는 역사상 최초의 로봇 가운데 하나로 기록되어 있다. 샤키 로봇은 2004년 카네기 멜론대에 있는 로봇 명예의 전당에 입성했다. 샤키 프로젝트가 가져온 가장 중요한 부산물은 바로 A* 검색 알고리즘으로, 이는 출발 꼭짓점에서부터 목표 꼭짓점까지 가는 최단경로를 찾아낸다. 샤키는 이 플랜을 이용해 새로운 목표점을 찾아낸다.

자동차의 위성 내비게이션이 '새로운 경로를 탐색하라'고 지시하면 이 A* 검색 알고리즘을 작동시킨다. 새로운 기술이 낳은 파생품이 우리를 미처 예상하지 못한 방향으로 인도해 주는 좋은 예이다. 최초의 자율로봇을 개발한 연구성과가 자동차에 장착한 내비게이션 시스템에서 핵심적인 기능을 수행해 줄지 누가 예상이나 했겠는가? 그것은 샤키 프로젝트의 야심 찬 제안서 어디에도 들어 있지 않은 성과였다.**28**

초기에 이룬 또 하나의 이정표는 덴드랄*Dendral*이었다. 1965년에 시작된 이 프로젝트는 엑스퍼트 시스템*expert system* 비즈니스라는 완전히 새로운 산업 분야를 하나 마련했다. 덴드랄은 분자화학 분야의 전문지식을 컴퓨터 프로그램으로 풀어서 나타내겠다는 야심찬 시도였다. 덴드랄은 질량 스펙트럼을 인풋으로 넣고, 화학에 대한 배경지식을 이용해 그에 해당되는 화학구조들이 어떤 것인지 제시했다. 이 과정에서 덴드랄은 시뮬레이션 발견법을 사용했는데, 이는 많은 가능한 화학구조를 소규모의 가능한 후보군으로 압축하는 전문가들이 사용하는 추리법을 말한다. 덴드랄은 특정 전문 분야에서 성공적인 기능을 선보였다. 하지만 더 충격적인 사실은 컴퓨터가 특정 주제에 집중, 다시 말해 인간이 갖고 있는 전문 분야를 명확하게 분석해 냄으로써 컴퓨터 프로그램이 전문가 수준의 지식을 실행할 수 있다는 점을 증명해 보였다는 점이다. 1980년대에는 병원, 은행, 핵원자로를 비롯해 많은 곳에서 덴드랄 같은 엑스퍼트 시스템을 도입했다. 현재 엑스퍼트 시스템은 SAP, 오라클Oracle, IBM 같은 회사들이 만드는 비즈니스 룰 엔진에 모핑되어morphed 팔리고 있다.

인간이 컴퓨터와 겨루어서 패하는 사례들이 하나둘 나타나기 시작했다. 1979년 7월 15일, 생각하는 기계의 발명에서 중요한 하나의 이정표가 될 사건이 일어났다. 컴퓨터 프로그램인 BKG 9.8이 백개먼backgammon 세계챔피언인 루이지 빌라Luigi Villa와 겨뤄 승리를 거둔 것이다. 몬테카를로에서 상금 5,000달러를 걸고 열린 이 경기에서 BKG 9.8은 루이지 빌라를 7대 1이라는 압도적인 점수차로 이겼다. 기술을 요하는 게임에서 컴퓨터 프로그램이 세계챔피언인 인간을 처음으로 이긴 사건이었다.

이제 더 이상 인간이 최고라는 말을 할 수 없게 되었다. 컴퓨터가 자신을 만든 인간의 자리를 넘보기 시작한 것이다. 백개먼은 기술과 운이 모두 작용하는 게임이고, 솔직히 말해 그날은 컴퓨터에게 운이 어느 정도 따른 것도 사실이었다.[29] BKG 9.8을 개발한 한스 베를리너Hans Berliner는 나중에 그 경기에 대해 이렇게 적었다.[30]

컴퓨터 프로그램이 승리를 거두긴 했지만, 나는 경기결과를 믿기 힘들었다. 세 번째와 마지막 게임을 이긴 데는 운이 따랐지만 게임 자체에는 별다른 문제가 없었다. 게임이 끝나자 관전자들이 우르르 게임이 진행된 방안으로 몰려들었다. 사진기자들이 사진을 찍고, 기자들이 인터뷰를 하고, 모여든 전문가들이 내게 축하인사를 건넸다. 불과 하루 전 세계타이틀을 거머쥐며 백개먼 정상에 오른 루이지 빌라는 참담했다. 나는 그가 더 훌륭한 선수라는 것은 모두가 아는 사실이라며 그에게 위로의 인사를 건넸다.31

실제 실력 면에서 BKG 9.8이 더 고수가 아니라고 하더라도 그 경기는 역사적인 순간이었다. 베를리너는 백개먼 게임을 더 잘할 수 있도록 BKG 9.8에게 프로그램을 한 게 아니라 그저 게임을 배우도록 프로그램 했다. 그랬는데 프로그램을 만든 사람보다 더 잘하더니 마침내 세계챔피언을 꺾는 수준에 이른 것이었다.

얼마 지나지 않아 다른 게임에서도 기계가 사람을 이기기 시작했다. 그중에서도 튜링을 비롯해 많은 전문가들이 매료된 게임이 바로 오랜 전통을 가진 체스 게임이었다. 개리 카스파로프Garry Kasparov는 1985년 불과 22세의 나이에 최연소 체스 세계챔피언이 되었다. 지금도 많은 이들이 그를 역대 최고의 체스 선수로 꼽는다. 그는 체스 프로그램이 마침내 인간을 이길 때까지 12년 동안 세계챔피언 자리를 고수했다.

1997년 5월 11일 뉴욕에서 치러진 시범 토너먼트 경기에서 카스파로프는 IBM이 개발한 컴퓨터 프로그램 딥블루Deep Blue에게 패했고, 딥블루는 상금 70만 달러를 받았다. 그 전해에 치른 딥블루와의 경기에서는 카스파로프가 이겨서 상금 40만 달러를 차지했다. 이 경기에서 패함으로써 그는 컴퓨터에게 패한 인류 최초의 체스 챔피언으로 기억되게 되었다.

인공지능의 역사에서 초기에 있었던 또 하나의 획기적인 사건은 심리 상담 컴퓨터 프로그램 엘리자Eliza의 탄생이다.[32] 엘리자는 인공지능 연구의 초기 실패 사례에도 포함될 것이기 때문에 이를 성공 사례로 다루기가 망설여지는 것도 사실이다. 엘리자는 조셉 바이젠바움Joseph Weizenbaum이 1964년부터 1966년 사이에 만들었다.[33] 한편으로 엘리자는 지능면에서 볼 때 페이팔PayPal, 이케아 같은 기업들의 웹사이트에서 고객이 묻는 질문에 척척 응답해 주는 챗봇의 선조에 속한다. 그런가 하면 엘리자는 교묘하게 속임수를 썼다. 환자가 '아버지가 보고 싶어요.'라는 말을 하면 그 문장을 '왜 아버지 생각이 났어요?'라는 식으로 단순변환시킨 것이다. 실제로 엘리자가 사람의 대화를 듣고 의미를 이해한 것은 극히 일부분에 지나지 않았다.

그러면서도 엘리자는 매우 호소력 있는 대화문장을 만들어냈다. 바이젠바움의 비서가 혼자 있을 때 엘리자와 나눈 대화가 소개돼 화제가 되었다.

바이젠바움은 이 대화를 통해 엘리자가 심리상담사 역할을 하는 장면을 터무니없는 일이라고 풍자할 생각이었다. 그래서 심리상담 학계에서 엘리자를 치료도구로 발전시키자는 안을 내놓는 것을 보고는 충격을 받았다. 엘리자가 다른 컴퓨터와 자연언어로 소통하는 능력을 보였다고 말하는 사람들도 있었다.

실리콘 밸리의 스타트업 X2AI가 시리아 난민들을 돕기 위해 심리치료 보조용으로 개발한 챗봇 카림*Karim*은 엘리자의 후예라 할 수 있다. 카림은 환자의 치료보다는 환자에게 격려와 위로를 해주는 역할을 한다. 법률적, 윤리적인 면에서 두 역할 사이에는 중대한 차이가 있다. 그런데 이제는 바이젠바움이 당시 우려한 방향으로 일이 진전되려고 하고 있다.

엘리자는 또한 우리가 로봇이 하는 어떤 행동을 보고 지능을 가진 행동이라고 판단할 때 신중을 기해야 한다는 점을 상기시켜 준다. 자칫하면 로봇에게 속을 수가 있기 때문이다. 그리고 사람들은 기계가 성능 부족으로 저지르는 실책을 쉽게 간과하는 경향이 있다. 인간과 기계가 나누는 대화도 허점투성이지만 사람들이 이를 간과한다.

CHAPTER
02

초기 AI 연구

1

기계번역과 음성인식

초기에는 여러 성공 못지않게 실패 사례도 많았다. 자동 기계번역도 그런 분야에 속한다. 컴퓨터로 특정 언어를 다른 언어로 번역하는 아이디어가 처음 나온 것은 1946년으로 거슬러 올라간다. 그리고 1950년대와 1960년대 들어서 여러 차례 기계번역 프로젝트가 시도되었다. 냉전 기간 중에 미군은 러시아어를 비롯한 몇 개 언어를 영어로 자동번역하는 일에 공을 들였다.

기계로 자동번역하는 작업은 처음에는 진전이 더뎠다. 번역이 제대로 되려면 소스가 되는 언어와 함께 타깃 언어의 문법, 어휘, 관용구에 대한 지식이 모두 필요하다. 단순히 다른 언어로 직역한다고 되는 일이 아니다. 기계번역을 이야기할 때 자주 인용되는 일화가 있다. 'the spirit is willing but the flesh is weak.'(마음은 굴뚝같은데 몸이 안 따라준다.)는 영어 문장을 번역기에 넣어서 러시아어로 옮긴 다음 다시 영어로 번역하면 'the vodka is good but the meat is rotten.'(보드카는 좋은데, 고기 안주가 상했다.)는 문장이 된다는 것이다. 실제로 그랬는지는 모르지만 기계번역의 어려움을 말해주는 일화이다.

1964년 미국에서 기계번역 연구비를 지원하는 3대 기구인 국방부와 연방과학재단, 중앙정보국CIA이 모여 자동언어처리자문위원회ALPAC라는 기구를 설립해서 연구의 진전에 대한 평가를 했다. 위원회는 그때까지 이뤄진 기계번역 연구의 성과에 대해 매우 비판적인 보고서를 냈고 이후 연구비 지원은 대폭 줄어들었다. 그로부터 20년이 지난 뒤에 여러 통계를 통해 고무적인 전망이 나오면서 연구비 지원이 다시 활기를 띠기 시작했다. 지금은 기계번역이 다시 활기를 되찾았고 거의 상용화 수준에 이르렀다.

책 1백만 권을 만들 정도의 자료가 매일 구글 자동번역기를 통해 처리되고 있다. 스카이프 트랜슬레이터Skype Translator에서는 영어, 스페인어, 프랑스어, 독일어, 이탈리아어를 비롯해 중국어까지 거의 실시간 음성번역을 제공해 준다. 1960년대만 해도 기계번역이 정말 꿈같은 이야기였지만 이제는 실현가능한 꿈이 되고 있는 것이다.

음성인식 프로그램도 뚜렷한 실패 사례 가운데 하나였다. 막강한 조직력을 자랑하는 AT&T미국전화전신회사의 벨연구소Bell Labs는 여러 해 동안 음성인식 컴퓨터 개발에 관심을 기울여 왔다.[1] 1952년에 벨연구소는 한 명이 말하는 한 자릿수의 말을 인식할 수 있는 시스템을 개발했다. 1969년에는 연구비 지원이 크게 삭감됐다.[2] 그 해 존 피어스John Pierce는 음성인식 계획을 '물을 휘발유로 바꾸고, 바닷물에서 금을 추출하고, 암을 치료하고, 달나라에 가려는 것만큼 황당한 꿈'이라며 부정적으로 평가한 보고서를 작성했다.[3] 그는 여러 사람이 많은 어휘를 말하는 것을 알아듣는 음성인식 장치를 개발할 가능성은 매우 희박하다며 회의감을 나타냈다. 존 피어스는 최초의 상업용 인공위성 텔스터_Telstar_ 개발을 주도한 인물이다.

미국 국방부 소속 연구기관 방위고등연구계획국_DARPA_이 지원한 음성인식 연구 프로그램도 어려움을 겪었다. DARPA는 많은 신기술 개발을 주도했으며, 1971년부터 5년간 계속된 이 음성인식 연구 프로그램은 소프트웨어 개발회사인 BBN, IBM, 카네기 멜론, 스탠퍼드연구소의 연구활동을 지원했다. 하지만 이 분야의 연구 진전 상황에 실망한 DARPA는 후속 연구 지원을 동결시켜 버렸다.

기계번역과 마찬가지로 음성인식 프로젝트도 1960년대와 1970년대에는 언제 실현될 수 있을지 까마득해 보이던 일이었다. 하지만 최근 몇 년 사이에 음성인식 시스템 개발에도 비약적인 발전이 있었다. 이러한 진전은 앞으로 자세히 설명하겠지만 머신러닝 기술의 발전에 힘입은 결과이다. 현재 쓰이고 있는 주요 상업적인 음성인식 시스템은 모두 이 기술을 이용한다.[4] 데이터 처리 양이 늘고 처리능력이 개선되면서 알고리즘의 성능이 크게 향상되었다. 이제는 여러 사람이 말하는 말과 많은 어휘를 동시에 알아듣는 음성인식도 가능해졌다. 누구든 스마트폰으로 시리_Siri_나 코르타나_Cortana_ 같은 음성인식 어플을 설치해 직접 이용해 볼 수 있다.

2

일반지능 로봇

　다소 늦게 나타난 세 번째 실패 사례는 1984년 미국에서 설립된 대형 연구개발 컨소시엄 마이크로일렉트로닉스 앤 컴퓨터 테크놀로지*MCC*에서 시작한 문제의 프로젝트 CYC이다. 이 프로젝트는 일본의 제5세대*Fifth Generation* 컴퓨터 프로젝트에 대응해 시작한 측면이 있다. 초기에 MCC에는 DEC, 컨트롤 데이터*Control Data*, RCA, NCR, 허니웰*Honeywell*, AMD를 비롯해 텍사스주 오스틴에 있는 모터롤라 등 10여 개의 기술개발 기업이 참여했다. 마이크로소프트, 보잉, GE, 로크웰*Rockwell* 같은 다른 거대 기술 기업들은 나중에 참여했다.

　컴퓨터 과학자인 더그 레너트*Doug Lenat*는 CYC 프로젝트를 이끌기 위해 스탠퍼드대에서 MCC로 자리를 옮겼다.[5] 그는 컴퓨터가 지능적으로 움직이는 데 이용할 일반적인 지식을 담은 백과사전을 코드화하겠다는 꿈을 가지고 있었다. 특정한 분야에 국한된 전문 시스템과 달리 일반지능을 갖춘 시스템을 구축하겠다는 목표였다. AI 개발과정에서 직면하는 가장 어려운 일 가운데 하나는 우리 인간이 당연히 알고 있는 단순하고 사소한 사실들까지 아는 컴퓨터를 만드는 것이다. '나무는 스스로 움직이지 못한다,' '프랑스의 수도 파리는 나무가 아니다.' '고양이의 몸은 털로 뒤덮여 있다.' 와 같은 성인 인간이면 당연히 아는 상식을 말한다.

CYC 프로젝트는 10년 동안 MCC에서 풍부한 자금지원을 받은 다음 규모가 훨씬 작은 사이코프*Cycorp Inc*로 통합되었다. MCC와 달리 사이코프는 지금도 존속하고 있지만 상업적으로는 미미한 실적만 내고 있다. CYC 프로젝트에 지식을 추가하는 작업을 담당하고 있는 연구자를 가리키는 '사이클리스트'*CYClists*들은 우리가 당연히 알고 있는 광범위한 지식을 포함시키기 위해 지금도 고군분투하고 있다. CYC가 받아들여야 하는 백과사전 시스템이 점점 더 복잡해지고 있기 때문이다.

돌이켜보면 CYC 프로젝트는 시대를 앞서간 작업이었다. 월드와이드웹*WWW*이 등장하기 전이었고, 시맨틱웹*Semantic Web*도 만들어지기 전의 일이었다. 2012년에 구글은 지식그래프*Knowledge Graph*를 활용해 검색기능을 향상시키기 시작했다. 지식그래프는 어느 면에서 구글이 CYC에 보조를 맞춰 내놓은 것으로, 세상의 여러 사실들*facts*을 조직화시킨 지식기반이다. 이를 이용해 구글은 예를 들어 '호주의 인구는 얼마?'와 같은 질문에 답을 제공한다. 이 질문을 한번 입력해 보라! 지난 50여년에 걸쳐 인구 증감 추세를 보여주는 멋진 그래프와 함께 관련 정보가 제공될 것이다.

지금은 마이크로소프트 빙*Microsoft Bing*, 야후*Yahoo!*, 바이두 등이 모두 이런 기술을 이용해 검색수준을 끌어올리고 있다. DB피디아*DBpedia*, 야고

YAGO 같은 커뮤니티 프로젝트 역시 비슷한 방식으로 지식을 코드화하는 시도를 하고 있다. 더그 레너트는 훌륭한 시도를 했으나 타이밍이 좋지 않았던 것이다.6

인공지능은 처음부터 신랄하고 뼈아픈 비판을 많이 받았다. 제임스 라이트힐*James Lighthill*과 로저 펜로즈*Roser Penrose*, 그리고 철학자 휴버트 드레이퍼스*Hubert Dreyfus*가 대표적인 인공지능 비판자들이다.7

드레이퍼스는 자신이 쓴 〈연금술과 인공지능〉*Alchemy and Artificial Intelligence*이라는 논문을 토대로 해서 1972년에 저서 《컴퓨터가 할 수 없는 것들》*What Computers Can't Do*을 펴냈다.8 1992년에 세 번째 개정판을 펴내면서 그는 책의 제목을 장난기 반 도발 반으로 《컴퓨터가 여전히 할 수 없는 것들》*What Computers Still Can't Do*로 바꾸었다.

그도 인공지능이 많은 일을 해낼 수 있다는 데 대해서는 의문을 제기하지 않았다. 그러면서 인공지능 연구자들의 접근방식에 근본적으로 문제가 있다고 주장했다. 그는 인간존재를 구성하는 것과 거의 동등한 재료를 이용해서 인공 신체를 가진 행위자를 만드는 데 대해 반대할 이유는 없다고 했다. 하지만 상징주의적 접근방식을 통해 생각하는 기계를 만들려는 시도에는 단호히 반대한다고 했다. 이 상징주의적 접근법의 시작은 라이프니츠가 주장한 '인간사고의 알파벳'으로 거슬러 올라간다. 드레이퍼스는 그런 상징들이 인간의 경우처럼 현실세계에 근거를 두어야 지능을 가진 것으로 간주될 수 있다고 주장했다.

드레이퍼스의 이 같은 주장은 인공지능 연구에 종사하는 연구자들로부터 격렬한 반발을 불러일으켰다. 드레이퍼스는 인공지능을 연금술에 비유했는데 그런 발언들이 연구자들을 더 자극했다. 하지만 인공지능 연구자들의 감정적인 반발 방식도 바람직한 것은 아니었다. 엘리자를 만든 바이젠바움 한 명을 제외하고는 당시 MIT에 근무하는 연구자들 모두 드레이퍼스와 공개적으로 점심식사를 하는 것조차 꺼렸다. 드레이퍼스가 인공지능 연구자들이 개발한 컴퓨터 체스 프로그램 맥핵*Mac Hack*과 벌인 대국에서 패하자 많은 이들이 통쾌하게 생각했다고 한다.

드레이퍼스의 비판이 반향을 불러일으킨 경우들도 있다. 로봇 연구가인 로드니 브룩스*Rodney Brooks*도 생각하는 기계는 현실세계에 뿌리를 두고 있어야 한다고 주장했다. 인공지능이 사용하는 상징들이 인간처럼 현실을 이해하고, 현실세계에서 인식하고 행동해야 한다는 것이었다.[9] 그런 경우에만 상징들이 비로소 진정한 의미를 갖게 된다고 했다. 브룩스는 앨런*Allen*, 톰앤제리*Tom and Jerry*, 허버트*Herbert*, 시모어*Seymour*, 다리가 6개인 징기스*Genghis*와 같은 로봇 제작에 이런 생각을 실제로 반영했다.[10]

3

딥러닝과 AI

AI의 겨울

초기에 실패가 거듭되면서 인공지능에 대한 비관론이 낙관론을 밀어내기 시작했고 자금지원도 차츰 줄어들었다. 이렇게 해서 1970년대 후반에 'AI의 겨울'이 처음으로 나타났고, 이어서 1980년대 후반부터 1990년대에 걸쳐서 두 번째 겨울이 이어졌다. 두 번의 겨울이 닥친 가장 큰 원인은 자금지원 기관과 벤처 캐피탈 업체들이 인공지능에 대해 갖고 있던 우호적인 인식이 무너져 내렸기 때문이었다. 초기에 많은 연구자들이 예상한 것보다 기술적인 어려움이 더 많았던 것은 사실이지만, 인공지능 개발이 기술적으로 실패했기 때문에 'AI의 겨울'이 닥친 것은 아니었다.

돌이켜보면 생각하는 기계를 만든다는 게 지적으로 엄청난 어려움을 넘어야 하는 과정이라는 점은 예상하기 어렵지 않다. 그것은 지금까지 세상에 알려진 가장 복잡한 시스템이 발휘하는 능력에 필적하거나 그것을 넘어서려고 하는 작업이다. 그 가장 정교한 시스템은 바로 인간의 두뇌를 말한다. 나는 이 분야에서 오래 일하면서 인간의 두뇌에 대해 더 많은 경외감을 갖게 되었다. 인간의 두뇌는 실로 놀라운 일들을 해내면서 불과 20와트의 에너지만 쓴다. 반면에 현재 사용되는 컴퓨터 중에서 가장 성능이 뛰어나다고 하는 IBM의 왓슨 컴퓨터는 같은 양의 정보를 처리하는 데 8만 와트의 에너지를 소모한다.11 컴퓨터가 인간의 두뇌만큼 성능을 발휘하려면 앞으로도 갈 길이 멀다.

첫 번째 'AI의 겨울'은 미국 국방부의 DARPA가 인공지능 연구에 대한 지원금을 삭감한 1974년경에 시작되었다. 1차 AI의 겨울은 1982년 일본 통상산업성이 제5세대 컴퓨터 시스템 프로젝트를 시작하면서 끝났다. 일본은 컴퓨터 분야에서 남의 뒤를 따라가는 게 아니라 리더가 되겠다는 것을 국가목표로 내세웠다. 일본은 이 10개년 프로젝트에 4억 달러의 예산을 지출했다. 일본의 이러한 야심찬 목표에 자극을 받아 몇몇 경쟁국들이 기술경쟁에 뒤지지 않기 위해 잇따라 자체 프로젝트를 시작했다.

영국은 앨비 프로그램Alvey Programme을 출범시키며 AI를 비롯해 여러 컴퓨터 관련 분야에 대한 자금지원을 늘렸다. 그러자 유럽은 65억 달러 규모의 에스프릿Esprit 프로젝트를 시작했고, 미국은 10억 달러 규모의 국가전략컴퓨팅계획을 출범시키고, 대기업 연구개발 컨소시엄인 마이크로전자 및 컴퓨터 기술협회MCC를 설립했다.12 이 기구들은 일본의 제5세대 프로젝트처럼 인공지능을 비롯해 컴퓨터 하드웨어와 기타 정보기술 개발 분야에 집중 투자했다. 이와 함께 전 세계적으로 AI 분야에 대한 자금지원이 대폭 증가했다.

안타깝게도 일본의 제5세대 프로젝트 말기에 두 번째 AI의 겨울이 시작됐다. 일본은 인공지능 기술 연구 분야에서 여러 가지 잘못된 결정을 했고, 그 때문에 프로젝트는 실패 판정을 받았다. 당초 예정되었던 후속 10개년 프로젝트는 취소되었다. 이런 퇴조 분위기를 딛고 1980년대부터 1990년대 초에 걸쳐 일본, 유럽, 미국에서는 이 분야 연구에 대한 지원이 꾸준히 증가했고, 그 덕분에 많은 연구자들이 이 분야에 새롭게 뛰어들었다. 이 연구자들의 노력에 힘입어 생각하는 기계에 대해 우리가 가진 지식의 지평이 넓어지게 된 것이다.

AI의 봄

그렇게 해서 인공지능 연구는 한 번 더 상승기를 맞이하게 되었다. 다시 봄이 찾아왔고 수십억 달러의 지원금이 이 분야에 쏟아져 들어오고 있다. 주된 이유 가운데 하나는 머신러닝 분야에서의 진전, 특히 딥러닝Deep Learning 분야에서 발전이 이루어지고 있기 때문이다.13 불과 몇 년 전까지만 해도 머신러닝은 비인기 종목이었다. 토론토, 뉴욕, 몬트리올 등지에 자리한 불과 몇 군데 대학에서 소수의 연구자들에 의해 연구가 진행되고 있었을 뿐이다.14 대부분의 머신러닝 연구는 '베이스 추론'Bayesian inference 이나 '서포트 벡터 머신'support vector machines 같은 독특한 이름이 붙은 확률 기술probabilistic techniques 연구에 집중되었다. 딥러닝은 인간 두뇌의 신경계와 비슷한 신경망 네트워크 개발에 집중해 왔는데, 여러 해 동안 막다른 골목에 들어선 것으로 간주되었다.

하지만 최근 들어 소규모 딥러닝 연구자들의 집념이 결실을 맺기 시작했다. 여러 연구성과가 발표되었고, AI 연구계의 상상력이 이 성과들에 주목하기 시작했다. 2013년 말, 영국의 스타트업 딥마인드*DeepMind*의 데미스 하사비스*Demis Hassabis*와 그의 동료 연구자들이 딥러닝을 이용해 컴퓨터 프로그램에게 퐁*Pong*, 브레이크아웃, 스페이스 인베이더스*Space Invaders*, 시퀘스트*Seaquest*, 빔 라이더*Beam Rider*, 엔듀로*Enduro*, 큐버트*Q*bert* 등 일곱 종류의 클래식 아타리*Atari* 비디오 게임을 가르쳤다. 그리고 얼마 뒤에는 게임 종류를 49개로 확장시켰다.[15]

대부분의 경우 컴퓨터는 인간 수준의 게임능력을 발휘했다. 10여 대는 슈퍼휴먼 수준의 경기력을 보여주었는데, 프로그램에 해당 게임에 대해 아무런 배경지식을 제공하지 않은 상태였기 때문에 이는 놀라운 결과였다. 해당 프로그램은 스크린에 뜨는 스코어와 픽셀만 볼 수 있도록 해놓았다. 매 게임마다 완전히 처음부터 새로 배워야 하는 것이었다. 배트, 볼, 레이저에 대한 지식은 물론이고 중력이나 뉴턴 물리학을 비롯해 인간이 이런 게임을 할 때 응용하는 다른 여러 지식도 일체 제공되지 않았다. 컴퓨터들은 단순히 게임을 계속 반복해 봄으로써 처음에는 플레이하는 법을 배우고, 곧 이어서 몇 시간 뒤에는 플레이를 더 잘하는 법을 배웠다.[16] 인공지능 분야의 대표적인 연구서로 꼽히는 《인공지능:현대적 접근방식》 *Artificial Intelligence:A Modern Approach*의 공동저자인 스튜어트 러셀*Stuart Russell*은 이렇게 말했다. "이는 매우 인상적인 동시에 무서운 일이다. 어린아이가 태어난 그날 저녁에 다른 사람과 비디오 게임을 해서 이겼다면 얼마나 놀랄 일인가. 그것과 마찬가지다."

구글은 이러한 발전에 고무되어 5억 달러 상당을 지불하고 딥마인드를 인수했다. 당시 딥마인드의 종업원 수가 50여 명이었는데, 그 가운데 10여 명이 머신러닝 연구자였다. 수익은 없던 회사였다. 하지만 당시 이 회사에 주목한 것은 AI 커뮤니티뿐만이 아니었다.

구글에 인수되고 나서부터 딥러닝은 음성인식, 컴퓨터 비전의 안면인식, 자연어 처리 등 인지 분야에서 탁월한 업적을 내기 시작했다. 인간의 두뇌는 이런 일들을 의식적인 노력을 특별히 기울이지 않고도 처리해 낼수 있다. 딥러닝이 고대중국의 여가 수단인 고Go,바둑에서 우수한 실력을 발휘하게 된 것도 바둑판의 상황을 스스로 파악하고, 판세가 누구에게 유리한지, 어떤 수가 이기는 수인지 파악하는 능력을 발휘하기 때문이다.

딥러닝은 많은 데이터를 필요로 한다. 음성인식 분야에서는 많은 데이터를 수집하는 게 크게 어렵지 않다. 하지만 딥러닝은 높은 수준의 추론을 필요로 하는 작업에서 많은 어려움을 겪는다. 딥마인드 프로그램은 탁구의 2차원적인 버전인 퐁Pong 게임에서 뛰어난 능력을 보였다. 퐁 게임을 잘하는 데는 그렇게 뛰어난 전략이 필요하지 않다. 그냥 막대기로 공을 맞춰서 코너로 밀어 넣으면 된다. 하지만 딥러닝은 기억과 전략을 필요로 하는 게임에서는 지금까지 한 번도 인간의 수준에 근접하지 못했다. 예를 들어 미즈 팩맨Ms. Pacman 게임에서 유령을 잘 피해 다니려면 미리 작전을 세워야 한다. 그렇다 보니 딥마인드는 미즈 팩맨 게임에서 좋은 점수를 기록하지 못한다. 그런 게임을 하는 데는 보다 전통적인 AI 기술이 더 적합한 것 같다.

4

무인자동차와 왓슨

딥러닝 외에도 우리를 생각하는 기계 개발에 더 다가가게 해주는 다른 몇 가지 성과물들이 나왔다. 2004년에 DARPA는 상금 1백만 달러를 내걸고 세계 최초의 무인자동차 장거리 경주대회인 그랜드 챌린지*Grand Challenge*를 개최했다. 자율주행 자동차 분야의 개발을 촉진하고 궁극적으로는 이라크, 아프가니스탄 같은 위험지역에 무인 차량을 투입하겠다는 장기 목표를 갖고 있었다. 제1회 대회는 인공지능의 참담한 패배로 끝났다. 카네기 멜론대의 레드팀이 가장 멀리 달렸지만 총 240킬로미터에 달하는 사막코스 가운데 고작 12킬로미터밖에 달리지 못했다.

코스 완주 팀에 수여하는 1백만 달러 상금은 주인을 만나지 못하고 그대로 남았다. 하지만 AI 연구자들은 좌절하지 않고 다시 일어섰다. 불과 1년 뒤에 5개 팀이 코스를 완주한 것이다. 세바스챤 스런*Sebastian Thrun*이 이끄는 스탠퍼드대 팀이 2백만 달러로 증액된 우승상금을 차지했다. 스런은 우승소감에서 "우리는 불가능한 일을 해냈다."고 소리쳤다.

많이 알려지지는 않았지만 이보다 10여 년 전에 유럽연합은 자율주행차 개발을 위한 프로메테우스 프로젝트*Prometheus Project*에 8억 1천만 달러를 투입했다. 프로젝트는 1987년에 시작되었는데 프로젝트가 끝날 시점인 1994년에는 VaMP와 VITA-2라고 이름 붙인 자율주행 자동차 두 대가 차량이 많은 프랑스의 한 고속도로에서 시속 130킬로미터의 속도로 1천 킬로미터 넘게 달렸다.

프랑스에서 운전을 해 본 사람이라면 이것이 얼마나 대단한 업적인지 놀랄 것이다. 지금은 자율주행차량이 수시로 도심과 고속도로에 등장한다. 레이스트랙에까지 모습을 나타내기도 한다. 2017년 2월에는 부에노스아이레스의 포뮬러 E 프리*Formula E ePrix*에서 사상 최초의 자율주행차량 시범경주가 펼쳐졌다. 아쉽게도 이 대회에서는 출전한 로봇 자동차 두 대 가운데 한 대가 충돌하고 말았지만 조만간 여러 대의 자율주행차량이 시속 300킬로미터의 속도로 레이스트랙 위에서 달리는 장면을 보게 될 것이다.

최근에 인공지능 연구에서 거둔 성과 가운데 또 다른 하나는 IBM이 개발한 왓슨 컴퓨터이다. 왓슨은 2011년 미국의 장수 게임쇼 '제퍼디!' *Jeopardy!*에 출연해 일반상식 퀴즈 문제에 답하는 과정에서 인간 수준의 능력을 과시했다. 출연자는 질문 형태로 단서를 제공받고 정답을 맞추도록 되어 있었다.

IBM 창업자 토마스 J. 왓슨*Thomas J. Watson*의 이름을 딴 왓슨은 이 인간 대 컴퓨터의 대결에서 무서운 상대인 퀴즈 챔피언 두 명과 겨루었다. 첫 번째 상대는 브래드 러터*Brad Rutter*로 그동안 '제퍼디'에 출연해서 받은 상금 총액이 3백만 달러를 넘기며 상금 최고 액수를 기록한 사람이다. 다른 또 한 명은 켄 제닝스Ken Jennings로 2004년에 74회 연속 우승을 차지한 최장수 챔피언십 기록 보유자이다. 왓슨은 사흘간 계속된 퀴즈쇼에서 이들을 상대로 승리를 거두며 상금 1백만 달러를 획득했다.

왓슨은 자연어 인식, 컴퓨터의 텍스트 인식, 추론, 그리고 불확실성을 처리하는 분야에서 컴퓨터가 얼마나 많은 발전을 이루고 있는지 생생하게 보여주었다. 왓슨은 정교한 확률수치를 활용해 질문에 대한 정답을 골랐다. 이런 종류의 기술은 이미 우리의 일상생활 곳곳에 침투해 들어오고 있다. 시리Siri와 코르타나Cortana와 같은 앱은 '미국에서 두 번째로 큰 도시는?' 같은 구문을 분석해 뜻을 알아듣고 정답을 말할 수 있다. (정답은 인구 4백만 명에 육박하는 로스앤젤레스)

5

알파고와 이세돌

    인공지능 연구의 발전 사례는 이밖에도 얼마든지 꼽을 수 있지만 인공지능 역사에서 또 하나의 이정표가 된 사건을 소개하는 것으로 마무리하려 한다. 2016년 3월에 구글이 개발한 알파고*AlphaGo* 프로그램이 세계 정상의 프로 바둑기사인 이세돌 9단과 다섯 판을 겨루어서 4대 1로 이겨 상금 1백만 달러를 획득했다. 인류 역사상 가장 오래되고 가장 어려운 보드게임이라는 바둑에서 인간이 챔피언 자리를 인공지능에게 내준 것이다.

    많은 전문기사들이 컴퓨터는 절대로 바둑을 잘 둘 수 없다고 예측했다. 기계의 발전 전망을 낙관하는 사람들조차도 바둑에서 컴퓨터가 인간을 이기려면 적어도 10년은 더 지나야 할 것이라고 내다보았다. 1997년 7월에 딥블루가 체스왕 카스파로프에게 승리를 거두는 것을 보고 당시 뉴욕타임스는 이렇게 보도했다. "만약 앞으로 바둑에서도 컴퓨터가 인간 바둑 챔피언을 꺾는다면, 그것은 인공지능이 진짜 두뇌로 진화했음을 보여주는 하나의 이정표가 될 것이다."

바둑은 단순한 게임이기는 하지만 돌을 놓을 때 경우의 수가 엄청나게 많다. 그래서 알파고의 승리는 대단히 큰 의미를 갖는다. 바둑은 두 명의 기사가 가로와 세로 각각 19줄씩 그어진 바둑판을 앞에 두고 마주 앉아서 줄이 교차하는 지점에 백색과 흑색의 돌을 교대로 두면서 상대를 포위해 나간다. 체스에서는 한번 둘 때 고려하는 수가 보통 20개 정도 된다고 하는데 바둑에서는 그 수가 200개로 훨씬 더 많다. 두 수를 내다보고 돌을 놓는다면 경우의 수는 200X200, 총 4만 개로 늘어난다. 세 수를 내다보고 둔다면 200X200X200, 총 8백만 개의 경우의 수가 생겨난다. 15수를 내다 본다면 우주에 있는 원자의 수보다 더 많은 경우의 수가 생길 수 있다.

바둑이 어려운 또 한 가지 특징은 대국이 진행되는 동안 어느 쪽이 이길지 예측하기가 매우 어렵다는 점이다. 체스에서는 누가 이길지 예측하는 게 크게 어렵지 않다. 체스에서는 여러 말이 판에서 차지하는 비중을 따져서 종합해 보면 일차적인 판세분석이 가능하다. 바둑판 위에는 흑과 백, 두 종류의 돌만 있다. 바둑기사들은 한 점을 어디다 놓을지를 배우려고 평생 훈련을 쌓는다. 뛰어난 바둑기사는 판세를 자신에게 유리하게 가져가기 위해 바둑 돌 하나를 놓을 때마다 200개에 달하는 경우의 수를 꼼꼼히 따져 본다.

알파고는 이 두 가지 문제를 해결하기 위해 컴퓨터의 거친 힘과 인간의 인지 스타일을 절묘하게 결합시켰다. 돌을 놓을 때마다 생기는 엄청나게 많은 경우의 수 문제를 해결하기 위해 알파고는 몬테카를로 트리 탐색 *Monte Carlo tree search*이라는 인공지능 어림셈법을 사용한다.

돌을 놓을 때마다 모든 가능한 경우의 수를 미리 탐색하기는 불가능하기 때문에 그 대신 제한된 시간 내에 가능한 경우의 수 샘플을 무작위로 골라 계산해 보는 것이다. 샘플링 할 때는 평균적으로 승리로 이끈 수가 가장 바람직한 수라는 원칙을 적용한다.

알파고는 어느 쪽이 유리한지 판세를 읽어내는 데 딥러닝을 사용한다. 그리고 인간 프로기사들이 유리한 판세를 분석해 내는 것처럼 판세분석을 해낸다. 이는 딥러닝이 인지능력 면에서 대단히 탁월한 능력을 발휘한다는 점을 보여주는 좋은 사례이다. 알파고는 누가 앞서는지 판세를 읽어내는 능력을 스스로 배우고, 마침내 프로기사의 인지능력을 뛰어넘은 것이다.

알파고의 승리에는 구글의 대대적이고 집중적인 투자가 큰 몫을 했다.

알파고는 자체적으로 바둑을 수십 억 번 두며 스스로 전략능력을 향상시켰다. 최근 인공지능 분야에서 이뤄진 다른 많은 발전과 마찬가지로 알파고의 발전 역시 한 가지 문제에 엄청난 자원을 쏟아 부은 결과로 얻어진 것이다. 알파고가 나오기 전까지 컴퓨터 바둑 프로그램은 대부분 한 개인이 쏟은 노력의 결과물이었다. 프로그램 실행도 해당 컴퓨터 한 대에 머물렀다. 반면에 알파고는 수십 명에 달하는 구글 엔지니어와 최고 수준의 AI 연구자들이 참여해 구글의 광범위한 서버팜*server farms*을 마음껏 활용하며 엄청난 엔지니어링 노력을 쏟아 부은 가운데 이루어진 결과물이다.

알파고의 승리로 분명한 이정표 하나가 지나간 것은 맞다. 하지만 나는 알파고 프로젝트를 이끈 데미스 하사비스가 바둑이 '모든 게임의 정점에 있으며, 지적으로 가장 깊이 있는 게임'이라고 한 말에는 동의하지 않는다. 바둑은 가장 거대한 '게임 트리'를 보유하고 있다는 점에서 게임계의 에베레스트라고 부를 만하다.**17**

바둑이 에베레스트라면 포커 게임은 에베레스트보다 더 험난한 K2봉이다.**18** 포커는 특정 카드가 언제 등장할지 알 수 없는 불확실성을 비롯해 수많은 변수들을 추가로 보여준다. 거기다 상대 플레이어의 심리적인 변수까지 겹친다. 그래서 논란의 여지는 있겠지만 나는 포커가 바둑보다 지적으로 더 어려운 게임이라고 생각한다. 바둑에는 포커에서와 같은 불확실성은 등장하지 않는다. 그리고 상대의 심리적인 변수보다 내가 바둑을 잘 두는 게 훨씬 더 중요한 요소이다.

알파고에 사용된 여러 개념과 AI 기술들은 조만간 새로운 사용처를 찾아 진출해 나갈 가능성이 높다. 그 새로운 사용처들은 게임 분야에 국한되지 않을 것이다. 구글의 페이지랭크*PageRank*, 애드워즈*AdWords*, 음성인식, 심지어 무인자동차 분야에서까지 이러한 기술들이 사용될 것이다.

일상화되는 인공지능

'생각하는 기계'를 만들어가는 과정에서 마주치는 여러 가지 문제 가운데 하나는 이 분야에 대한 관심이 수시로 사라진다는 점이다.

우리는 어떤 업무를 자동화할 수 있게 되면 곧바로 이를 인공지능이라고 부르지 않고 주류 컴퓨팅의 영역으로 분류해 버린다. 예를 들어 사람들은 이제 음성인식을 더 이상 AI 발명품으로 간주하지 않는다. 음성인식의 대표적인 알고리즘인 HMM*hidden Markov models*과 딥러닝 네트*nets*는 사람들의 시야에서 사라져 버렸다.

이런 발전에 힘입어 우리의 삶은 매우 풍족해졌다. 시리나 코르타나에게 질문을 하면 여러 형태의 인공지능으로부터 도움을 받게 된다. 음성인식 알고리즘이 여러분이 질문하는 내용을 자연어 질문으로 변환시키고, 자연어 파서*parser*는 이 질문을 검색 질문*search query*으로 변환시켜 준다. 그리고 검색 알고리즘이 이 질문에 답변을 준다. 그리고 랭킹 알고리즘이 가장 '유용한' 것으로 예상되는 애즈*ads*를 검색결과들과 함께 보여준다.

그리고 텔사 자동차를 타고 고속도로 주행을 하는 경우 여러분은 운전석에 가만히 앉아 있으면 되고, 자동차가 알아서 자율주행을 한다. 다양한 AI 알고리즘을 사용해 도로와 주변 상황을 파악해 행동방향을 정하면서 자동차를 운전하는 것이다.**19**

AI 분야 연구에 종사하는 우리 입장에서 보면 이런 기술들이 사람들의 관심권 밖으로 사라지는 것은 성공을 의미한다. 앞으로 AI는 우리에게 전기 같은 존재가 될 것이다. 우리가 일상생활에서 사용하는 거의 모든 기기가 전기를 사용한다. 가정과 자동차, 농장, 공장, 그리고 가게에서 전기는 꼭 필요한 존재이지만 특별히 눈에 띄지 않는다. 전기는 우리가 하는 거의 모든 일에 에너지와 데이터를 제공해 준다. 만약 전기가 사라진다면 세상은 순식간에 멈춰서고 말 것이다.

AI도 앞으로 우리 삶에 꼭 필요하지만 눈에 띄지 않는 구성 요소가 될 것이다.

MACHINES THAT THINK

CHAPTER

03

어디서부터
인공지능인가

1

튜링 테스트

인공지능은 진화를 거듭하고 있다. 이 분야에 종사하는 일부 연구자들이 초기에 예상했던 것보다 발전 속도가 더딜지는 모르지만 컴퓨터가 하루하루 더 똑똑해지고 있는 건 사실이다. 그런데 이 발전 정도를 어떻게 정확하게 측정할 것이냐 하는 매우 어려운 과제가 우리 앞에 놓여 있다. '지능'이 무엇이냐에 대한 명확한 정의도 아직 내려져 있지 않다. 그래서 컴퓨터가 점점 더 '지능적'이 되고 있는지 판별하기도 쉬운 일이 아니다.

IQ 테스트를 해보면 되지 않느냐고 반문할 수 있을 것이다. 하지만 IQ 테스트는 인간의 지능을 측정하는 수단이다. 기계의 지능을 측정하는 데도 쓰면 되지 않나? IQ 테스트에는 문화적, 언어적, 심리적으로 다양한 편견이 들어가 있다. 그리고 IQ 테스트는 창의성을 비롯해 사회지능, 정서지능 등 인간이 영위하는 지적인 삶의 여러 중요한 면을 전혀 고려하지 않는다. 나아가 최소한의 기본적인 지능을 갖추고 있어야 IQ 테스트를 실시할 수 있다. 갓 태어난 신생아나 걸음마 배우는 아기를 대상으로 IQ 테스트를 실시해 봐야 얻을 게 별로 없다는 말이다.

앨런 튜링은 이런 문제를 미리 내다보고, 순전히 기능적인 면에서 지능에 대한 정의를 내릴 것을 제안했다. 만약 인간과 똑같이 행동하는 컴퓨터가 있다면 그 컴퓨터는 지능을 갖추고 있다고 말해도 좋다는 것이다. 1950년 마인드에 발표한 유명한 논문에서 그는 간단한 사고실험을 통해 이 기능적인 정의에 대해 설명했는데, 이 실험방법이 바로 '튜링 테스트' *Turing Test*이다.

지능을 갖춘 프로그램을 개발했다고 가정해 보자. 이 프로그램을 대상으로 튜링 테스트를 실시하려면 컴퓨터 터미널이 있는 방에 심사원 한 명을 들여보내 놓고 컴퓨터 터미널을 테스트 대상에 연결시킨다. 테스트 대상은 인공지능 프로그램이나 진짜 인간이다. 심사원은 테스트 받는 상대에게 몇 가지 질문을 던진다. 심사원이 답변을 듣고 상대가 인간인지 컴퓨터인지 구분하지 못하면 그 프로그램은 튜링 테스트를 통과한 것으로 간주하는 것이다. 당시 튜링은 50년 정도 지나면 컴퓨터가 테스트를 통과할 것으로 내다보았다. 지금 기준으로 보면 60여 년이 지났다. 따라서 튜링의 예견이 맞았다면 이 테스트를 통과한 컴퓨터가 이미 만들어졌어야 하지만 아직은 그렇지 못하다. 우리가 이 목표에 얼마나 근접해 있는지에 대해서는 이후 다시 다룰 것이다.

보다 전문적인 용도로 튜링 테스트를 실시해 볼 수도 있을 것이다. 예를 들어 맥주 맛 리뷰를 자동으로 작성해 주는 프로그램을 개발하고 있다고 가정해 보자. 프로그램이 작성한 리뷰가 사람이 쓴 것과 구분이 되지 않을 정도의 수준이면 그 프로그램은 튜링 테스트를 통과하는 것이다. 다음의 맥주 맛 리뷰를 보자.

A nice red color with a nice head that left a lot of lace on the glass. Aroma is of raspberries and chocolate. Not much depth to speak of despite consisting of raspberries. The bourbon is pretty subtle as well. I really don't know that find a flavor this beer tastes like. It's pretty drinkable.

(아름다운 다크 레드 컬러를 덮은 멋진 거품 헤드가 글라스에 풍부한 레이스를 만든다. 라즈베리와 초콜릿 아로마 향이 코를 자극한다. 라즈베리가 너무 강하지는 않고, 아주 엷은 버번 향도 스친다. 이런 풍미가 나는 맥주는 만나 본 적이 없다. 정말 목구멍을 타고 넘어가는 맛이 일품이다.)

과연 컴퓨터가 이런 문장을 쓸 수 있을까? 사실 이 리뷰는 컴퓨터가 쓴 것이다.[1] 과일과 야채 맛이 나는 맥주에 대한 리뷰를 쓰라는 지시가 프로그램에 내려졌고, 그 지시에 맞춰 프로그램이 리뷰를 작성한 것이다. 1백 퍼센트 컴퓨터가 자동으로 썼다. 컴퓨터는 이 리뷰를 쓰기 전에 신경망을 이용해 맥주 평가 사이트 BeerAdvocate.com에 실린 수천 건의 리뷰를 읽으며 글쓰기 훈련을 받았다. 영어문법을 따로 가르치지는 않았고, 사람이 쓴 것으로 보이도록 일부러 몇 군데 틀린 문장을 만들라는 지시도 하지 않았다. 컴퓨터 스스로 지난 리뷰들 속에서 일정한 패턴을 찾아내 자동으로 문장을 작성한 것이다.

튜링 테스트는 일종의 '사고실험'이다. 생각하는 기계의 의미를 정확히 알아보는 방법이지만 실제로 실험을 해야 하는 것은 아니다. 튜링도 반드시 실험이 실시되어야 한다는 것을 전제로 이 아이디어를 내놓은 것은 아니었다.

뢰브너상

하지만 실제로 실험을 하기로 생각한 사람들도 있었다. 1990년에 미국의 발명가 휴 뢰브너*Hugh Loebner*는 튜링 테스트를 최초로 통과하는 프로그램 개발자에게 금메달과 상금 10만 달러를 내걸었다. 그때부터 뢰브너상 대회는 매년 개최되고 있다.² 대회 개최지는 대부분 영국이지만 세계 곳곳을 순회하며 열린다. 1999년에 사우스오스트레일리아에 있는 플린더스대*Flinders University*에서 열렸다가 2000년에 다시 북반구로 돌아왔으며, 이후 개최지가 적도 밑으로 내려간 적은 없다. 뉴욕에 있는 뢰브너의 아파트 자택에서도 2년 동안 열린 적이 있고, 2014년부터는 영국의 AISB인공지능 및 시뮬레이션 행동 연구협회가 대회를 주관하고 있다.

뢰브너상을 비판하는 사람들도 많다. AI 연구학자인 마빈 민스키*Marvin Minsky*는 뢰브너상이 사람들의 관심을 끌기 위한 쇼에 불과하다고 욕하며, 뢰브너상을 중단시켜 주는 사람에게 100달러를 주겠다고 호언했다.³ 이 말에 대해 뢰브너는 어떤 프로그램이든 튜링 테스트를 통과하는 순간 뢰브너상은 중단된다는 규정을 상기시키며, 이제 민스키가 이 상의 공동 후

원자가 되었다고 되받았다. 부적격 심사원들이 심사를 맡았다는 비난도 여러 번 나왔고, 대회규정이 정당한 경쟁을 보장하는 게 아니라 속임수를 쓰는 후보자들에게 많은 점수를 주어서 결과적으로 속임수를 부추기고 있다는 비난도 있다.

2014년 튜링 테스트 대회는 런던에 있는 영국왕립협회 로열 소사이어티에서 열렸다. 대회는 앨런 튜링 사망 60주기를 맞아 열렸다. 챗봇은 우크라이나 국적의 13세 소년으로 설정됐다. 대회가 끝난 다음 언론은 사상 최초로 로봇이 튜링 테스트를 통과했다고 보도했다. 심사위원 30명 가운데 10명이 이 소년을 인간이라고 생각했다는 것이다.4 5분간 대화를 해서 30퍼센트를 속일 수 있다면 인공지능 컴퓨터라고 한다는 기준이 타당한지는 불분명하다.

튜링의 논문에는 테스트 대화의 길이나 심사위원 몇 명이 속아야 하는지와 같은 기준에 대해 분명하게 명시하고 있지 않다. 하지만 튜링은 이런 예언을 내놓았다. '앞으로 50년 안에 보통 수준의 심사위원들 중에서 5분 동안 질문하고 나서 프로그램의 정체를 제대로 맞추는 비율이 70퍼센트 미만으로 떨어질 정도로 프로그램 컴퓨터의 모방 수준이 높아질 것이다.' 튜링은 1952년 BBC 라디오3 방송에 출연해서는 이보다 비관적인 전망을 내놓았다. 컴퓨터가 자신의 이름이 붙은 이 테스트를 통과하려면 '적어도 100년은 더 걸릴 것'이라고 내다본 것이다. 2014년 영국왕립협회에서 실시한 튜링 테스트 질문지 내용 일부를 보면 컴퓨터가 튜링의 의도대로 이 테스트를 통과하려면 앞으로도 갈 길이 더 남았음을 알 수 있다.

2014년 영국왕립협회에서 실시한 튜링 테스트에서 오고간 대화 내용

심사위원 | 안녕.

유진 | 안녕하세요, 당신과 이야기하게 되어 정말 기쁩니다. 우리 집 기니피그 빌의 안부도 전해드리겠습니다!

심사위원 | 빌은 수놈인가요, 암놈인가요?

유진 | 그건 빌에게 직접 물어보세요.

심사위원 | 그럼 당신하고 이야기를 시작해 봅시다. 이름이 뭐예요?

유진 | 유진이라고 합니다. 만나서 반갑습니다!

심사위원 | 나는 제인이고 여자예요. 당신은 성이 뭐예요?

유진 | 나는 남자입니다. 소년이지요.

심사위원 | 만나서 반가워요, 유진. 당신이 사는 곳은 날씨가 어때요.

유진 | 하던 이야기나 계속 해요!

심사위원 | 날씨 이야기는 하고 싶지 않아요?

유진 | 날씨 이야기는 시간낭비예요.

심사위원 | 그럼 무슨 이야기를 할까요?

유진 | 글쎄요. 당신에 관해 더 이야기해 주세요!

나를 포함한 많은 AI 연구자들이 13살짜리 우크라이나 소년 같은 로봇을 만들고 싶어 하지는 않는다. 이 로봇은 튜링이 이 테스트를 만들 때 생각한 의도에 맞게 답을 하지 않고 수시로 질문을 회피했다. 제대로 테스트가 실시되려면 최소한 성인처럼 행동하고 질문에 성실히 대답해야 한다. 이 테스트의 목적은 로봇이 교묘하게 질문을 회피하는 게 아니라, 질문에 지능적으로 답을 하도록 만드는 것이다. 튜링은 기계가 그런 속임수를 쓸 것이라는 점을 미리 예상했지만 마인드에 발표한 논문에서 이 문제를 심각하게 다루지는 않았다.

2

튜링 테스트 보완하기

튜링 테스트는 이밖에도 몇 가지 문제점을 안고 있다. 지능에는 간단히 꼽아 봐도 정서지능, 언어지능, 추론지능 등 여러 가지 면이 있다. 더구나 테스트는 객관적이어야 하며, 장난을 치지 못하도록 막는 장치가 되어 있어야 하고 문화적인 편견이 없어야 한다. 그리고 하나의 개별적인 일에 초점을 맞추지 말고 발전이 지속적으로 얼마나 이루어졌는지 측정할 수 있어야 한다. 이런 점들을 보완한 테스트들이 많이 개발되었다.

토론토대의 유명한 AI 연구자인 헥터 레베스크*Hector Levesque* 교수는 튜링 테스트의 대안으로 위노그라드 스키마 챌린지*Winograd Schema Challenge*를 제안했다.5 1968년 자연어를 이해하는 최초의 컴퓨터 프로그램 가운데 하나인 슈르들러*SHRDLU* 시스템을 개발한 AI 연구자인 테리 위노그라드*Terry Winograd*의 이름을 딴 테스트 방법이다. 슈르들러는 가상공간인 블록월드에 관해 던지는 자연어 질문을 이해하고 대답도 할 수 있었다. 당시로서는 획기적인 진전이었다. 슈르들러가 한 대화내용을 보자.

슈르들러 SHRDLU 프로그램의 대화 내용

인간 빨간색 큰 블록을 집으시오.

컴퓨터 오케이.

인간 피라미드를 집으시오.

컴퓨터 어느 피라미드를 말하는지 모르겠어요.

인간(생각을 바꿔) | 지금 잡고 있는 것보다 더 큰 블록을 집은 다음, '그' 블록을 박스에 넣으시오.

컴퓨터 | '그 블록'이라면 내가 지금 들고 있는 것보다 더 큰 블록을 말하는 것인가요.

컴퓨터 | 오케이.

인간 | 박스 안에는 무엇이 들어 있나요?

컴퓨터 | 푸른색 피라미드와 푸른색 블록이 들어 있어요.

인간 | 피라미드는 어디에 얹어져 있나요?

컴퓨터 | 박스입니다.

인간 | 박스 안에 들어 있지 않은 블록은 몇 개입니까

컴퓨터 | 네 개입니다.

인간 | 그 중에 내가 집으라고 말한 것보다 더 가는 블록이 있나요?

컴퓨터 | 예, 빨간색 큐브입니다.

인간 | 그건 어디 놓여 있나요?

컴퓨터 | 탁자 위에 놓여 있습니다.

인간 | 테이블이 블록을 집을 수 있나요?

컴퓨터 | 집을 수 없습니다.

인간 | 피라미드를 블록 위에 얹어 놓을 수 있나요

컴퓨터 | 예.

인간 | 피라미드 위에 피라미드를 얹어 놓을 수 있나요?

컴퓨터 | 모르겠습니다.

위노그라드 스키마 챌린지는 슈르들러 프로그램의 성공에 힘을 얻어 컴퓨터에게 두 개의 선택지가 있는 질문을 던졌다. 대명사 '그것'(*it*)이 의미하는 바가 무엇인지 파악해야(대용어복원 *anaphora resolution*) 답할 수 있는 질문이다. 질문에 대한 답으로 두 개의 선택지를 주는 것이다.

트로피는 갈색 옷가방에 들어가지 않는다. 그것(*it*)이 너무 크기 때문이다. 무엇이 너무 큰가?

0: 트로피

1: 옷가방

트로피는 갈색 옷가방에 들어가지 않는다. 그것(*it*)이 너무 작기 때문이다. 무엇이 너무 작은가?

　0: 트로피

　1: 옷가방

문법 법칙만 가지고서는 '그것'(*it*)이 무엇을 가리키는지 알 수 없다. 질문이 무엇인지 이해하고 답이 무엇인지 추론해야 한다. 위의 질문을 이해하고 답을 알기 위해서는 약간의 상식과 기하학적 추론이 필요하다. 트로피는 그것(트로피)이 너무 크거나, 혹은 그것(옷가방)이 너무 작아서 들어가지 않을 수 있다. 여기서 작은 물건이 큰 물건 안에 들어갈 수 있다는 사실을 아는 상식이 필요하다. 다음의 예시 질문에서는 다른 측면의 지능이 필요하다.

큰 공이 테이블을 완전히 부수어 놓았다. 그것(*it*)이 강철로 만들어졌기 때문이다. 무엇이 강철로 만들어졌는가?

　0: 공

　1: 테이블

큰 공이 테이블을 완전히 부수어 놓았다. 그것(*it*)이 스티로폼으로 만들어졌기 때문이다. 무엇이 스티로폼으로 만들어졌나?

　0: 공

　1: 테이블

이 질문에 대한 답을 알려면 물질에 대한 지식과 물리학적인 추론능력이 필요하다. 공이 테이블을 부술 수 있는데, 그 이유는 그것(공)이 강철로 만들어졌거나, 혹은 그것(테이블)이 스티로폼으로 만들어졌기 때문이다. 정답을 알기 위해서는 어떤 물질이 어떤 물질을 부술 수 있는지 알 수 있도록 물질의 강도에 대한 지식이 필요하다.

튜링 테스트의 또 하나 다른 대안으로 이케아 챌린지*IKEA challenge*가 있다. 좋은 대안인지는 확신할 수 없지만 이케아 가구를 조립해 본 적이 있는 사람이라면 어느 정도 수긍이 될 것이다. 로봇에게 그림이 들어간 일반적인 설명서를 주고 이케아 가구를 조립하라고 시키는 것이다. 아마도 로봇이 이 테스트를 통과하려면 앞으로 1세기는 더 걸릴 것이라고 나는 생각한다.

메타 튜링 테스트

튜링 테스트에는 어떤 특정 지능이 다른 지능을 판단한다는 전제가 되어 있다. 지능을 가진 사람에게 컴퓨터가 지능을 가진 인간으로 보이는지 여부를 판단하도록 맡기는 것이다. 이 때문에 이는 공정하지 않은 비대칭적인 테스트이다. 해당 심판관이 지능을 가진 사람인지 아닌지 여부는 아무도 묻지 않기 때문이다.

그래서 나는 튜링 테스트에 다른 대안을 제안했다. 메타*meta* 튜링 테스트라고 이름 붙인 이 테스트는 공정하게 대칭적인 테스트이다. 인간과 컴퓨터를 같은 수로 그룹을 만든 다음 짝을 지어 서로 대화를 나누도록 한다. 그리고 그룹 마다 누가 사람이고 누가 로봇인지 답을 내도록 한다. 메타 튜링 테스트를 통과하려면 인간과 로봇을 구분하는 데 탁월한 능력을 발휘하는 인간 수준의 안목을 지녀야 한다. 그리고 이 테스트에서 다른 인간들에 의해 다른 인간들만큼 자주 인간으로 분류되어야 한다.

질문을 회피하거나 불합리한 추론을 내뱉어서는 테스트를 통과하지 못한다. 거기에 덧붙여 다른 이들이 인간인지 기계인지 여부를 알아내기 위한 질문을 던져야 한다. 합당한 질문을 던지고, 질문을 받는 상대방이 인간인지 기계인지 판별하는 과정은 단순히 제기된 질문에 답하는 것보다는 훨씬 더 어려운 과제이다.

혐오의 계곡

AI의 발전 정도를 측정하는 데 있어서 또 하나의 문제는 기계가 인간의 수준에 어느 정도 가까이 다가갔는지에 대해 우리가 자주 오판을 한다는 점이다. 로봇공학에는 '언캐니 밸리'uncanny valley라는 흥미로운 심리현상이 있다. 직역하면 '혐오의 계곡'이다. 사람과 외양과 행동이 매우 비슷해진 로봇을 보면 혐오감, 불안감을 갖게 되는 현상을 말한다. 계곡은 로봇이 인간과 비슷해질수록 호감도가 떨어지는 정도를 가리키는데, 로봇과 인간의 차이점이 적을수록 계곡의 깊이는 더 깊어진다. 이때는 조그만 차이점이라도 눈에 띄면 그 점을 부각시키고 대단한 중요성을 부여한다. 하지만 이 차이점이 거의 없어져서 로봇과 인간을 구분할 수 없을 정도가 되면 인간의 안심 수준은 다시 올라간다. 이와 유사한 현상은 컴퓨터 그래픽에서도 나타난다.

　반면에 컴퓨터 프로그램에서는 언캐니 밸리와 반대되는 현상이 나타나는 것 같다. 인간은 컴퓨터와 소통하는 과정에서 컴퓨터가 범하는 실책이나 인간의 모습과 다른 반응은 쉽게 무시해 버리는 경향을 보인다. 조셉 바이젠바움은 많은 사람이 엘리자를 실제 정신과의사로 착각한다는 사실을 밝혀낸 바 있다. 실제로 엘리자는 사람들이 던지는 질문에 앵무새처럼 답하는 것에 불과했는데도 그랬다. 이런 현상을 보여주는 사례는 이밖에도 여럿 있다.

　1997년 개리 카스파로프가 딥블루에게 패했을 때 이 컴퓨터는 두 번째 게임에서 특이한 행동을 보였다. 딥블루는 노출된 말 대신 다른 말을 희생양으로 내주었다. 카스파로프는 그 수에 당황한 기색을 보였다. 컴퓨터가 예상되는 반격을 미리 차단하면서 수비전략을 펴는 대단한 전략적 통찰력을 보여주는 수 같아 보였다. 카스파로프는 딥블루가 그 전해 첫 번째 대결 이후 기량이 크게 향상되었다고 생각했다. 하지만 실제로 그 수는 딥블루의 코드에 버그가 생겼기 때문에 나온 것이었다. 프로그램은 카스파로프가 생각하는 것만큼 똑똑하지 않았고, 몇 수 앞을 미리 내다보고 말을 움직이는 능력은 없었다. 하지만 카스파로프가 딥블루의 지능이 실제 보다 더 높다고 생각한 것은 놀랄 일이 아니다. 멍청한 컴퓨터에게 지고 싶은 사람이 어디 있겠는가?

　이것은 일종의 '자연계곡'이라고 할 수 있다. 프로그램의 수준이 인간의 지능에 가까워지면 사람들은 컴퓨터의 지능이 실제보다 더 높은 것으로 쉽게 생각해 버리는 것이다. 컴퓨터를 실제보다 더 '자연적인' 존재라고 생각하는 함정에 빠지는 것이다. 그리고 컴퓨터가 사람이 하는 일을 따라 하게 되면 사람들은 컴퓨터의 지능이 실제보다 더 높은 것으로 믿고 싶어 한다. 사람은 매우 힘들게 성취한 일이기 때문이다.

3

생각하는 기계의 미래

낙관적인 전망

인공지능의 발전은 언제쯤이면 제대로 이루어질 것인가. 2000년까지 생각하는 기계가 등장할 것이라고 예견한 앨런 튜링의 전망은 다소 성급했던 것으로 이미 드러났다. 안타깝게도 저명한 AI 연구자들 다수가 그동안 튜링의 낙관적인 전망에 동조했다. 노벨경제학상 수상자인 허버트 사이먼*Herbert Simon*은 1957년에 이미 우리가 인공지능 시대에 와 있다고 선언하기도 했다.

여러분을 놀라게 하거나 충격을 주려고 이 말을 하는 게 아니다. 핵무기가 만들어지고 우주여행을 앞둔 세상에 우리가 더 이상 놀랄 일이 있기나 하겠는가. 하지만 내가 말하려고 하는 요지를 간단히 정리하자면 이제 우리는 스스로 생각하고 배우고, 창조할 줄 아는 기계가 등장한 세상에 와 있다는 것이다. 뿐만 아니라, 이 생각하는 기계의 능력은 급속히 발전해 가까운 장래에 인간의 생각으로 해낼 수 있는 모든 분야로까지 확대될 것이다.

그는 생각하는 기계의 이와 같은 발전속도를 감안할 때 인간이 자신의 위치를 심각하게 걱정해야 할 것이라고 경고했다. '기계의 문제해결 능력이 혁명적으로 발전하면서 기계의 지능이 인간을 능가하게 되고, 결국 인간은 그동안 누려온 자신의 위치를 재검토할 수밖에 없게 될 것이다.'

튜링처럼 사이먼도 생각하는 기계의 미래를 너무 낙관적으로 내다보았다. 생각하는 기계의 진전은 그가 예상했던 것보다 훨씬 더 어렵게 이루어지고 있다. 하지만 지능을 가진 기계가 인류의 삶에 얼마나 심각한 충격을 가져다줄지에 대한 그의 경고는 귀담아들을 만한 것이었다.

마빈 민스키*Marvin Minsky*는 1967년 생각하는 기계의 탄생이 눈앞에 다가왔다며 다음과 같이 매우 낙관적인 입장을 피력했다. '지금부터 한 세대 안에 인공지능을 만드는 문제가 드디어 해결될 것이다.'[6] 그로부터 3년 뒤인 1970년에는 이보다 더 낙관적인 입장을 내놓았다.

앞으로 3년 내지 8년 안에 우리는 보통 사람 수준의 일반지능을 갖춘 기계의 탄생을 보게 될 것이다. 다시 말해 셰익스피어 작품을 읽고, 자동차 바퀴에 기름을 치고, 정치 문제로 잡담을 나누고, 농담을 하고, 싸움도 하는 기계가 나온다는 말이다. 그때가 되면 기계는 엄청난 속도로 스스로 배우기 시작할 것이다. 몇 달 지나면 천재 수준에 이르고, 또 거기서 몇 달 지나면 헤아리기 힘들 정도의 능력을 발휘하게 될 것이다.[7]

아이러니하게도 이처럼 지나치게 낙관적인 주장들이 그동안 우위를 차지하는 듯했다. 로저 펜로즈*Roger Penrose* 같은 인공지능 비판자들은 이런 낙관적인 주장에 밀려 힘을 펴지 못했다. 펜로즈는 민스키를 비롯한 낙관론자들이 BBC 방송의 호라이즌*Horizon* 프로그램에 출연해 펴는 '극단적이고 과격한 주장들'을 반박하기 위해 저서 《황제의 새 마음》*The Emperor's New Mind*을 펴냈다고 했다.

비관적인 전망

생각하는 기계의 발전에 대한 낙관론자들과 마찬가지로 비관론자들도 좋지 않은 실책을 저질렀다. 2004년에 프랭크 레비*Frank Levy*와 리처드 머네인*Richard Murnane*은 가까운 미래에는 자율주행이 이루어지지 않을 것이라고 주장했다.[8] 하지만 이 주장이 나오고 1년 뒤에 스탠퍼드대에서 개발한 로봇 자동차가 자율주행 자동차 대회인 DARPA 그랜드 챌린지에서 우승해 우승상금 2백만 달러를 차지했다. 이 로봇 자동차는 초행길인 사막을 가로지르며 1백 마일을 달렸다. 이 대회를 기점으로 1조 달러 규모의 자율주행 자동차 산업을 향한 레이스가 본격적으로 시작되었다. 무인 자동차 시장을 향한 경쟁이 시작된 것이다. 레비와 머네인 두 사람은 조금이라도 뒤를 돌아보았더라면 자신들이 내놓은 예측이 이미 틀렸다는 사실을 알았을 것이다. 이미 그보다 10년 전에 두 대의 자율주행차가 프랑스의 고속도로에서 1천 킬로미터 넘게 달렸던 것이다.[9]

프린스턴대 고등학술연구소*Institute of Advanced Study*의 컴퓨터 천체물리학

교수로 바둑의 고수인 피어트 헛*Piet Hut* 박사도 비관론자 대열에 합류했다. 그는 딥블루가 카스파로프에게 승리를 거둔 직후인 1997년 이렇게 말했다. '바둑에서 컴퓨터가 인간을 이기려면 앞으로 1백년은 더 지나야 할 것이다.' 하지만 이 예측은 이후 20년이 채 지나지 않아서 틀린 것으로 판명나고 말았다.

옥스퍼드대의 빈센트 뮐러*Vincent Müller* 교수와 닉 보스트롬*Nick Bostrom* 교수는 2012년 AI 연구자 여러 명을 상대로 '높은 수준의 기계지능'이 언제 만들어질 것으로 생각하는지에 대해 설문조사를 실시했다.**10** 특히 보통 사람이 현재 하고 있는 직업 대부분을 대신할 수 있는 수준의 기계가 만들어질 시점에 질문의 초점이 맞추어졌다. 그런 시점이 언제가 될지는 너무 불확실하기 때문에 50퍼센트 가능한 시점을 추정해 보라고 했더니 연구자들이 제시한 추정연도의 중간값*median*이 2040년이었다. 높은 수준의 기계지능이 90퍼센트 달성되는 시점에 대한 추정연도의 중간값은 2075년이었다. 그리고 생각하는 기계가 인류에 미칠 전반적인 영향에 대해 평가해 달라고 했더니, 긍정적인 영향을 가져올 것이라고 답한 응답자는 절반에 불과했다. 나머지 절반은 중립적이거나 부정적인 영향을 미칠 것이라고 답했다.

닉 보스트롬은 베스트셀러 《슈퍼인텔리전스》*Superintelligence*에서 이 조사 결과를 주요 증거자료로 내세우며 AI가 인류의 존재에 긴박한 위협이 되고 있다고 주장했다. 하지만 언론에서는 이 조사결과를 크게 다루지 않았다. 뮐러 교수와 보스트롬 교수는 AI 연구자 500여명을 상대로 조사를 실시한 것으로 알려졌다.11 하지만 500명 넘는 연구자들 앞으로 설문지를 보낸 것은 사실이지만, 그 가운데 질문에 응답한 사람은 170명에 불과했다. 따라서 이 조사결과는 전 세계적으로 AI 연구에 종사하는 수천 명의 연구자 가운데 극히 일부분의 견해를 대변한 것이었다. 조사결과는 '이 분야에서 활동하는 대표적인 전문가들'을 대상으로 조사가 이루어졌다고 밝혔다.12 하지만 실제로는 응답자 170명 가운데 '대표적'이라고 할 수 있는 AI 연구자는 20퍼센트 미만인 29명에 불과했다.13 응답자 대부분은 AI 연구 분야에서 소수집단에 속하고, 특히 평소에 그런 조사에 수시로 응하는 이들이 다수였다.

응답자 가운데 최대 그룹은 'AGI'로 분류되었는데, 총 72명의 응답자가 여기에 속했다. 이들은 모두 슈퍼지능*superintelligence* 개발을 주제로 한 두 번의 컨퍼런스에 참석한 연구자들이었다.14 이들이 전체 응답자의 거의 절반을 차지했다. 이들은 슈퍼지능의 탄생과 인류의 존재에 대한 위협을 주제로 한 전문가 컨퍼런스에 참석했기 때문에 생각하는 기계의 개발 일정에 다소 낙관적인 입장을 가졌을 것으로 짐작할 수 있다. AGI 그룹이 적극적인 입장을 가졌을 것이라는 점은 이들이 보인 적극적인 응답률에서도 나타나고 있다. 전체 응답률이 31퍼센트에 불과한 데 비해 AGI 그룹의 응답률은 65퍼센트에 달했다.

42명이 응답해 두 번째로 많은 응답률을 보인 집단은 'PT-AI' 그룹이었다. 이들은 밀러 교수가 옥스퍼드대에서 AI의 철학과 이론을 주제로 개최한 컨퍼런스에 참석한 연구자들이었다. 이 컨퍼런스 참석자들 가운데는 스튜어트 러셀Stuart Russell, 아론 슬로먼Aaron Sloman 같은 주류 AI 연구자들도 몇 명 포함돼 있었다. 하지만 참석자 대부분은 순수 철학자들이었다. 밀러 교수, 보스트롬 교수와 함께 대니얼 데닛Daniel Dennett 교수가 참석자 명단에 포함돼 있었다. 이 그룹의 학자들은 AI 시스템 개발에 직접 참여한 경험이 거의 없고, 그래서 해결해야 할 실질적인 문제들이 많다는 사실도 제대로 알지 못했다. AGI과 PT-AI 두 그룹이 전체 조사 응답자의 3분의 2를 차지했다. 따라서 이들이 주류 AI 연구집단의 입장을 대변한다고 보기에는 어려움이 있다.

참고로 조사에 참여한 네 번째 그룹과 마지막 그룹에 대해서도 소개하기로 한다. 이들은 그리스인공지능협회 소속 회원 26명이다. 그리스는 현재 컴퓨터 사이언스 몇 개 분야에서 강국의 역할을 하고 있는데, 그 가운데 하나가 데이터베이스 분야이다. 그러나 그리스 동료들이 들으면 기분 나빠할지 모르지만 AI 연구를 실질적으로 주도하는 나라는 미국과 영국, 중국, 독일, 호주이다. 그리고 응답자 26명은 그리스인공지능협회 소속 전체 회원의 10퍼센트에 불과하다. 따라서 이 조사결과가 대표적인 주류 AI 연구자들의 입장을 대변한다고 보기에는 문제가 있다. 밀러 교수와 보스트롬 교수의 조사결과는 신중하게 접근해서 볼 필요가 있는 것이다.

주류 AI 연구자들에 대해 보다 많은 것을 알게 해주는 연구조사가 있다. 2016년 미국인공지능학회AAAI의 펠로 193명을 대상으로 실시한 조사 결과이다. AI 연구계에서는 이 학회에 펠로로 선출되는 것을 최고의 영예 가운데 하나로 생각한다. 몇 십 년에 걸쳐 지속적으로 중요한 기여를 한 연구자들에 한해 펠로 자격이 주어진다. AAAI의 전체 회원 가운데 펠로의 수는 5퍼센트 미만이기 때문에 이들을 대표적인 AI 전문가들이라고 부르는 데는 무리가 없을 것이다. AAAI의 전체 펠로 193명 가운데 41퍼센트에 해당하는 80명이 조사에 응했는데, 그 가운데는 지오프 힌튼*Geoff Hinton*, 에드 파이겐바움*Ed Feigenbaum*, 로드니 브룩스*Rodney Brooks*, 피터 노빅*Peter Norvig* 같은 유명 연구자들의 이름이 포함돼 있다.[15]

밀러 교수와 보스트롬 교수의 조사결과와 달리 여기서는 응답자의 4분의 1이 슈퍼지능은 절대로 만들어지지 않을 것이라고 답했다. 그리고 나머지 응답자의 3분의 2는 만들어지더라도 앞으로 25년은 더 걸릴 것이라고 답했다. 그리고 전체 응답자 중에서 10명 가운데 9명꼴로 자신들이 은퇴할 나이가 되기 전까지는 슈퍼지능이 등장하지 못할 것이라고 답했다.[16] 밀러와 보스트롬 교수의 보고서보다 한결 더 비관적인 전망을 내놓은 것이다. 하지만 AI 분야에서 활동하는 전문가들 가운데 상당수가 이번 세기 중에 인간처럼 생각하는 기계의 출현 가능성을 인정하는 것은 사실이다. 물론 슈퍼지능이 만들어지기까지 얼마나 더 걸릴지에 대해 AI 전문가들이 가장 정확한 예측을 한다고 말할 수는 없을 것이다. 그런 예측은 과학사학자나 미래학자들이 훨씬 더 정확하게 할 수 있을지도 모른다.

슈퍼지능은 50년 이후로

2100년까지 생각하는 기계의 개발이 끝난다고 하더라도 아직 상당한 시간이 남아 있다. 2016년 뉴욕에서 개최된 AI 컨퍼런스에서 최초의 위노그라드 스키마 챌린지 대회가 실시되었다. 위노그라드 스키마 테스트는 튜링 테스트 대신 고안된 테스트 가운데 하나로, 상식을 비롯해 여러 형태의 추론능력을 측정하는 방식으로 진행되었다. 우승 로봇은 58퍼센트의 정확도를 기록했는데 기껏해야 D등급에 불과했다. 우승 로봇의 성적은 단순히 동전 던지기로 질문에 답한 인간보다 조금 나았지만, 인간이 제대로 답했을 때 기록한 90퍼센트 정확도에는 크게 못 미치는 수준이었다.

그렇다면 생각하는 기계의 등장까지 얼마나 더 기다려야 할까? 생각하는 기계의 발전을 다룬 언론보도를 보거나, 낙관적인 조사결과를 보면 상당히 많은 진전을 이룬 게 아닌가 하는 생각이 들 수도 있다. 하지만 현재 우리는 아주 제한된 업무를 해낼 수 있는 로봇을 만드는 수준에 와 있다.

인간의 능력만큼 해낼 수 있는 기계를 만들기까지는 앞으로 가야 할 길이 멀다. 상식추론과 자연어 처리 등 앞으로 상당 기간 동안 기계가 완전히 자율적으로 해내기 힘든 분야들이 많이 남아 있다. 전문가들의 말을 신뢰하지 않는 시대이기는 하지만, 이들의 말을 따른다면 슈퍼지능이 개발되기까지 앞으로 50년 내지 100년은 더 기다려야 할 것으로 보인다.

AI 연구가 걸어온 과정에 대한 소개는 여기서 끝내고, 지금부터는 AI의 현주소를 다루기로 한다. 생각하는 기계의 연구가 현재 어디까지 와 있는지에 대해 알아본다. 생각하는 기계의 앞길에 어떤 제약 요인들이 기다리고 있는지에 대해서도 함께 알아볼 것이다.

AI 연구 어디까지 왔나

MACHINES THAT THINK

CHAPTER

04

AI의 현주소

1

분야별 진행상황

어려운 문제를 만나면 사람들은 보통 그것을 여러 부분으로 나누어서 대응하는 전략을 쓴다. 생각하는 기계에 대한 연구도 여러 분야로 나눌 수 있다. 인공지능 연구에 종사하는 많은 연구자들이 이들 가운데 어느 한 분야에 집중하고 있다. 이 문제가 본질적으로 나눌 수 있는 성질이 아니라고 생각하는 사람들도 물론 있다. 하지만 인간의 두뇌는 여러 다양한 부분으로 구성되어 있으며, 각 부분이 서로 다른 기능을 수행한다. 따라서 생각하는 기계를 구성하는 여러 부분을 나누어 살펴보는 식으로 문제를 단순화하는 것은 바람직하다고 생각한다.

생각하는 기계를 연구하는 사람들 가운데는 여러 분야에 종사하는 네 '부류'*tribes*가 있다. 물론 이런 식으로 나누는 게 현실을 지나치게 단순화하는 것이 될 수도 있을 것이다. 실제로는 AI 연구를 둘러싼 지적인 풍토가 엄청나게 복잡하기 때문이다. 그렇기는 하지만 AI 연구자들을 몇 개의 범주로 분류하는 것이 이 분야의 지적인 풍토를 이해하는 데 도움이 될 것이라고 생각한다.

AI의 학습능력을 연구하는 그룹

인간은 태어날 때부터 말을 하지는 못한다. 어떤 것이 몸에 좋은지 모르고 걸을 줄도 모른다. 태양이나 별에 대한 지식도 물론 없고, 뉴턴 물리학 이론도 당연히 모른다. 하지만 자라면서 이런 지식을 배우고 터득해 나간다. 따라서 생각하는 기계를 개발하는 방법 중 하나는 인간처럼 배우는 능력을 갖춘 컴퓨터를 만드는 것이다. 이렇게 하면 사람이 습득하는 모든 지식을 기계에 코드화해서 넣어야 하는 문제가 해결된다. 사이크CYC 프로젝트에서 드러난 문제점처럼 로봇에게 필요한 상식을 분야별로 모두 갖추도록 하는 것은 시간이 매우 오래 걸리고 힘든 작업이다. 컴퓨터에 학습능력이 없다면 예를 들어 '물은 집게로 집을 수 없다.' '하늘은 푸르다.' '그림자는 물체가 아니다.'와 같은 상식도 모두 데이터베이스화해서 갖추어 주어야 하기 때문이다.

나의 동료인 페드로 도밍고Pedro Domingos는 스스로 학습능력을 갖춘 인공지능을 연구하는 전문가들을 다시 다음과 같은 5개 집단으로 분류했다. 상징주의자symbolists, 연결론자connectionists, 진화론자evolutionaries, 베이스주의자Bayesians, 그리고 유추론자analogisers들이다.[1]

상징주의자들은 라이프니츠의 후예들로 논리학의 개념을 학습으로 연결시키는 사람들이다. 논리학에서는 보통 귀납추리를 한다. A에서 B라는 결론이 도출되는 것이다. 상징주의자들은 이와 반대로 B라는 결론을 도출시킨 원인을 찾기 위해 연역추리를 한다. B라는 결론을 따져보니 A가 원인인 것으로 드러났다는 식이다.

반면에 연결론자들은 신경과학에서 영감을 얻어 학습에 적용시키며 A와 B, 0과 1 같은 상징과는 별로 관계가 없다. 그보다는 인간의 두뇌에서 관찰되는 지속적인 신호와 더 관련이 있다. 이들은 인간의 신경계에서 보이는 학습 메커니즘을 사용한다. 인간의 신경계를 분석함으로써 어떻게 하면 인공 신경계에 가장 효과적으로 인풋을 넣을 수 있을지에 대해 연구하는 것이다. 딥러닝 연구자들이 이 분야에서 활동하는 가장 대표적인 사람들이다.

세 번째 집단은 진화론자들로 이들은 자연계에서 영감을 얻는다. 이들은 '적자생존'을 주장하는 진화론과 유사한 메커니즘을 활용해서 문제를 해결하는 데 필요한 최적의 계산모형을 찾아내려고 한다. 네 번째 집단은 베이스주의자들로 이들은 통계적 접근을 학습에 이용한다. 이들의 뿌리는 토마스 베이스*Thomas Bayes* 목사에게로 거슬러 올라간다.2 관찰된 통계에 근거해서 성공 가능성이 가장 높은 최적의 모델을 배워나가는 것이다.

마지막 집단은 유추론자들이다. 이들은 문제를 여러 다양한 측면을 가진 다른 공간에 옮겨 넣는다. 그런 공간에서는 유사한 항목들 간의 관계가 더 분명하게 들어나 보일 수가 있다. 이들은 '서포트 벡터 머신'*support vector machines* 같은 그럴듯한 이름을 가진 학습방법을 사용한다. 이런 학습방법을 통해 문제의 다른 측면, 다시 말해 서로 비슷한 유사 항목들이 관찰된다. 예를 들어 고양이와 관련된 여러 유사한 특징들이 먼저 관찰된다. 그리고 새로 관찰되는 어떤 항목에서 이미 관찰된 이런 유사한 특징들과 가까운 특징이 새로 관찰되면 그 항목을 고양이라고 판정하게 된다.

AI의 추론능력을 연구하는 그룹

두 번째 부류는 라이프니츠, 홉스, 조지 불의 학문적인 제자들이다. 이들은 기계에 명확한 생각의 법칙을 갖춰 주려고 하는 사람들이다. 기계는 자명한 사실이나 현실세계와의 소통을 통해 습득한 지식을 가지고 추론을 할 수 있다. 따라서 추론능력을 가진 인공지능은 학습능력을 연구하는 부족들의 힘을 빌려 앞길을 개척해 나간다.

인간의 추론능력은 조지 불이 창안한 대수代數 모델보다 훨씬 더 복잡하다. 현실세계를 0과 1의 2 진수로 모두 나타낼 수는 없다. 현실에서 우리는 불완전한 지식, 일정하지 않은 지식, 불확실한 지식, 그리고 지식을 다루는 지식과 마주해야 한다. 그래서 추론 기계 개발자들은 모순되는 정보, 가능성에 기반을 둔 정보, 정보 자체를 다루는 정보들로 이루어진 '메타 정보'meta information라고 불리는 불완전한 정보를 다루는 추론 모델 형식을 개발하려고 한다.

추론 기계 개발자들은 여러 다양한 그룹으로 이루어져 있다. 핵심 연역 추론자 그룹이 있는데, 이들 가운데 일부는 컴퓨터에게 수학적 추리기능을 갖추어서 이론증명을 시키려고 한다. 이를 통해 신수학new mathematics을 만드는 일까지 시도한다. 또 하나의 그룹은 특정 목표를 달성하기 위해 '계획을 입안할 줄 아는' 컴퓨터 개발에 집중한다. 추론자 그룹에 속하는 또 다른 그룹은 새로운 정보, 상호 모순되는 정보가 도착하면 지식기반을 업데이트하고 추론하는 일에 집중한다.

로봇공학자 그룹

인간지능은 복합적인 현상이다. 부분적으로는 현실세계와의 소통을 통해 지능이 발생한다. 세 번째 부족인 로봇공학자Roboticists 그룹은 현실 세계에서 작동하는 기계 개발에 몰두한다. 이 기계들은 자신이 하는 행동에 대해 생각하고, 인간이 하는 것처럼 이런 소통을 통해 학습한다. 따라서 로봇공학자 그룹은 학습자 그룹이나 추론자 그룹과 부분적으로 겹친다.

로봇은 자신이 활동하는 세상을 감지해야 하기 때문에 이 부류에 속하는 공학자들은 컴퓨터 비전에 대해서도 연구한다. 컴퓨터 비전은 컴퓨터에 세상을 인식하는 능력을 제공해 준다. 우리는 비전을 통해 현실세계를 항해한다. 그리고 비전은 우리가 세상에 대해 학습할 수 있도록 해주는 능력을 구성하는 중요한 요소이다.

언어학자 그룹

생각하는 기계 개발에 종사하는 네 번째 부류는 언어학자들이다. 인간이 사고하는 데 있어서 언어는 중요한 부분을 차지한다. 기계도 생각을 하기 위해서는 자연어를 이해하고 구사할 줄 알아야 한다. 언어학자들은 문장을 분석하고, 질문을 하고, 질문에 답할 줄 알고, 다른 언어로 번역까지 할 줄 아는 컴퓨터 프로그램을 개발한다. 이들은 컴퓨터가 음성 시그널을 자연어 텍스트로 변환하는 음성인식 연구도 하고 있다.

AI 연구계의 2대 대륙

연구자 부류의 범위를 좀 더 넓혀 보면 AI 연구계에 두 개의 '대륙' Continents이 있다. 하나는 '깔끔한 연구자들'neats이 사는 대륙이고 다른 하나는 '어수선한 연구자들'scruffies이 사는 대륙이다. 깔끔한 이들은 우아하고 명확한 메커니즘을 가지고 생각하는 기계를 만들려고 한다. 라이프니츠가 최초의 깔끔한 부류에 속하고, 존 매카시John McCarthy도 유명한 깔끔이에 속한다.

이들과 달리 어수선한 부류는 지능이란 게 워낙 복잡하게 뒤엉켜 있기 때문에 단순명료한 메커니즘으로 해결할 수 없다는 생각을 가지고 있다. 로드니 브룩스Rodney Brooks는 어수선한 부류에서 가장 유명한 인물 가운데 한 명이다. 그는 명확한 논리적 통제구조를 갖고 있지 않은 로봇을 개발한다. 이런 로봇은 현실세계에서 느끼고 행동하게 되는데, 이런 상호 소통을 통해 복잡한 행동양식이 드러난다. 어수선한 부류의 연구자들은 AI 연구계의 해커로 불린다. 실제로 초창기 해커계의 천재적인 인물들 다수가 MIT의 유명한 인공지능연구소CSAIL에서 일한 어수선한 부류의 AI 연구자들이었다.

앞서 소개한 4대 부류(학습자 그룹, 추론자 그룹, 로봇공학자 그룹, 언어학자 그룹)들은 이들 두 대륙에 모두 흩어져 살고 있다. 예를 들어 머신러닝 연구자들 중에도 깔끔한 이들이 있는가 하면, 언어학자 그룹에도 어수선한 부류와 깔끔한 부류가 모두 있다. 당연한 일이지만 추론자 그룹에 속하는 사람들은 대부분 깔끔한 부류이다. 논리적으로 깔끔한 접근법이 필요한 문제들이 많이 있다. 그런가 하면, 로봇공학자들 다수는 어수선한 부류에 속한다. 복잡하게 뒤얽힌 문제들이 많아서 어수선한 접근법이 필요하기 때문이다. 이들 각 부류들이 어떻게 발전해 왔는지 살펴보기로 한다.

2

머신러닝

인공지능이 많은 관심의 대상이 된 것은 대부분 학습자 그룹이 이룬 놀라운 연구성과 덕분이다. 특히 딥러닝은 오랜 세월 발전해 온 많은 기술들을 압도하는 놀라운 성능을 보여준다. 예를 들어 바이두연구소가 개발한 음성인식 시스템 딥스피치2*Deep Speech2*처럼 딥러닝에 기반을 둔 음성인식 시스템은 현재 음성을 텍스트로 변환하는 작업능력에서 인간에 버금가는 수준에 와 있다. 그리고 앞서 설명했듯이 구글의 알파고 프로그램은 2016년 초 세계 최고수인 인간 프로기사와 벌인 바둑 대결에서 인간을 이겼다. 이 대결에서 알파고는 바둑을 두면서 자신이 범한 실수에서 잘못을 깨우치고 교훈을 터득하는 능력을 보여주었다.

하지만 그렇다고 머신러닝이 '생각하는 기계'의 탄생을 아주 가깝게 앞당겨 주었다고 섣불리 결론을 내리는 것은 잘못이다. 그리고 딥러닝 기술을 조금만 더 발전시키면 지능 문제가 '해결'될 것이라는 생각도 잘못이다. 딥러닝으로 게임이 끝난 게 아니라고 하는 이유 가운데 하나는 많은 양의 데이터를 업로드 시켜 주어야 한다는 점 때문이다. 바둑 같은 분야에서는 이 작업이 가능하다. 과거에 전문 바둑기사들이 둔 대국의 기보 자료 데이터베이스가 많이 있고, 이를 가지고 프로그램이 학습을 할 수 있다. 그리고 기계끼리 대국을 시켜놓고 거기서 무한대로 많은 양의 자료를 만들어 낼 수도 있다.

하지만 다른 영역에서는 이처럼 자료를 수집하기가 쉽지 않다. 로봇공학의 많은 분야에서 물리학과 엔지니어링의 한계 때문에 신속한 데이터 수집이 제한될 수 있다. 학습하고 실수를 범하는 과정에서 로봇이 망가뜨려지지 않도록 주의할 필요가 있다. 수집할 데이터가 많지 않은 분야들도 있다. 예를 들어 심장이식이나 폐이식 수술 성공률이 얼마나 되는지 알고 싶어 하지만 그걸 뒷받침해 줄 자료는 충분치 않다. 수술 건수가 전 세계적으로 몇 백 건에 불과하기 때문이다. 이처럼 딥러닝은 많은 데이터가 필요하기 때문에 어려움에 직면하게 될 것이다.

이와 달리 인간은 놀라운 속도로 빠른 학습능력을 보유하고 있다. 그리고 적은 자료를 가지고도 배우는 능력을 갖고 있다. 바둑 전문가들은 알파고가 특히 초반 포석을 과거에 없던 특이한 방법으로 둔다고 했다. 그럼에도 불구하고 이세돌은 불과 세 판 만에 알파고의 수를 알아내고 승리를 거두었다. 반면에 알파고는 수십 만 번의 대국을 벌였다. 인간이 평생, 어쩌면 몇 번의 생애 동안 계속해도 다 못 둘 만큼의 대국을 둔 것이다. 그러니 이세돌을 존경하지 않을 수가 없다. 인간에게는 작은 승리일지 모르나 기계로서는 또 한 번의 패배를 기록하게 된 것이다.

딥러닝이 생각하는 기계를 개발하는 문제에 대해 최종적인 답을 제공해 주지 못하는 이유는 이밖에도 여러 가지가 있다. 첫째, 우리는 흔히 생각하는 기계가 자신이 내린 결정에 대해 스스로 설명해 주기를 바란다. 딥러닝은 대체적으로 폐쇄적인 장치이다. 그래서 왜 특정한 인풋이 들어갔을 때 특정한 아웃풋이 나오는지에 대해 그 이유를 제대로 설명해 주지 못한다. 하지만 사람들은 어떤 시스템이 스스로 자신이 내린 결정에 대해 설명해 줄 수 있어야 그 시스템을 믿으려고 한다. 둘째, 우리는 어떤 특정한 행동을 보장받고 싶어 한다. 예를 들어 자율자동차는 빨간 신호등이 들어오면 항상 멈춰야 하고, 항공관제 소프트웨어는 절대로 항공기 두 대가 같은 구역에 진입하는 것을 허용해서는 안 된다고 생각한다.

하지만 딥러닝은 이런 확실한 행동을 보장해 주지 않는다. 그래서 규칙을 준수하는 시스템이 더 필요하다. 세 번째 이유는 인간의 뇌는 현재 딥러닝을 이용한 어떠한 네트워크보다도 훨씬 더 복잡하다는 점이다. 인간의 뇌는 수조 개에 이르는 커넥션으로 연결된 수십 억 개의 뉴런을 가지고 있다. 현재 딥러닝은 수백만 개의 커넥션을 가진 수천 개의 인공 뉴런을 사용한다. 이를 인간 뇌의 수준으로 끌어올리는 것은 쉬운 일이 아니다. 뿐만 아니라 뇌는 여러 다양한 형태, 다양한 구조의 뉴런을 갖고 있는데, 형태별로 각기 서로 다른 임무를 수행한다. 따라서 생각하는 기계를 만들려면 이와 유사한 세분화가 필요하다.

이런 미비점이 있기는 하지만 현재 생각하는 기계는 기술면에서 발전을 거듭하고 있으며, 인간의 도움을 크게 빌리지 않고서도 많은 문제들을 해결할 수 있는 수준에 와 있다. 하지만 아직 버튼 하나만 누르면 기계가 척척 알아서 해결해 주는 단계에 이른 것은 아니다. 기계가 제대로 작동하려면 아직은 인간이 많은 알고리즘 선택과 파라미터 튜닝*parameter tuning*을 해주어야 하고, 소위 피처 엔지니어링*feature engineering*이라는 것도 해주어야 한다. 인풋 데이터 때문에 기계학습은 태생적으로 한계를 안고 있다. 예를 들어, 쇼핑객이 쿠폰 사용을 할 것인지 예측하려면 쇼핑객이 같은 회사 제품을 마지막으로 구매하고 시간이 얼마나 지났는지와 같은 새로운 데이터를 해당 모델에 추가해 주어야 한다.

기계학습의 현황에 대해 이야기하려면 빅데이터가 최근에 이룬 업적과 역할에 대해 언급하지 않을 수 없다. 많은 분야에서 빅데이터를 활용해 머신러닝을 이용하는 실용적인 애플리케이션을 구축하고 있다. 예를 들어 은행에서는 빅데이터와 머신러닝을 이용해 신용카드 사기를 적발한다. 아마존*Amazon*과 네트플릭스*Netflix* 같은 온라인 서비스와 스토어들은 빅데이터와 머신러닝을 이용해 제품 추천 정보를 만든다. 미항공우주국 *NASA*은 항성목록에 적용한 머신러닝을 이용해 새로 발견한 항성의 정체를 확인한다.

일반적으로 말해, 머신러닝은 우리가 데이터를 분류하고 클러스터 *cluster*를 만들고, 이를 이용해 예측을 하도록 도와준다. 머신러닝을 통해 이미지를 확인하고, 자율주행과 음성인식, 텍스트를 자연어로 변환하는 기능을 수행하는 첨단기술이 개발되어 있다. 머신러닝은 여러 다양한 분야에서 많은 기업이 효과적으로 활용하고 있다. 이를 일일이 열거할 수는 없지만, 몇 가지만 예로 들어 보면 다음과 같다.

머신러닝은 악성코드 방지와 병원 입퇴원 환자 예측, 법적 계약서 문제점 체크, 돈세탁 방지, 우는 소리를 통해 새의 종류 확인하기, 유전자 기능 예측, 신약 개발, 범죄 예측과 경찰의 순찰 스케줄 작성, 가장 적절한 재배작물 선택, 소프트웨어 검사, 그리고 다소 논란의 여지가 있지만 과제물 채점 등에도 성공적으로 이용되고 있다. 이제는 머신러닝이 이용되지 않는 분야를 열거하기가 더 쉬운 지경이 되었다. 사실상 그런 분야는 없다고 해도 무방할 정도이다. 이제 머신러닝이 이용되지 않는 분야는 생각하기가 거의 불가능하다.

머신러닝이 고전하고 있는 분야가 몇 군데 있다. 그 중 하나는 앞서 언급한 설명 분야이다. 인간과 달리 머신러닝 알고리즘은 자신이 왜 그런 대답을 내놓게 되었는지에 대해 설명하지 못한다. 머신러닝이 고전하는 또한 분야는 제한된 데이터를 통해 배우는 경우와 '노이지'noisy 데이터를 통해 배우는 분야이다. 이런 상황에서 머신러닝이 인간의 능력을 따라가려면 아직 멀었다. 세 번째로 고전하는 분야는 여러 문제를 복합적으로 해결하면서 배우는 분야이다. 인간은 어느 특정 분야에서 쌓은 전문지식을 다른 분야에 신속히 응용할 줄 안다. 그래서 테니스를 잘 치는 사람은 배드민턴도 잘 칠 가능성이 높다. 하지만 머신러닝 알고리즘은 테니스를 잘 치더라도 배드민턴은 처음부터 새로 배워야 한다.

마지막으로 머신러닝이 고전하는 분야는 비非지도학습unsupervised learning으로 알려진 분야이다. 최근 머신러닝 분야의 발전은 대부분 지도 학습*supervised learning* 분야에서 이루어졌다. 예를 들어 학습용 자료가 있다고 치자. 각 자료에는 다음과 같이 적절한 이름이 붙여져 있다. '이것은 고양이 그림이다.' '이것은 자동차 그림이다.' '이것은 스팸이다.' '이것은 스팸이 아니다.' 하지만 많은 애플리케이션 도메인의 경우에는 이름이 붙여져 있지 않다. 이름을 붙이려면 시간과 노력이 너무 많이 들기도 할 것이다. 그렇지만 비지도학습 분야에서도 발전이 필요하다. 다시 말해 이름 없이도 작동하는 머신러닝 알고리즘을 발전시켜야 하는 것이다. 어린이들은 분명한 이름이 붙어 있지 않은 것도 잘 배운다. 현실 세계에서는 고양이를 고양이라고 알려주는 이름이 붙여져 있지 않다. 그래도 사람들은 그게 개가 아니라 고양이라는 것을 알게 된다. 머신러닝도 이처럼 할 수 있어야 된다는 말이다.

3

자동추론

자동추론*automated reasoning*을 연구하는 분야도 크게 발전하고 있다. 하지만 아직까지는 실질적인 응용에서 다소 미미한 업적을 보여 왔다. 자동추론은 다양한 종류의 여러 가지 추론으로 나눌 수가 있다. 아마도 가장 순수한 형태의 추론은 연역추론일 것이다. 이는 수학적 추론으로, 추론규칙을 적용하여 기존의 사실에서 새로운 사실을 연역해 내는 것이다. 삼각형에서 두 옆변의 길이가 같으면 밑각 두 개도 같다. 연역추리는 이보다 덜 수학적인 문제에도 적용될 수 있다. 로봇 앞에 장애물이 나타나면 로봇은 그걸 피해 우회로를 찾아 나간다. 그리고 주가가 큰 폭으로 떨어지면 주식 매수를 주문한다.

수학적 추론에서 보다 창의적인 면들도 자동화되었다. 예를 들어, 컴퓨터가 실제로 흥미로운 수학적 개념들을 새로 만들어내고 있다. 사이먼 콜턴*Simon Colton* 교수는 새로운 수학적 개념을 만들어내는 컴퓨터 프로그램인 HR을 개발했다.[3] HR은 책과 영화로 유명해진 '무한대를 본 남자'*The*

*Man Who Knew Infinity*의 주인공인 영국의 괴짜교수 하디*Hardy*와 인도 빈민가의 수학천재 라마누잔*Ramanujan*의 머릿글자를 따서 지은 이름이다. 인도의 수학천재 라마누잔처럼 HR 프로그램은 숫자를 비롯한 여러 대수적 도메인에서 패턴을 찾아내는 데 집중했다.**4**

HR은 새로운 형태의 숫자들을 만들어냈다. 많은 수학자들이 이 숫자들의 특성을 연구하는 일에 매달리게 될 정도로 관심의 대상이 되었다. 사람들이 컴퓨터는 창의적인 일을 할 수 없다며 반론을 제기할 때 내가 제시하는 사례들이다.

자동추론 애플리케이션이 이용되는 또 하나의 분야는 계획*planning* 분야이다. 화성탐사 로봇*Mars Rover*이 가까운 언덕 꼭대기에 올라가 실험을 하려면 계획이 필요하다. 지구에서 통제할 수 있는 상황은 아니다. 화성과 지구 사이에 무선신호를 주고받는 데 걸리는 15분여 사이에 자칫 일이 완전히 틀어질 수 있다. 지금까지는 우주탐사가 사전 준비된 계획에 따라 진행되었다. 지상에서 사람과 컴퓨터 툴이 힘을 합쳐 계획을 만든 다음 그것을 미리 우주탐사선에 장착시키는 식이었다.

하지만 1999년에 나사가 쏘아올린 우주탐사선 딥스페이스원*Deep Space One*은 인간의 손이 개입하지 않고 완전 자동비행을 달성했다.**5** 지구에서 6억 마일 가량 떨어진 곳에서 이런 일이 이루어진 것이다. 지금은 공장과 병원 등에서 로봇의 움직임을 계획하는 일에 이와 유사한 자동계획 기술이 일상적으로 쓰이고 있다. 심지어 시트메탈*sheet metal* 벤딩 가공 작업이나 브릿지 바론*Bridge Baron* 게임에서 속임수 쓰는 일까지 로봇이 해낸다.

딥스페이스원 콘트롤러는 자동으로 문제를 진단해 내는 능력도 갖추었다. 탑재한 이온엔진에 문제가 생기면 이를 스스로 찾아내서 고치는 것이다. 이런 자동진단 기능은 자동추론에서 응용할 수 있는 놀라운 영역이다. 자동진단 기능은 매우 복잡한 송전망이나 가스터빈에 문제가 생길 경우 이를 찾아내서 수리하는 데 이용되고, 암이나 관절염 같은 질병을 진단하고 치료하는 데도 이용된다.

자동추론 분야에서 대표적인 예를 하나 더 소개하자면 바로 최적화 optimisation 분야이다. 컴퓨터가 여러 다양한 옵션 가운데서 최적의 옵션을 선택하도록 하는 것이다. 한정된 자원, 인력, 자금 같은 제약요인이 많은 경우에 이 기능을 적용할 수 있다. 컴퓨터를 이용해 최적의 생산 스케줄을 잡고 근무자 명단 짜기, 트럭 운행 계획, 우주 공간에서 로봇 손을 움직이는 것을 제대로 해낼 수 있을까?

이런 최적화 문제는 컴퓨터 기능과 관련해 근본적인 문제를 제기한다. 예를 들어 맨해튼 시내에서 배달트럭의 운행계획을 짠다고 가정해 보자. 배달할 물품은 10개이다. 첫 번째 배달지를 어디로 할지에는 10개의 옵션이 있다. 두 번째는 9개, 세 번째는 8개, 이런 식이 된다. 가능한 루트는 다음과 같다. $10 \times 9 \times 8 \times 7 \times 6 \times 5 \times 4 \times 3 \times 2 \times 1$. 이를 모두 곱하면 가능한 루트는 3,628,800개가 된다. 배달 물품 수가 20개이면 가능한 루트는 200경quintillion이 넘는다.(정확히는 2,432,902,008,176,640,000개). 그리고 물품 수가 55개가 되면 가능한 경우의 수는 우주의 원자 수보다 더 많아진다. 이런 문제를 해결하려면 컴퓨터가 유일한 희망이다. 스마트 알고리즘이 복잡한 경우의 수를 다 헤아려서 건초더미에서 바늘 하나를 찾아내듯이 최적의(혹은 최적에 가까운) 루트를 집어내 줄 것이기 때문이다.

빠르게 발전하고 있는 데이터 분석 분야에서 최적화는 다소 덜 알려져 있다. 하지만 최적화는 머신러닝과 함께 매우 핵심적인 기술이다. 우리는 빅데이터에서 하나의 시그널을 찾아내기 위해 머신러닝을 이용한다. 예를 들어 방대한 양의 과거 구매기록을 바탕으로 고객들이 구매할 가능성이 가장 높은 제품이 무엇인지 알아낼 수 있다. 하지만 시그널을 찾아내는 것만으로는 부족하고 이를 특정 행위로 전환시킬 필요가 있다. 이때 최적화 기능이 필요한데, 해당 제품을 어느 정도 비축할지, 창고의 수용능력과 구매 자금력 등을 모두 고려해서 결정을 내려야 한다. 그리고 제품원가, 운반비, 창고비 등을 고려해서 해당 제품의 가격을 얼마로 매길지도 결정해야 한다.

최적화는 데이터가 곧 돈이 되도록 효율성의 개념을 바꾸어 놓았으며 많은 비즈니스에서 이를 활용하고 있다. 많은 경제 분야가 이를 활용해 효율성을 높이고 있으며, 많은 경우 최적화가 수익을 극대화 시켜 주기도 한다. 최적화는 또한 환경에 미치는 영향도 줄여준다. 광물 채굴계획, 작물 재배계획, 인력배치, 트럭 운송계획, 포트폴리오 구성, 보험료 책정 등에도 이용된다. 머신러닝과 함께 최적화는 이제 거의 모든 경제 분야에서 어떤 식으로든 이용되지 않는 곳을 찾아보기 힘들 정도가 되었다.

4

로봇공학

로봇공학 분야는 아마도 발전이 가장 더딘 쪽에 속할 것이다. 로봇공학은 현실세계와 소통할 수 있는 실제 기계를 만들어야 한다. 이 기계들은 물리학 법칙에 따라야 하고, 자체 무게와 힘에 의해 만들어지는 한계를 극복해 내야 한다. 그리고 이 기계는 자신이 부분적으로 보고 들어서 부분적으로밖에 알지 못하는 세상과 마주해야 한다. 그리고 이 기계는 잘못되면 물리적으로 망가진다. 가상세계에서는 모두 쉬운 일들이다. 가상세계에서는 모두 우리가 아는 일들이고, 모든 게 정확하게 진행되고, 물리학 법칙의 제약도 적고, 기계가 망가지면 쉽게 부품을 바꿔 낄 수 있다. 이런 여러 어려움이 있지만 로봇공학 분야에서도 발전이 이루어지고 있는 것은 사실이다.

산업용 로봇의 경우를 보자. 과거에 산업용 로봇은 대당 가격이 수십만 달러였고 특수 프로그래밍이 필요했다. 하지만 이제는 2만 달러만 주면 백스터*Baxter* 같은 다루기 쉽고 성능이 꽤 괜찮은 산업용 로봇을 사서 직접 프로그램 할 수 있다.**6** 중소기업도 로봇을 사업에 이용할 수 있는 시대가 된 것이다. 2만 달러는 매우 의미 있는 가격대이다. 이는 로봇이 대체할 근로자 한 명의 연봉보다 적은 액수이다. 1년 채 안 되어서 로봇 구입에 든 투자금을 회수할 수 있다는 말이다.

로봇 분야에서 이러한 발전이 이루어짐에 따라 이제 우리는 인력과 공장을 밝히는 불빛이 필요 없는 '암흑공장'*dark factories* 시대를 맞이하게 되었다. 최대 산업용 로봇 제작업체 가운데 하나인 화낙*FANUC*은 2001년부터 후지산 인근에서 이 암흑공장을 운영하고 있다. 로봇이 로봇을 만드는 것이다. 이곳에서는 미래가 이미 현실이 되어 있다. 지난 5년 동안 화낙은 중국을 비롯한 신흥시장에 로봇을 판매해 연매출 69억 달러를 기록했다.

불이 켜진 공장에서도 사람이 하는 일을 로봇이 대신하고 있다.

요즈음 자동차 공장에 가보면 용접과 페인팅은 로봇이 하는데, 로봇이 사람보다 일을 훨씬 더 잘한다. 창고 관리도 빠른 속도로 자동화되고 있다. 예를 들어 아마존에서는 소비자로부터 주문을 받아서 배송하기까지 많은 로봇이 넓은 창고 안을 분주히 돌아다니며 업무를 처리한다. 이제 로봇은 레스토랑과 호텔, 가게에서 일할 뿐만 아니라 농장, 광산, 항만에까지 진출하고 있다.

로봇은 도로에도 모습을 드러내고 있다. 자율주행 승용차, 자율주행 버스, 자율주행 트럭이 연구실을 벗어나 빠른 속도로 쇼룸으로 자리를 옮기고 있다. 대부분 다음 두 가지 기술을 결합한 결과물이다. 초정밀 GPS와 내비게이션 지도, 그리고 도로에서 다른 차량과 장애물을 식별해 주는 비전과 레이더 센서의 결합을 말한다. 그 결과, 이제 자율주행차량은 인간 운전자가 전혀 손을 대지 않거나 약간만 손을 대고서도 고속도로를 달릴 수 있게 되었다. 하지만 도심에서는 자율주행이 극복해야 할 과제가 남아 있다. 시내 주행에서는 보행자, 교차로, 자전거, 주차된 자동차 등 자율주행차량이 대처해야 할 돌발상황이 많다. 이런 복잡한 상황들을 제대로 극복하려면 앞으로 10여 년은 더 지나야 할 가능성이 높다.

로봇이 등장하기 시작한 또 하나의 무대는 전장戰場이다. 군은 현재 공중과 지상, 해상, 해저까지 포함해 사실상 전쟁이 벌어질 수 있는 모든 곳에서 로봇을 개발하고 테스트를 실시하고 있다. 무기경쟁이 자동화 전쟁 분야로 확대되고 있는 것이다. 미국 국방부 펜타곤은 현재 전체 국방비 예산 가운데 180억 달러를 신무기 개발비로 책정해 놓았는데 대부분은 자동화 무기 개발비이다. 현재 개발 중인 군사용 로봇은 너무 많아서 일일이 다 열거할 수 없을 정도이다. 진행 상황을 설명하기 위해 각 전투 분야의 대표적인 로봇만 골라서 소개하기로 한다.

공중에서는 BAE 시스템스BAE Systems가 2013년에 '랩터'Raptor라는 별명을 가진 자율 무인 드론 타라니스Taranis를 개발해 띄우고 있다. 이 스텔스 드론은 대양을 건너 정찰임무를 수행하고, 공중과 지상의 목표물을 식별해 공격할 수 있는 능력을 갖추고 있다. 지상에서는 보스턴 다이내믹스Boston Dynamics가 이족보행 로봇과 사족보행 로봇을 시리즈로 개발했는데, 이들은 험한 지형을 지나서 병력 있는 곳으로 장비와 물품을 운반하는 임무를 수행한다. 이 로봇의 움직임을 담은 유투브 비디오를 보면 정말 놀라울 정도이다.

나는 터미네이터Terminator가 현실화 되려면 1백년은 더 있어야 한다는 말을 해왔는데, 이들 로봇을 담은 최신 비디오는 휴머노이드 로봇 아틀라스Atlas가 눈 덮인 숲을 지나는 모습을 보여주고 있다. 나는 앞으로 50년만 있으면 터미네이터가 등장할 것으로 생각을 바꾸었다. 보스턴 다이내믹스를 인수한 구글도 내 생각과 같은 것 같다. 구글의 모토는 한때 '사악해지지 말자.'Don't be evil.였다가 이후 '올바른 일을 하라.'Do the right thing.로 바뀌었다. 이 모토의 정신에 따른 것인지, 아니면 좋지 않은 여론의 압박 때문인지 구글은 2016년 초 보스턴 다이내믹스를 매각하기로 결정했다.

지상용으로는 삼성이 2006년에 SGR-A1 센트리 가드Sentry Guard 로봇을 개발했다. 이 로봇은 현재 남북한 비무장지대에서 경계임무를 수행하고 있다. 동서로 250킬로미터에 달하는 비무장지대에는 이제 지뢰밭과 철조망에 이어 살상용 로봇까지 배치된 것이다. 삼성 로봇은 5.56밀리미터 로봇 자동소총과 유탄발사기를 들고 경계근무를 서면서 비무장지대를 넘어 침투하는 적을 확인하면 자동으로 공격한다.

해상에서는 미국 해군이 2016년 4월 세계 최대인 길이 132피트의 무인 해상함정 씨헌터Sea Hunter 진수식을 가졌다. 이 로봇 함정은 인간이 원격조정 하지 않아도 자율적으로 대양을 항해하며 기뢰와 잠수함을 찾아내 공격한다. 해저에서는 보잉이 2016년 3월 무인잠수정 에코 보이저Echo Voyager를 개발해 선보였다. 이 잠수함은 수중에서 6개월 동안 머물며 1만 2,000킬로미터를 자율순항할 수 있다. 수면 위로 떠오르지 않고 진주만과

도쿄 사이를 왕복할 수 있는 거리이다. 이미 치열한 무기경쟁이 벌어지고 있는 것이다.

무인 로봇이 다른 무인 로봇에게 명령을 내리는 일도 가능해졌다. 2016년 9월 록히드 마틴은 배터리 기반 무인 수상로봇함 서브마란Submaran S10을 개발해 시험운항했다. 서브마란은 태양열과 배터리, 풍력을 이용해 완전 자율운항이 가능하다. 서브마란은 무인 수중로봇 말린Marlin에게 명령을 내려서 자율 무인항공기 벡터 호크Vector Hawk를 띄우도록 할 수 있다. 로봇끼리 함께 임무를 수행하는 것이다.

실험실에서는 연구자들이 그동안 사람은 쉽게 하지만 기계는 할 수 없는 것으로 여겼던 여러 다양한 임무를 수행할 수 있는 로봇 개발을 진행하고 있다. 이제 로봇은 달리고, 세탁물을 정리하고, 다림질을 하고, 볼을 주고받을 수 있게 되었다. 별 것 아닌 것 같지만 지금까지 로봇이 매우 하기 어려운 일들이었다.

연구실에서 이런 일들이 진행되고 있기는 하지만 로봇에게 통상적으로 일을 맡기기 가장 힘든 곳은 가정이 될 것 같다. 로봇은 예측가능하고 규칙적인 일을 선호하는 반면 불확실한 일을 감당하는 데는 어려움을 겪는다. 로봇이 공장에 먼저 진출한 것도 이런 이유 때문이다. 로봇은 인간이 완전히 통제력을 발휘하는 장소에서 최고의 업무효과를 발휘한다. 인간의 손재주와 섬세한 터치는 로봇이 아직 따라잡지 못하는 분야이다.

5

컴퓨터 비전

로봇이 사물을 지각하려면 센서가 필요하다. 그리고 가장 중요한 지각 기능이 바로 시각視覺이다. 따라서 컴퓨터 비전은 로봇에게 있어서 매우 중요한 요소이다. 자율주행 자동차의 경우에도 비전은 핵심적인 요소이다. GPS와 고高정밀 맵high-precision maps을 이용해 주행할 수 있지만, 도로 위의 다른 차량과 장애물도 감지해야 한다.

볼 줄 아는 기계의 개발에도 많은 진전이 이루어져 왔다. 그리고 이 분야의 발전은 딥러닝 기술에 의해 진행되고 있다. 비전은 물체인식, 동작분석, 자세측정 등 여러 가지 기능을 수행할 수 있다. 뿐만 아니라 광학문자인식, 신 레이블링scene labelling, 얼굴인식 같은 보다 전문적인 기능도 수행한다.

컴퓨터 과학자들은 매년 컴퓨터 비전의 발전도를 측정하기 위해 이미지 인식 경연대회인 대규모 비주얼 인식대회Large Scale Visual Recognition Challenge, LSVRC를 개최한다. 최근 몇 년 사이 딥러닝 기술의 발전에 힘입어 참가자들의 실력이 급격히 향상되었다. 이 경연대회는 이미지넷*ImageNet* 데이터베이스에 기반을 두고 치러지는데, 페르시안 캣,**7** 플라밍고, 버섯, 카누 같은 물체들을 수천 가지로 분류해 이름을 붙인 사진 수백만 장이 저장돼 있다.

2010년에 열린 제1회 대회 우승팀인 NEC연구소는 오독율 28.2퍼센트를 기록했는데,**8** 2015년 우승팀 베이징 마이크로소프트연구소는 오독율을 3.57퍼센트로 낮추었다. 참가한 거대 기술기업들 간의 경쟁이 과열된 나머지 중국 인터넷 기업 바이두가 대회규정을 어겨 1년간 출전자격이 박탈되기도 했다. 하지만 이들이 인간의 수준으로 올라서려면 아직 갈 길이 멀다. 이미지 판독에 있어서 가장 난이도가 높은 톱-1 부문 오독율은 여전히 20퍼센트 대에 머물러 있다.

물체인식 연구는 현재 핵심 분야로 부상해 물체를 자동으로 인식하는 다양한 앱이 개발돼 있다. 노키아의 포인트 앤 파인드*Point and Find* 앱은 건물과 극장 포스터 등 주변 사물을 자동으로 인식한다. 구글이 개발한 고글스*Goggles* 앱은 뉴욕 메트로폴리탄 미술관에 전시된 7만 6,000점의 작품을 인식할 수 있다. 단계적으로 사라지고 있지만, 마이크로소프트의 빙 비전*Bing Vision*은 서적과 CD, DVD 인식기능을 갖고 있다.

컴퓨터 비전에서도 특수 분야에 속하는 얼굴인식 역시 많은 발전을 이루고 있다. 얼굴인식 소프트웨어는 정면 이미지에서 효과적으로 작동되지만 옆모습을 보이면 인식에 어려움을 겪는다. 조명이 흐리거나 선글라스 착용, 장발, 미소를 짓고 있어도 인식에 어려움을 겪는다. 하지만 구글은 1만 3,000명의 얼굴사진이 들어 있는 데이터세트 '레이블드 페이시스 인 더 와일드'*Labeled Faces in the Wild*에 얼굴인식 인공지능 시스템인 페이스 넷*FaceNet*을 적용한 결과 정확도가 99퍼센트를 넘었다고 밝혔다. 이만하면 빅브라더 노릇을 하기에 충분한 기술로 보인다. 이런 놀라운 정확도를 보이게 된 데는 딥러닝이 크게 기여했다.

광학문자인식*OCR* 역시 중요한 AI 기술 분야이다. 사상 최초의 OCR 특허가 출원된 것은 1929년이지만, 상업용 OCR 기계가 처음으로 등장한 것은 1950년대이다. 오늘날 다용도 프린터를 구입하면 상당한 수준의 OCR 소프트웨어가 스캐너에 딸려 있다. OCR은 이제 기능을 발휘하는 데 별 문제가 없다. 컴퓨터로 타이핑 된 문서의 경우 문자인식률은 99퍼센트를 넘는 반면, 손글씨의 경우에는 인식률이 80퍼센트로 떨어진다. 하지만 손글씨 사용이 계속 줄고 있기 때문에 이 문제는 조만간 자연스레 해소될 것이다.

컴퓨터 비전은 전자 눈 '바이오닉 아이'*Bionic Eye* 프로젝트 같은 기술에도 기여하고 있다. 인공귀 이식*Cochlear implants*과 정밀한 신호처리 소프트웨어가 개발돼 청력을 잃은 사람들에게 소리를 되찾아주게 되었다. 마찬가지로 부분적으로 혹은 완전히 시력을 잃은 사람들에게 시력을 회복시켜주기 위한 연구가 미국, 호주, 유럽을 중심으로 활발하게 진행되고 있다. 손상된 망막에 전극*electrodes*을 심는 방법이다. 컴퓨터 비전 알고리즘은 이 전극에 필요한 신호를 만들고, 뇌를 이미지의 중요 부위에 집중토록 만드는 데 중요한 역할을 한다.

이런 발전에도 불구하고, 컴퓨터 비전이 물체인식보다 더 복잡한 작업을 수행하려면 아직 갈 길이 많이 남아 있다. 예를 들어, 컴퓨터는 개별 물체가 아닌 전체 장면이나 개별 물체들 사이의 관계를 인식하는 데는 더 큰 어려움을 겪는다. 여러 명의 여성들에게 음료를 서빙하는 웨이터가 물잔 하나를 바닥에 떨어트렸을 때 어떤 일이 벌어질지를 컴퓨터가 예측하는 것은 매우 어렵다. '단단한 바닥에 떨어진 물잔은 깨질 것이다.' 정도밖에 하지 못할 것이다. 컴퓨터 비전 시스템은 또한 조명상태가 나쁘거나 악천후, 해상도가 낮은 이미지, 좋지 않은 카메라 앵글로 잡은 이미지를 인식하는 데 어려움을 겪는다.

6

자연어 처리

마지막 AI 연구 부류는 언어학자들이다. 이들은 컴퓨터가 자연어 문장을 분석, 이해하고 자연어를 사용할 수 있도록 만드는 연구를 계속하고 있다. 자연어 처리는 질의응답, 기계번역, 텍스트 요약, 음성인식 등 여러 가지 연관된 작업으로 나누어진다. 질의응답은 자연어 처리에서 가장 오랫동안 연구해 온 문제들 가운데 하나이다. 질의응답은 텍스트 기반 질의응답, 지식 기반 질의응답 등 여러 개의 소분야로 나누어진다.

단순 텍스트 기반 질의응답에서는 간단히 주어진 텍스트에서 올바른 답을 찾아내도록 한다. '다음 이야기에서 주인공은 누구인가?' '다음 이야기의 배경은 어디인가?' 하는 식의 질문을 준다. 지식 기반 질의응답에서는 구조적 데이터베이스를 이용해 의미 정보*semantic information*를 이끌어내려고 한다. '어떤 나라들이 중국과 국경을 맞닿고 있는가?' '엘비스 프레슬리가 사망할 당시 미국 대통령은 누구인가?' 같은 질문이다.

질의응답 시스템의 성능은 1992년부터 매년 실시되고 있는 텍스트 리트리벌 컨퍼런스*Text REtrieval Conference, TREC*를 비롯한 여러 경연대회를 통해 평가된다. 대회에서 선보인 많은 기술들이 현재 구글과 빙*Bing* 같은 상업 검색엔진에서 질의응답용으로 사용되고 있다. 최신 질의응답 시스템은 단순 수치나 명단을 묻는 질문의 경우 정답률이 70퍼센트를 넘는다. 글로즈드 도메인*closed domain* 질의응답의 성능은 1970년대 초에 이미 상당한 수준에 올라 있었다.

예를 들어 루나*Lunar* 시스템은 1971년 휴스턴에서 열린 제2차 연례 달 과학회의에서 지질학자들이 제출한 아폴로 달 암석에 관한 질문에서 78퍼센트의 정답률을 기록했다.[9] 루나 로봇은 '고高알칼리암에 포함된 알루미늄의 평균 농도는 얼마인가?'와 같은 질문에 정답을 맞추었다. 오픈 도메인 질문의 경우 IBM의 왓슨은 매우 놀라운 기량을 보여준다.

기계번역

자연어 처리에서 또 하나의 문제인 기계번역은 지난 수십 년 사이 많은 발전을 이루었다. 기계번역에 대한 관심은 1960년대와 1970년대의 침체기를 지나고, 1980년대 말부터 1990년대에 오면서 월드와이드웹*WWW*의 발달에 힘입어 다시 높아지기 시작했다. 현재 구글 트랜슬레이트*Google Translate* 같은 시스템은 가까운 언어의 경우 문장 단위는 기계번역으로 상당한 수준의 번역작업을 할 수 있다. 하지만 영어와 중국어의 경우처럼 상당히 다른 언어의 경우, 그리고 단락 전체를 번역하는 경우에는 아직 갈 길이 멀다.

구글의 프랑스어-영어 오역 사례

원문 | L'auto est á ma soeur.

번역문 | The car is to my sister.

올바른 번역문 | The car belongs to my sister.

원문 | They were pregnant.

번역문 | Ils étaient enceintes

올바른 번역문 | Elles étaient enceintes.

원문 | Mais ça n'a l'air très amusant.

번역문 | But it does sound very funny.

올바른 번역문 | But it doesn't sound very funny.

원문 | La copine de le pilot mange son diner.

번역문 | The girlfriend of the pilot eats his dinner.

올바른 번역문 | The girlfriend of the pilot eats her dinner.

이처럼 영어와 프랑스어의 경우에도 문장 단위에서 초보적인 실수를 한다.

이 문장들을 제대로 번역하려면 의미 면에서 상당한 수준의 이해력이 필요하다. 예를 들어 임신은 여성이 한다는 사실을 알고 있어야 하고, 관용구도 알아야 한다. 특정 대명사가 누구를 지칭하는지 알기 위해서는 복합문의 대용어 처리*anaphora resolution* 능력도 있어야 하고, 어느 정도 상식과 추론능력도 갖추고 있어야 한다. 기계가 인간의 손으로 하는 수준으로 번역작업을 하려면 앞으로 수십 년은 아니라고 해도, 최소한 여러 해가 더 걸릴 것이다. 하지만 상당한 수준에 이른 애플리케이션이 많이 개발되고 있는 것 또한 사실이다.

음성인식

마지막으로 AI의 음성인식은 발전 속도가 이미 상당한 수준에 도달한 분야이다. 인간이 디바이스에 대고 말을 하면 기계가 그 말을 알아듣는 게 당연시되는 시기가 조만간 올 것이다. 이런 기술발전이 이루어지고 있는 배경에는 딥러닝이 큰 역할을 하고 있다. 예를 들어 바이두가 개발한 딥스피치2 시스템은 영어와 중국어 음성을 인공지능으로 표기하는 데 있어서 상당한 수준의 속도와 정확성을 보여준다.

이전보다 훨씬 많은 음성을 입력해 훈련시킨 결과, 딥스피치2 시스템은 성능이 크게 개선되었다. 수만 시간 분량의 스피치 데이터를 입력해 훈련을 시킨 것이다. 가장 주목할 만한 사실은 주어진 텍스트에 대해 의미론적인 이해 없이 순전히 문장구성 분석을 통해 그 정도의 성능을 발휘한다는 점이다.

이런 기술발전에도 불구하고 자연어 처리가 어려움을 겪는 기초적인 분야들이 여전히 남아 있다. 첫째, 이 시스템은 아직도 문장 수준을 넘어서면 텍스트 언어와 음성을 이해하는 데 어려움을 겪는다. 텍스트 문단 전체를 번역하거나 긴 음성 문장을 텍스트로 바꾸는 작업에는 아직 개선의 여지가 많다. 둘째, 자연어 처리 과정에서 문장의 의미 파악에 여전히 어려움을 겪고 있다. 주어진 문장의 의미를 제대로 파악하는 데 문제가 있다는 말이다. 예를 들어 '볼트가 바닥을 치자, 나무에 불이 붙었다.'(the bolt hit the ground, and the tree caught fire.)는 문장과 '볼트가 바닥에 떨어지면서 마스트가 부러졌다.'(the bolt hit the ground, and the mast collapsed.)는 문장에서 '볼트'의 의미가 다르게 쓰이고 있다는 점을 제대로 파악해야 정확한 자연어 처리가 이루어진다. 앞 문장에서 '볼트'bolt는 '번개'electric를 가리키고, 뒷문장에서 볼트는 '금속물질'이다.

7

게임과 AI

이제부터 AI 연구자들이 몰두해 온 매우 흥미로운 주제에 대해 살펴보기로 한다. 인공지능에서 게임은 인기 있는 테스트 공간이며, 그렇다고 해서 그리 놀랄 일도 아니다. 게임에는 엄밀한 규칙이 있고 분명하게 승자가 정해지기 때문에 자동화하기에 좋은 분야이다.10 가능한 행동이 세트로 분류돼 있고, 플레이어들은 각 단계마다 이 행동 세트를 선택해야 한다. 그리고 어떤 쪽이 승자가 되고, 어떤 행동이 승리에 기여하는지 파악하기가 비교적 쉽다. 게임을 되풀이하도록 시킴으로써 컴퓨터를 훈련할 수도 있다.

현실세계는 바람직하게 움직이지 않는 경우가 많다. 우리가 할 수 있는 행동에 명확한 규칙이 없을 때도 있다. 그리고 특정한 시간에 우리가 할 수 있는 행동에 경우의 수가 아주 많거나 무한대로 많을 수도 있다. 우리가 선택한 행동이 잘한 것인지 잘못한 것인지 판단하기가 매우 어려울 때도 있다. 많은 훈련 데이터를 수집하는 일은 그보다 더 어려울 수 있다.

따라서 생각하는 기계를 개발하는 데 있어서 게임은 아주 이상적인 공간을 제공해 준다. 또한 게임은 생각하는 기계의 발전 정도를 쉽게 측정하도록 해주는 공간이기도 하다. 몇몇 게임에서는 이미 기계가 인간보다 확실한 우위를 보이고 있다. 컴퓨터는 인간이 프로그램 하는 대로 움직일 뿐이라고 말하는 사람이 있으면 나는 컴퓨터가 세계챔피언 자리에 오른 대여섯 종류의 게임을 열거해 준다. 이들 세계챔피언 컴퓨터 프로그램들은 인간보다 더 뛰어난 기량을 스스로 익히고 배웠다.

오델로

오델로Othello는 일명 리버시Reversi로도 불리는데 가로세로 각각 8개씩 네모 칸이 있는 바둑판처럼 생긴 판 위에서 두 명이 하는 게임이다. 플레이어는 번갈아 가며 색깔 있는 돌을 판에 둔다. 그리고 상대의 돌을 자신의 돌로 포위하면 상대의 돌을 뒤집어서 내 것으로 만드는 식으로 먹는다. 1997년에 컴퓨터 프로그램 로지스텔로Logistello는 세계챔피언인 일본의 무라카미 다케시를 상대로 6차례 승부를 겨뤄 6대 0으로 완승을 거두었다. 로지스텔로는 스스로 수천 번의 게임을 두면서 실력을 키웠다.

오델로 프로그램은 그 이후 계속 실력을 쌓아서 지금은 어떤 인간보다도 확실히 앞선 실력을 보유하고 있다. 4칸×4칸, 6칸×6칸으로 규모를 축소한 바둑판에서 오델로는 완벽한 플레이를 보여준다. 이처럼 축소한 경기에서는 양측이 완벽한 플레이를 펼치면 두 번째 시작한 플레이어가 이기게 되어 있다. 아직 입증된 것은 아니지만 8칸×8칸 플레이의 경우 양측이 완벽한 플레이를 펼치면 무승부가 날 가능성이 높다.

커넥트4

커넥트4Connect4는 가로 7칸, 세로 6칸짜리 보드를 똑바로 세워놓고 하는 게임이다. 두 명의 플레이어가 컬러 칩을 교대로 구멍에 끼워 넣는데, 가로, 세로, 대각선 어느 쪽이든 4개가 일직선이 되면 이긴다. 1988년에 빅터 알리스Victor Allis는 커넥트4를 완벽하게 플레이할 줄 아는 AI 프로그램을 개발했다. 절대로 지지 않는 프로그램을 만든 것이다. 이 프로그램은 어떻게 하든 상대가 실수를 하도록 만들어서 물리치고, 아니면 최소한 무승부라도 만든다. 이 프로그램을 이기기란 수학적으로 불가능하다.11

체스

체스는 인공지능 연구가 시작된 초기부터 흥미로운 테스트 베드로 간주되었다. 1948년경에 앨런 튜링은 아마도 최초의 체스 프로그램이라고 부를 수 있는 프로그램을 개발했다. 당시는 프로그램을 실행할 컴퓨터가 없었기 때문에 그는 연필과 손을 이용해 종이에다 프로그램을 돌렸다. 수를 한 번 계산하는 데 30분 정도 시간이 걸렸다. 이 프로그램은 터보챔프Turbochamp라는 거창한 이름에 걸맞지 않게 첫 게임에서 패배를 기록하고 말았다. 하지만 현재 개발돼 있는 정교한 체스 프로그램에 들어 있는 많은 아이디어들이 당시 이 프로그램에도 들어 있었다.

앞서 소개한 것처럼 체스 세계챔피언 개리 카스파로프가 1997년 IBM이 개발한 딥블루 컴퓨터 프로그램과의 대결에서 패한 것은 역사적으로 매우 의미심장한 하나의 이정표가 되었다.12 딥블루는 그 경기 이후 인간과의 체스 대결을 하지 않았다. 하지만 현재 퍼스널 컴퓨터에서 플레이되는 체스 프로그램들은 인간보다 훨씬 더 높은 실력을 보유하고 있다.

2006년에는 카스파로프로부터 챔피언 자리를 넘겨받은 블라디미르 크람니크*Vladimir Kramnik*가 스탠더드 PC에서 벌인 딥프리츠*Deep Fritz* 프로그램과의 대결에서 2대 4로 패했다. 딥프리츠와 같은 컴퓨터 체스 프로그램은 체스 게임 자체의 성격을 완전히 바꾸어 놓았다. 이를 통해 체스에 대한 사람들의 이해도가 높아지면서 체스 프로그램은 훌륭한 교육 툴로서의 역할을 하게 되었다. 프로선수와 아마추어를 막론하고 모두 체스 프로그램을 통해 새로운 기법을 배우고 과거의 게임에 대한 분석을 통해 기량을 향상시키게 된 것이다. 체스 프로그램은 앞으로 생각하는 기계가 단순히 인간의 자리를 대신하는 것에 그치지 않고, 인간의 능력을 강화시키는 역할을 할 수 있음을 보여주는 좋은 사례이다.

알고리즘의 진화로 이제는 아주 뛰어난 기량을 발휘하는 초소형 체스 프로그램들이 많이 개발되었다. 2009년에는 포켓용 체스 프로그램인 포켓 프리츠4*Pocket Fritz4*가 아르헨티아 부에노스아이레스에서 열린 코파 메르코수르*Copa Mercosur* 그랜드마스터 토너먼트에 참가해 9승 1무의 성적으로 우승을 차지했다. 포켓 프리츠4는 개리 카스파로프가 기록한 최고 레이팅보다 더 높은 레이팅을 올렸다. 진짜 놀라운 것은 HTC 터치 모바일폰에서도 포켓 프리츠4 프로그램을 즐길 있다는 사실이다.

체커

드로트drafts라고 불리기도 하는 체커Checkers는 두 명의 플레이어가 사각형 무늬가 가로 세로 8줄로 늘어선 판 위에서 하는 게임이다. 흑백의 말을 대각선으로 움직이며 상대 말을 잡는다. 1996년에 열린 인간 대 기계의 세계체커챔피언십대회에서 앨버타대의 조너선 셰퍼Jonathan Shaeffer 교수가 이끄는 연구팀이 개발한 치누크Chinook 프로그램이 인간 대표인 그랜드마스터 돈 래퍼티Don Lafferty에게 승리를 거두었다.

논란의 여지는 있지만 치누크가 인간을 상대로 거둔 가장 위대한 승리는 이보다 조금 앞서 마리온 틴슬리Marion Tinsley를 상대로 벌인 경기였다. 틴슬리는 역사상 가장 뛰어난 체커 플레이어로 꼽히는 선수이다. 그는 세계챔피언대회에서 한 번도 패한 적이 없고, 45년의 선수생활을 하며 딱 일곱 번 패한 놀라운 기록의 보유자이다. 그 일곱 번 가운데 두 번은 치누크에게 패한 것이다. 틴슬리는 치누크와 벌인 마지막 게임에서 접전을 벌였으나 건강악화로 도중에 경기를 중단했고, 얼마 뒤 세상을 떠났다. 경기를 계속했을 경우 무승부가 되었을지, 아니면 치누크가 승리를 거두었을지는 알 수 없다.

어쨌든 앨버타대 연구팀은 현재 완벽한 경기를 하는 프로그램을 개발했다. 연구팀은 이 프로그램이 절대로 패할 수 없다는 점을 확실히 증명해 보였다. 이들은 체커 게임에서 경우의 수를 모두 계산하기 위해 컴퓨터 200대를 동원해 수년 동안 계산을 실시했다. 말 그대로 철저한 증명을 해 보인 것이다.

바둑GO

많은 이들이 알고 있듯이 2016년 3월 알파고가 이세돌 9단을 상대로 4 대1 승리를 거둠으로써 바둑에서 처음으로 기계가 인간을 이겼다. 알파고 이전에 가장 막강한 컴퓨터 바둑 프로그램은 레미 쿨롱*Remi Coulom*이 개발한 크레이지스톤*CrazyStone*이었다. 크레이지스톤은 프로 바둑기사 여러 명에게 승리를 거두었지만, 모두 4점 이상 깔고 접바둑을 둔 것이었다. 쿨롱은 알파고에서도 성공적인 기능을 발휘하는 몬테카를로 탐색기법*Monte Carlo Tree Search*의 개발자이다. 쿨롱은 2014년 3월에 컴퓨터 프로그램이 인간 프로기사를 이기려면 앞으로 10년은 더 기다려야 할 것이라는 예측을 내놓았다. 하지만 실제로는 이후 알파고가 세계 최상급의 프로기사를 꺾기까지 불과 24개월밖에 걸리지 않았다.

알파고를 그보다 20년 전 개발된 딥블루와 비교해 보는 것은 흥미로운 일이다. 딥블루는 특수 하드웨어를 이용해 초당 2억 여 번의 행마를 검토할 수 있었다. 반면 알파고는 초당 검토하는 경우의 수가 6만 개에 불과하다. 딥블루는 무작위 대입식인 브루트 포스*brute force* 방식을 써서 말을 움직이는데, 이 방법으로는 바둑 같은 복잡한 게임에 제대로 대처하지 못한다. 반면에 알파고는 수를 읽어내는 데 훨씬 더 뛰어난 능력을 보였다. 자체적으로 수십 억 번의 가상대국을 통해 스스로 기술을 터득한 것이다.

딥블루를 지금의 체스 프로그램들과 비교해 보는 것도 흥미롭다. 이 체스 프로그램들은 딥블루가 한 것보다 훨씬 적은 경우의 수를 검토한다. 예를 들어 딥프리츠는 초당 약 8백만 개의 수를 검토한다. 모바일 폰으로 작동하고, 카스파로프보다 많은 레이팅을 기록한 포켓 프리츠4는 초당 불과 2만 개밖에 검토하지 않는다.13 알파고가 하는 것보다 훨씬 더 적은 수자이다. 하지만 이 프로그램들은 체스판의 움직임을 훨씬 더 훌륭하게 파악하도록 훈련을 받았다. 그래서 이들은 딥블루처럼 게임을 깊이 파헤치고 들어가지 않고, 바둑과 체스 모두에서 판세를 읽는 능력을 더 키움으로써 더 좋은 성적을 거두게 된 것이다.

포커 게임

포커Poker 게임에서는 체스나 바둑에서 맛보기 힘든 색다른 어려움들을 경험하게 된다. 그 중 하나는 불완전한 정보를 가지고 임해야 한다는 점이다. 체스나 바둑에서는 플레이어가 게임 보드를 보면서 게임을 하고, 게임의 흐름을 명확하게 파악할 수 있다. 하지만 포커에서는 게임에 나와 있는 카드 가운데 보이지 않게 숨겨놓은 패들이 있다. 한마디로 포커는 확률 게임이다. 또 다른 어려움은 포커는 심리적인 게임이라는 점이다. 예를 들어 상대가 블러핑을 하는지 여부도 파악해야 하고, 상대의 전략이 무엇인지 정확히 알아채야 한다.

이런 어려운 점이 있는데도 불구하고 현재 컴퓨터는 포커 게임에서 높은 실력을 발휘하고 있다. 2015년 포커 프로그램 케페우스Cepheus가 인기 포커 게임인 헤즈업 리미트 텍사스 홀덤heads up limit Texas Hold'Em 2인 게임을 정복했다고 발표했다. 포커는 변수와 불확실한 정보가 워낙 많이 작용하기 때문에 매번 돈을 따는 건 불가능하다. 손에 쥐는 패가 계속 좋지 않으면 어쩔 도리가 없다. 케페우스는 참가자들이 받는 카드의 경우의 수를 모두 조합함으로써 장기적으로 보면 돈을 따거나 최소한 본전치기는 할 수 있음을 입증했다.

2015년 피츠버그의 리버스 카지노Rivers Casino에서 진행된 두뇌 대 인공지능 간 2주간의 헤즈업 노리미트 텍사스 홀덤heads up no limit Texas Hold'Em 게임에서는 인간이 근소한 차이로 승리를 거두었다.

인공지능을 상대한 네 명의 인간 선수는 세계 랭킹 1위를 포함해 모두 톱 랭커들이었다. 그리고 2017년 초, 두 대의 포커 로봇인 카네기 멜론대의 리베라투스Liberatus와 캐나다와 체코 연구팀이 공동개발한 딥스택DeepStack이 세계 최고 수준의 선수들과 헤즈업 노리미트 텍사스 홀덤 게임을 해서 이겼다. 이름에서 짐작할 수 있듯이 딥스택은 딥러닝을 사용했고, 리베라투스는 보다 전통적인 AI 기술을 썼다.

스크래블

2006년 토론토에서 열린 스크래블Scrabble 보드 게임 대회에서 컴퓨터 프로그램인 쿼클Quackle이 최종 라운드에서 세계챔피언 데이비드 보이즈 David Boys에게 승리를 거두었다. 기분이 상한 듯 보이즈는 패배소감을 말하면서 '기계에게 패한 것이 기계가 되는 것보다는 그래도 낫다.'고 했다. 물론 컴퓨터는 단어를 찾아내는 능력이 아주 뛰어날 수 있다. 기계적으로 신속하게 단어를 찾아 사전을 검색할 수 있다. 하지만 스크래블을 잘하려면 보드를 잘 활용해 점수를 두 배, 세 배로 올릴 줄 알아야 한다. 어떤 단어들이 남았는지 예측하고 마무리를 어떻게 할지도 알아야 한다. 스크래블을 잘하기 위해서는 단순히 단어를 빨리 찾아내는 것만으로는 안 된다.

루빅스 큐브

3×3×3 표준 루빅스 큐브*Rubik's cube*가 돌면서 생기는 조합은 대략 43 퀸틸리언*quintillion* 개이다. 1퀸틸리언은 숫자 1다음에 0이 18개 붙는 수이다. 루빅스 큐브를 맞추기가 얼마나 복잡한지는 모두 알고 있다. 완성된 큐브는 경우의 수 43,252,003,274,489,856,000 가운데 한 번이다. 전지전능한 존재만이 최적의 움직임을 알 수 있다는 의미에서 큐브를 맞추는 알고리즘은 '신의 알고리즘'으로 불린다. 또한 퍼즐을 맞추는 데 필요한 최소 조작의 수를 '신의 수'라고 부른다. 나의 동료인 리처드 코프*Richard Korf*는 컴퓨터로 브루트 포스를 이용해 신의 수가 20이라는 사실을 증명했다.[14] 하지만 실제로 웬만한 큐브는 18번이면 맞출 수 있다.

1997년에 코프가 사용한 컴퓨터는 특정 문제를 해결하는 데 평균 4주가 소요되었다. 그로부터 20년이 지난 지금 우리는 똑같은 문제를 푸는 데 1초도 채 걸리지 않게 되었다. 첨단기술 기업 인피니언*Infineon*이 개발한 로봇은 2017년 11월 루빅스 큐브를 0.637초 만에 맞추어서 종전의 세계기록인 0.887초를 갈아치웠다. 큐브를 흩트리고 나서 최단 시간에 다시 맞추는 솔루션을 컴퓨터로 계산해냈으며 이러한 전 과정을 카메라로 녹화했다. 그런데 로봇에게 이 과정을 시켰더니 불과 0.5초 만에 모두 해치웠다. 인간이 세운 세계기록보다 열 배는 더 빨랐다. 2015년 11월에 켄터키에 사는 루카스 에터*Lucas Etter*라는 열네 살 소년이 4.904초 만에 큐브를 맞추어서 인간 최초로 5초대 벽을 깨뜨렸다.

로봇 축구

현재 전 세계적으로 수백 명에 달하는 연구자들이 축구를 할 줄 아는 로봇 개발에 몰두하고 있다. 다소 생뚱맞은 짓이라 생각될지 모르지만 축구는 로봇이 하기에는 쉽지 않은 특성을 많이 갖고 있는 경기이다. 축구를 제대로 하기 위해서는 전략적인 플레이와 함께 스피드, 힘, 민첩함, 단결력 등이 고루 필요하다. 축구 로봇이 개발된다면 젊은이들을 로봇에 많은 관심을 갖도록 하는 데도 큰 역할을 하게 될 것이다.

로봇 축구 월드컵이라 할 수 있는 로보컵*RoboCup*가 대회가 1997년부터 매년 녹아웃 토너먼트 방식으로 개최되고 있다. 토너먼트에는 매년 400여 개 팀에 3천 명 정도가 참가한다. 청소년들을 위한 로보컵 주니어 대회와 지진 등 대규모 재해가 발생했을 때 인명구조에 도움을 주기 위해 조직된 로보컵 레스큐*Rescu* 대회 등 분야별 대회도 여럿 등장했다.

로봇 대회는 여러 분야에서 리그별로 진행되는데, 가장 관심을 많이 받는 대회는 스탠더드 플랫폼 리그*Standard Platform League*이다. 여기서는 각 팀이 동일한 로봇을 이용하되 소프트웨어를 달리 해서 최고의 소프트웨어를 장착한 팀이 이기도록 되어 있다. 1999년에는 소니가 개발한 최초의 로봇 펫 강아지인 아이보*Aibo*들이 스탠더드 플랫폼 리그를 시작했다. 2008년에는 아이보 대신 키 58센티미터의 휴머노이드 나오*Nao* 로봇이 뛰었다.

로보컵 대회의 최종 목표는 2050년까지 시범경기에서 로봇팀이 인간 챔피언팀을 이기는 것이다. 아직은 갈 길이 먼 편이다. 지금은 여섯 살짜리 아동팀이 최고의 로보컵팀과 맞붙어도 슬슬 가지고 놀 수 있을 정도이다. 하지만 로보컵에 출전하는 로봇팀의 실력은 매년 향상되고 있다. 매년 대회가 끝나면 참가팀들은 코드를 공유해 모두가 승리한 팀들이 보여준 진전된 기술의 혜택을 누릴 수 있도록 하고 있다.

인간 축구에서와 마찬가지로 로보컵에서도 독일팀이 강자의 면모를 과시하고 있다. 로보컵 대회에서 독일팀은 스탠더드 플랫폼 리그의 우승을 여덟 차례나 차지했다. 호주팀도 7차례 우승을 차지하며 강자의 면모를 보였다. 내가 일하는 연구소가 승리에 기여할 수 있어서 대단한 영광이었다. 뉴사우스웨일스대는 2014년, 2015년 연승한 것을 비롯해 모두 다섯 차례 우승을 차지했다. BBC 라디오4가 스포츠 뉴스시간에 로보컵 대회 소식을 전하는 것을 보고서 나는 이 대회가 사람들의 주요 관심사가 되고 있다는 사실을 실감했다.

AI 연구의 현황은 이것으로 마무리한다. 우리는 지금까지 기계가 체스, 언어번역, 물체인식 등 여러 분야에서 임무를 수행할 수 있다는 사실을 확인했다. 모두들 인간의 두뇌처럼 지능을 필요로 하는 분야들이다. 지금부터는 '생각하는 기계'를 개발하는 과정에서 앞으로 어떤 한계와 제약이 나타나게 될지에 대해 살펴보기로 한다.

MACHINES THAT THINK

CHAPTER

05

AI의 한계

1

강强인공지능

　과거의 발전성과가 미래의 발전까지 보장해 주지는 않는다. 어쩌면 생각하는 기계를 만들겠다는 우리의 꿈은 앞으로 한계를 맞이하게 될지도 모른다. 생각하는 기계는 절대로 만들지 못할 것이라는 현실적인 주장과 이론적인 주장들을 모두 검토해 볼 필요가 있다. 간절히 갖고 싶지만 결코 갖지 못할 것 같은 기계는 세상에 많다. 예를 들어 우리를 과거로 데려다 줄 타임머신이나 영구적으로 움직이는 기계 같은 것들이다. 생각하는 기계도 그런 종류에 속할지 모른다. 생각하는 기계는 우리가 매우 갖고 싶고 갖는 게 바람직할 수도 있지만 아쉽게도 가질 수 없는 것은 아닐까?

　현실적으로나 이론적으로 근본적인 제약을 안고 있는 분야는 이밖에도 많다. 예를 들어 수학에는 불가능한 일들이 수없이 많다. 사각형 원은 그릴 수 없다. 그건 논리적으로 불가능한 일이다. 그리고 모든 수학 문제를 공식으로 정리할 수도 없다. 물리학에서 아인슈타인의 이론에 따르면 빛의 속도보다 더 빠른 것은 없다. 그리고 현실적으로 시간여행은 거의 불가능하다. 어쩌다 자신의 할아버지를 죽이게 되는 것 같은 논리적인 딜레마를 피할 수도 없다. 어쩌면 우리가 추구하는 생각하는 기계를 만들겠다는 의욕적인 목표에도 이와 유사한 현실적이고 논리적인 한계가 도사리고 있지는 않을까?

실현가능한 한계점이 어디까지인지 따져보기 전에 먼저 우리가 향하는 목표점이 어딘지 보다 분명하게 정리할 필요가 있다. 그런 다음 그 목표점에 도달하지 못하도록 막을 어떤 장애물이 있는지 알아보는 것이다.

AI를 통해 우리가 추구하는 목표 가운데 하나는 지능을 필요로 하는 특정한 영역에서 인간의 능력과 같거나 그것을 능가하는 기계를 만들겠다는 것인데, 이를 '약弱인공지능'weak AI이라고 부른다. 여러 전문적인 영역에서 이러한 목표는 이미 달성되었다. 예를 들어 체스를 두거나 공대공空對空 전투,1 특정 사진의 실제 위치 파악,2 폐암 진단3 등에 있어서는 이미 컴퓨터가 인간보다 우월한 능력을 발휘한다.

이러한 능력을 넘어서는 것이 강强인공지능이다. AI 비판에 앞장서고 있는 철학자 존 설John Searle이 문제 삼는 것도 바로 이 인공지능이다.4 강인공지능은 생각하는 기계가 궁극적으로 사람과 같은 정신을 갖는다고 간주한다. 아니면 적어도 정신이 가진 여러 특징들, 예를 들면 의식 같은 것을 기계가 갖는다는 것이다. 이밖에도 강인공지능은 자각, 지각력, 감정, 도덕의식 같은 인간적인 특성들을 갖는다고 믿는다. 설 교수는 유명한 '중국어 방'Chinese Room 논증을 통해 AI가 가진 한계를 설명한다.5

중국어 방 논증

중국어 방 논증은 튜링 테스트와 비슷한 점이 있다. 예를 들어 존 설 교수를 어떤 방에 가두었다고 가정해 보자. 그는 중국어를 읽을 줄도 말할 줄도 모른다. 그런데 이 방에는 중국어 표현이 어떤 영어 표현에 해당되는지 알려주는 지침서가 있다. 중국어로 쓴 질문지를 방안에 있는 설 교수에게 넣어 주면 그는 이 지침서에 따라 중국어 대답을 찾은 다음 답안지를 바깥으로 내보낸다. 그런데 질문지를 만든 중국인이 설 교수의 답안지가 중국어를 아는 사람의 답안지와 구분하지 못할 정도라고 가정해 보자. 설 교수는 이런 경우 방 안에 있는 자신이 중국어를 안다고 말할 수 있는가라고 물었다. 분명히 그렇지 않다는 것이다. 무생물인 방이나 지침서도 중국어를 안다고 할 수 없다.

이러한 논증에서 설 교수는 중국어 질문지에 대답하는 컴퓨터의 기능을 수행한다. 하지만 그런 답안지를 제출하는 컴퓨터가 중국어를 안다고 말할 수는 없다는 것이다. 하지만 강인공지능에서는 이 경우 중국어를 아는 것으로 간주한다. 철학자, 인지과학자, AI 연구자들은 설 교수의 이 중국어 방 논증을 놓고 지금까지 열띤 논쟁을 벌이고 있다. 2004년에 사람들은 '중국어 방 논증'이 처음 소개되자 그때까지 25년 동안 인지과학 분야에서 진행된 가장 뜨거운 철학적 논쟁이 될 것이라고 했다.6

현재 AI와 관련해 진행되는 연구는 대부분 '강인공지능'이 아니라 '약인공지능' 분야에 집중돼 있다는 점을 눈여겨 볼 필요가 있다. 나는 이 분야 연구자들 가운데서 우리가 '강인공지능' 개발에 성공하게 될 것으로 믿는 사람은 소수에 불과할 것이라고 생각한다. 그리고 사실 생각하는 기계의 장점을 거의 모두 갖춘 강인공지능이 굳이 필요한 것도 아니다. 우리에게는 그저 사람이 하는 정도의 성능을 가진 기계가 필요할 뿐이다. 기계가 사람처럼 정신을 가질 필요는 없다. 그리고 기계가 정신만 갖추지 않는다면 지금 제기되고 있는 여러 윤리적인 문제는 피해갈 수 있다. 기계에도 권리를 부여해 주어야 하나? 기계의 행동이 도를 넘을 경우 전원을 끌 권리가 사람에게 있는가? 하는 등의 문제를 말한다.

이 분야에서 활동하는 많은 사람들이 보기에 설 교수의 '중국의 방 논증'은 어느 정도 현실과 동떨어진 감이 있다. 사실은 앨런 튜링도 20여 년 전에 설 교수가 한 것과 같은 비판이 제기될 것이라는 점을 예상했다. 튜링 테스트는 설 교수가 제기한 것과 같은 논증에 반박하기 위해 만든 것이었다.

설 교수가 제기한 논증에 대한 반박논리는 이밖에도 많다. 시스템 전반이 중국어를 안다고 말할 수 있다는 논리도 있고, 그런 실험은 실시할 수 없기 때문에 주제와 무관한 논증이라는 주장도 있다. 사실 어떤 시스템이 정신을 갖추고 있는지 그렇지 않은지를 실험을 통해 구분할 방법은 없다. 그리고 실험을 하기 위해서는 등장하는 상징들을 실제로 만들어야 하는데, 중국어 방을 실제로 만들 수 없다는 반박논리도 있다. 예를 들어 로봇이 각 상징들을 그에 해당되는 현실세계의 물체와 연결 지어 줄 수는 있을지 모른다. 하지만 어떤 경우가 됐건 설 교수의 중국의 방 논증은 흥미로운 관점을 제공해 주기는 하지만, 생각하는 기계를 만드는 우리의 노력에 심각한 제약을 만들어 주지는 못하는 것 같다.

2

인공일반지능

약인공지능 → 인공일반지능*AGI* → 초지능*superintelligence* → 강인공지능

강인공지능 만큼 극단적이지 않고, 수준이 그보다 약간 못 미치는 인공지능을 인공일반지능*AGI, Artificial General Intelligence*이라고 부른다. 인간이 해결할 수 있는 문제는 모두 해결하거나, 그보다 약간 높은 수준의 능력을 가진 기계를 만드는 것이 이 인공일반지능의 목적이다. 물론 생각하는 기계를 개발 중인 연구자들 다수가 특정 문제를 풀도록 디자인 된 약인공지능에 초점을 맞추고 있다는 점은 거듭 강조해 둘 필요가 있다. 이 분야 연구자들 가운데서 인간이 풀 수 있는 문제는 모두 풀 수 있도록 디자인 된 인공일반지능에 종사하는 연구자는 극소수에 불과하다.[7]

AGI는 때로 강인공지능과 같은 뜻으로 쓰이기도 하지만, 둘 사이에는 엄연한 차이가 있다. AGI는 생각하는 기계가 의식을 가진 사람의 마음처럼 되는 경우는 생각하지 않는다. AGI는 인간의 지능을 훨씬 뛰어넘는 초

지능*superintelligence*과 같은 뜻으로 쓰이기도 하지만, 실제로 AGI은 초지능으로 나아가는 첫 걸음을 내딛는 수준에 불과하다.

닉 보스트롬은 초지능을 '창의력, 일반적인 지성, 사교적인 능력을 포함해 실제로 모든 분야에서 최고의 능력을 발휘하는 인간의 두뇌보다 훨씬 더 똑똑한 지능'이라고 정의한다.[8] 사람들이 AGI를 초지능과 쉽게 혼돈하는 가장 큰 이유는 AGI에서 초지능으로 발전하는 속도가 매우 빠르기 때문이다. 일단 AGI를 개발하면 그 다음은 기계들이 자기학습을 통해 금방 스스로의 능력을 끌어올릴 수 있다. AGI를 만들고 나면 초지능은 금방 달성된다고 보는 것이다. 이 문제는 기술적 특이점을 다룰 때 다시 살펴보기로 한다.

따라서 생각하는 기계가 지향하는 최종 목표점은 여러 가지가 있다. 기계의 성능을 약한 것부터 차례대로 늘어놓으면 약인공지능과 인공일반지능*AGI*, 초지능, 그리고 마지막으로 강인공지능의 순서가 된다. 생각하는 기계를 둘러싼 논의를 진행할 때는 이러한 상이한 지향점들을 염두에 두고 하는 게 좋다. 예를 들어 의식을 가진 기계에 대해 반대 주장을 펼칠 때 강인공지능에 대해 반대하면 되지 약인공지능이나 인공일반지능 개발까지 모두 반대할 필요는 없다는 말이다.

생각하는 기계를 만들겠다는 것은 자극적인 아이디어이다. 그런 기계들이 만들어지면 우리 인간을 특별한 존재로 생각하게 해주는 많은 것을 빼앗아 갈 것처럼 보인다. 따라서 생각하는 기계를 만들겠다는 인간의 오랜 꿈에 반대하는 주장들이 나오는 것은 놀라운 일이 아니다. 튜링은 이미 1950년에 이런 주장들이 나올 것으로 예상했다. 그는 철학저널 마인드 *Mind*에 발표한 논문을 통해 그런 반대 주장들에 대한 반박논리를 제시했다. AI에 대한 반대 논거들 가운데 하나는 컴퓨터의 능력에 한계가 있다는 주장이다.

사람들은 컴퓨터가 어떤 면에서는 지능을 가진 것처럼 행동할 수 있을지 모르나 스스로 새로운 일은 절대로 하지 못할 것이라고 주장한다. 사랑에 빠질 수 없으며, 경험을 통해 배우지 못하고, 유머감각은 절대로 발휘하지 못할 것이라고도 한다. 그리고 딸기나 아이스크림의 맛을 절대로 알지 못할 것이라고도 했다. 이런 사례는 얼마든지 많다. 하지만 사람들은 그런 주장을 뒷받침할 증거는 내놓지 못했고, 튜링도 이 점에 주목했다. 사람들이 그런 주장을 하는 것은 그런 능력을 가진 기계를 아직 보지 못했기 때문이라고 그는 생각했다.

이런 주장들은 사실 쉽게 반박할 수 있다. 컴퓨터가 스스로 새로운 일을 한 사례는 기록으로 많이 남아 있다. 바둑에서 새로운 수를 개발하고, 새로운 형태의 숫자 조합을 만들고, 언론기사도 작성한다. 컴퓨터가 경험을 통해 스스로 학습하는 사례도 얼마든지 있다. 알파고*AlphaGo*는 스스로 바둑을 두면서 학습을 통해 새로운 수를 만들어냈다. 아마존*Amazon*은 고객들의 과거 구매패턴을 분석해서 고객에게 새로운 상품을 추천한다. 구글 번역기는 수백만 가지 사례 문장을 분석하면서 문장 번역 기술을 연마했다.

튜링은 사람들이 컴퓨터의 수학적인 증명 능력에 논리적 한계가 있다고 한 주장도 반박했다. 그러면 인간의 수학적 능력에는 한계가 없다는 말인가라고 그는 반문했다. 아무리 지적으로 우수한 사람도 수학 문제를 푸는 데 있어서 난관에 부딪치는 경우는 많다. 설사 컴퓨터가 모든 수학 공식을 증명하는 능력은 없다고 하더라도, 많은 수학 공식을 증명하는 능력을 가진 사실은 부인하지 못할 것이다.

사실 수학의 정리定理들 중에는 컴퓨터로만 증명할 수 있는 것들도 있다. 가장 유명한 예가 바로 4색 정리four colour theorem이다. 모든 평면지도는 4색으로 칠하여 구분할 수 있다는 것을 수학적으로 증명하는 문제이다. 이 문제를 증명하는 유일한 방법은 참이 아님을 입증하는 수백 가지의 반례反例를 설정해 일일이 색칠해 보는 수밖에 없다. 하지만 이는 컴퓨터의 도움을 받지 않고는 제대로 색칠하는 것이 현실적으로 불가능하다.

기계가 창의력을 가질 수 있을까?

AI를 상대로 제기된 가장 유명한 반대논리 가운데 하나는 컴퓨터는 창의력을 가질 수 없다고 한 레이디 러브레이스의 주장이다. 이 주장에는 많은 사람이 반대논리를 제시했다. 그 가운데 하나는 컴퓨터가 그동안 시를 쓰고, 작곡을 하고, 그림을 그리는 등 창의적인 일을 많이 했다는 것이다. 실제로 기계가 시를 쓰기 시작한 것은 전자계산기가 발명되기 1백 년 전부터였다.

괴짜 발명가 존 클라크John Clark는 15년 연구 끝에 육각운六脚韻 hexameter verse 운율의 라틴어시를 쓰는 기계 유레카Eureka를 만들어서 1845년 런던의 번화가인 피카딜리에서 시연회를 열었다.**9** 입장료 1실링을 받아 노후를 편안히 지낼 수 있었던 것으로 미루어, 당시 그의 시연회에 대한 사람들의 관심은 대단했던 것으로 보인다. 기계는 태엽장치로 작동되었으며 라틴어 버전으로 영국 애국가를 부르기도 했다.**10**

지금은 이런 일을 훨씬 더 잘해내는 컴퓨터가 등장했다. 레이 커즈와일*Ray Kurzweil*이 만든 사이버 시인 사이버네틱 포잇*Cybernetic Poet*은 일본 전통 단시 하이쿠俳句도 지었다. 2011년에는 세계에서 가장 오래된 학생 문학 저널 가운데 하나인 듀크대의 아카이브*Archive*가 '브리슬콘 스낵을 위하여'*For the Bristlecone Snag*라는 제목의 짧은 시를 실었다. 편집자들은 모르고 실었지만 사실은 컴퓨터가 쓴 시였다. 그 컴퓨터 프로그램 개발자인 재커리 숄*Zachary Scholl*은 저널에 실렸기 때문에 자신이 만든 프로그램은 시를 쓰는 튜링 테스트를 통과했다고 주장했다.

챗봇 유진 구스트먼*Eugene Goostman*이 튜링 테스트를 통과했다는 주장도 그렇지만 재커리 숄의 이런 주장도 논쟁의 여지가 있다. 학생들이 쓴 시는 대개 다소 어색한 부분이 있기 마련이지만, 이 시도 여러 군데 그런 부분이 있다. 숄은 시 26편을 투고했는데 그 중에서 한 편만 채택돼 실렸다.

다시 말해 이 프로그램이 쓴 시 가운데 96퍼센트는 테스트를 통과하지 못한 것이다. 그리고 편집자들은 사람이 쓴 시와 컴퓨터가 쓴 시를 구분하기 위해 특별한 주의를 기울이지 않았다. 이런 점을 감안하더라도 컴퓨터가 절대로 시를 쓰지 못할 것이라는 주장을 고집하기는 점점 더 힘들게 된 것이 사실이다.

레이디 러브레이스는 컴퓨터는 창의력을 가질 수 없다는 논리로 AI 연구에 반대했다. AI 분야에 종사하는 사람들이 누리는 보상 가운데 하나는 우리가 만든 컴퓨터가 기대하지 않았던 일을 해낼 때 맛보는 '아!' 하는 놀라운 순간이다. 나도 그런 일을 겪었을 때 맛본 놀라움과 쾌감을 지금도 생생하게 기억한다. 1988년이었는데, 내가 만든 프로그램이 도저히 풀 능력이 안 될 것으로 생각한 수학 정리 증명을 불쑥 내뱉은 것이었다. 학부 대학생들에게도 힘든 증명이었기 때문에 나는 그때 상당히 놀랐다.

레이디 러브레이스의 주장에 대한 세 번째 반박논리는 앞으로 머신러닝이 모든 인공지능 기계들에게 중요한 구성요소가 될 가능성이 높고, 따라서 그런 기계들은 우리가 예상치 못한 식으로 행동할 가능성이 높다는 것이다. 프로그램이 주위의 환경과 활발하게 소통하는 가운데서 창의력이 발휘될 수 있을 것이다.

3

로봇 행동강령

생각하는 기계, 특히 강인공지능에 대한 또 하나의 강력한 반박논리는 기계는 절대로 의식을 가질 수 없다는 것이다. 존 설 교수가 내세운 '중국어 방 논증'의 핵심에 자리하고 있는 게 바로 이 반박논리이다. 1951년 맨체스터대 리스터 오레이션에서 영국의 뇌외과의 제프리 제퍼슨*Geoffrey Jefferson*은 다음과 같은 주장을 내놓았다.

기계가 사고를 하고 감정을 느낄 수 있게 되어 소네트를 쓰고 협주곡을 작곡할 수 있게 되기 전까지는 과연 기계가 사람의 두뇌와 동등하다는 데 동의할 수 있겠는가. 다시 말해 기계가 그런 곡을 작곡할 뿐만 아니라, 자신이 그 곡을 썼다는 사실을 알게 될까? 하지만 기계는 자신이 무슨 일을 잘했을 때 기쁨을 느끼지 못하고, 자기 몸의 밸브가 녹아내리는 것을 보고 슬퍼할 줄 모른다. 칭찬을 들으면 기분이 좋고, 잘못을 저질렀다고 기분이 우울해지지 않는다. 성욕을 느끼지도 않고, 원하는 것을 손에 넣지 못한다고 분노하거나 참담해하지도 않는다.

하지만 진화과정에서 갑자기 창발성創發性이 등장하는 것처럼 어떤 복잡한 시스템에서 의식이 갑자기 생겨날 가능성은 여전히 남아 있다. 실리콘에서 갑자기 의식이 생겨날지 모르는 것이다. 의식은 생물학적인 시스템 안에서는 설명하기 매우 어려운 주제이다. 철학자 데이비드 차머스 David Chalmers는 의식을 가장 '어려운 문제'라고 부르기도 했다.11

심리학에서 의식은 가장 당혹스러운 주제이다. 우리가 가장 직접적으로 알 수 있는 게 의식경험이지만, 그것은 또한 가장 설명하기 어려운 경험이기도 하다. 최근 들어 거의 모든 정신현상이 과학적인 탐구의 대상이 되고 있지만, 의식은 여전히 접근하기 힘든 분야로 남아 있다. 많은 학자들이 의식에 대해 설명하려고 해보았지만, 핵심을 명쾌하게 꿰뚫지 못하고 있다. 의식은 도저히 설명할 수 없는 주제라는 결론을 내린 학자들도 있다.

나는 생각하는 기계를 연구하면서 이 '어려운 문제'인 의식에 대해 부분적인 답이라도 얻을 수 있을 것이라는 희망을 가져 보려고 한다. 생각하는 기계가 어느 단계에 이르면 의식을 갖게 되지는 않을까? 아니면 생각을 하되 의식은 갖지 않는 기계를 만들 수 있게 될지도 모른다. 사람들은 의식이 없는 기계를 더 선호할 수 있다. 기계가 의식을 갖게 되면, 사람들은 그 기계에 대해 윤리적인 책임감을 져야 할 것이다. 기계의 전원을 꺼야 할 경우가 생기면, 전원을 끄는 게 윤리적으로 온당한가? 기계가 고통을 겪지는 않을까? 하는 문제에 직면하게 된다는 말이다.

어쨌든 지금으로선 의식에 대해 밝혀진 바가 극히 적다. 그렇기 때문에 이 문제가 생각하는 기계를 연구하는 데 제약이 될지 여부도 분명하게 알 수 없다. 생각하는 기계를 만들지 못하는 이유 가운데 하나는 그것을 방해하는 법칙을 우리 스스로 만들어서 적용하기 때문일지도 모른다.

어떤 기계를 만듦으로써 발생할 위험요소가 그것을 통해 얻게 될 혜택보다 더 심각할 것이라고 지레 믿는 것이다. 혹은 생각하는 기계를 만들게 되더라도 그 기계의 활동에 제한을 가하기로 미리 결정을 해버리는 것이다. 1942년에 아이작 아시모프*Isaac Asimov*는 유명한 로봇법*laws of robotics*을 제안했다.

아시모프의 로봇법

1. 로봇은 사람을 해치면 안 되며, 위험에 처한 인간을 방관해서도 안 된다.
2. 로봇은 위의 1항을 위반하지 않는 범위 내에서 사람이 내리는 명령에 반드시 복종해야 한다.
3. 로봇은 자신 자신을 보호할 수는 있으나, 자기 보호가 위의 1항, 2항의 내용과 상충되지 않을 때에만 그렇게 할 수 있다.

아시모프는 이 법이 2058년에 출간될 《로봇 핸드북》*Handbook of Robotics*

제56판에 최종 정리되어 실릴 것이라고 예고했다.[12] 아시모프의 저작물들은 여러 분야에 걸쳐 놀라운 통찰력을 보여주고 있다. 2058년이 되면 로봇이 우리 사회에서 매우 중요한 역할을 할 가능성이 높기 때문에 로봇의 행동윤리강령을 만들어 둘 필요가 있을지도 모른다. 하지만 유감스럽게도 아시모프의 경우를 보면 간단한 법을 만드는 데도 여러 문제점이 내포돼 있음을 알 수 있다.[13]

만약 로봇이 여러 사람의 목숨을 구하기 위해 한 명의 목숨을 해쳐야 한다면 어떻게 될 것인가? 행동에 나서든 방관하든 사람을 해치게 되는 경우 로봇은 어떻게 해야 하는가? 두 명의 사람이 서로 상충되는 명령을 내리는 경우 로봇은 어떻게 해야 하는가? 그럼에도 불구하고 아시모프는 이런 법을 염두에 두고 로봇을 만들어야 한다고 주장한다. '로봇은 앞으로 다양한 용도로 쓰이게 되면서 여러 가지 상이한 행동 가운데 어떤 행동을 취할지 선택해야 할 시기가 올 수 있을 것이다. 그때 누가 나에게 로봇법의 세 가지 내용으로 로봇의 모든 행동을 다 망라할 수 있을 것인지에 대해 의문을 제기하더라도 내 입장은 변함이 없다.'[14]

하지만 그의 이런 주장에도 불구하고, 나는 회의적인 생각을 떨칠 수가 없다. 그의 로봇법이 인간과 안전하게 소통하는 로봇을 만드는 메커니즘으로서 불완전한 이유는 많다. 아시모프 자신도 인정하듯이 인간은 분명히 합리적인 존재가 아니다. 아시모프의 법에서는 우리가 미처 상상도 하지 못한 여러 경우들에 대해 명료한 지침을 제시해야 하는 어려운 과제들이 대부분 그대로 남아 있다. 무인 자율주행차를 개발하는 과정에서 구글은 전혀 예상치 못한 매우 기이한 상황들을 경험하게 되었다고 밝히고 있다.

블레츨리 파크에서 튜링과 함께 작업한 영국의 수학자 I.J.굿*I.J. Good*은
이보다 훨씬 더 단순한 법칙을 제시했다.**15** 다음과 같이 단순하면서도 아
름다운 법칙이다. '당신보다 열등한 존재를 다룰 때는 당신보다 우월한 존
재가 당신을 다루는 것처럼 하라.'

안타깝게도 이 법칙에도 허점은 보인다. 로봇은 240볼트의 전류를 견
디겠지만 인간은 그렇지 못하다. 인간이 로봇보다 열등한 경우에도 로봇
은 인간을 위해 스스로를 희생해야 한다. 그래서 또 여러 사람이 나서서
더 명확하고 장황한 법칙을 만드는 시도를 해야 했다. 영국 정부에서 AI
연구를 지원하는 핵심적인 기구인 공학자연과학연구위원회*EPSRC*는 2010
년 기술, 인문, 법률, 사회과학 분야의 전문가들을 한데 모아서 로봇 연구
의 기본원칙을 이렇게 규정했다.

EPSRC가 정한 로봇 연구자들이 지켜야 할 기본원칙

1. 로봇은 다용도 도구이다. 로봇은 국가안보를 위한 경우를 제외하고는 인
간을 살상하거나 인간에게 위해를 가하기 위해서, 혹은 그것을 주목적으로
만들어서는 안 된다.
2. 책임 있는 주체는 로봇이 아니라 인간이다. 로봇은 기존의 법률과 프라

이버시를 비롯한 인간의 기본권 및 자유를 보장하는 범위 안에서 만들어야한다.

3. 로봇은 생산품이다. 안정적이고 안전한 과정을 통해 만들어져야 한다.

4. 로봇은 인공제작물이다. 약한 인간 사용자를 속이거나 착취할 목적으로 로봇을 만들면 안 되며, 로봇의 기계적 특성이 명확히 드러나도록 만들어야한다.

5. 로봇마다 법적인 책임을 지는 사람이 누구인지 분명하게 지정되어야한다.

이 원칙들에 이의를 제기하기는 힘들 것이다. 하지만 여기에도 몇 가지 심각한 의문이 제기되는데, 비교적 해소하기 쉬운 문제들이다. 사람이 어떻게 로봇에 대해 법적인 책임을 질 수 있을까? 더구나 로봇이 스스로 학습을 통해 행동을 배워나가는 경우에는 그것이 어떻게 가능할까? 만약 로봇이 스스로 책임 있는 주체가 아니라면, 자율자동차가 우리의 자녀를 등하교 시키는 경우 누구에게 책임이 있을까? 우리가 만든 로봇에게 일자리를 빼앗길 위험이 많은 사람들은 사회적으로 어떻게 보호해 줄 수 있는가? 이런 식의 질문은 얼마든지 제기될 수 있다.

이런 문제에 대한 고민은 계속 있어 왔다. 영국표준협회British Standards Institution는 2016년에 〈BS 8611〉을 펴냈다. 28쪽 짜리 이 소책자는 윤리적으로 건전한 로봇을 만들기 위해 만든 가이드이다. 가이드에서는 로봇의 기만행위, 로봇이 중독되는 경우, 로봇이 학습을 통해 자신에게 부여된 한계를 무시할 가능성 등 여러 종류의 윤리적 위험요소들을 자세히 명시하고 있다.

일간 가디언*Guardian*은 이 가이드의 내용을 보도하며 '위해를 가하지 말고, 차별하지 말 것'*Do no harm. Don't discriminate*이라고 헤드라인을 달았다. 이밖에도 여러 나라에서 많은 단체들이 나서서 이런 조치들을 취했다. 예를 들어 세계 최대의 기술자 단체인 국제전기기술자협회*IEEE*는 AI 시스템을 연구 중인 40만 명의 회원들을 상대로 이와 유사한 가이드라인을 만드는 작업을 시작했다.

AI 파트너십

2016년 9월에 구글, 아마존, IBM, 마이크로소프트, 페이스북이 모여서 '인류와 사회 이익에 기여할 AI 파트너십'*Partnership on AI to benefit people and society*을 출범시켰다. 이 파트너십의 목적은 AI 기술의 가장 바람직한 발전 방안을 모색하고, AI에 대한 사람들의 이해를 높이고, AI가 인류와 사회에 미칠 영향과 관련한 토론과 참여를 촉진하기 위한 오픈 플랫폼 역할을 하겠다는 것이다. 파트너십은 다음과 같이 몇 가지 활동 원칙을 정했다.

AI 파트너십 활동원칙 *Tenets of the 'Partnership on AI'*

1. 우리는 AI 기술이 가능한 한 많은 사람들에게 유익하고 힘이 되도록 노력한다.

2. 우리는 일반인을 교육하고 그들의 말에 귀를 기울일 것이며, 이해당사자들과 활발하게 접촉해서 우리의 관심사에 대한 그들의 의견을 듣고, 그들에게 우리의 연구결과를 알리며, 그들이 제기하는 의문에 답하기 위해 노력할 것이다.

3. 우리는 AI와 관련한 윤리적, 사회적, 경제적, 그리고 법적인 문제점들에 대한 연구와 논의를 공개적으로 진행할 것을 약속한다.

4. 우리는 AI 연구와 개발 노력이 광범위한 분야의 이해당사자들과 활발히 접촉하고, 그들의 요구에 부응하는 방식으로 진행될 필요가 있다고 믿는다.

5. 우리는 업계의 관심사와 기회를 이해하고, 그에 부응하기 위해 업계의 이해당사자 대표들과 접촉해 그들의 의견을 들을 것이다.

6. 우리는 AI 기술이 가져다 줄 이익을 극대화하고, 그에 따른 잠재적인 문제점들을 해결하기 위해 다음과 같이 노력한다.

   a. 개인의 프라이버시와 안전을 보호하기 위해 노력한다.

   b. AI의 발전으로 영향을 받을 모든 당사자들의 이익을 이해하고 존중하기 위해 노력한다.

c. AI를 연구하고 개발하는 단체들은 사회적 책임의식을 가지며, AI 기술이 사회 전반에 미칠 잠재적인 영향에 긴밀히 대처한다.

d. AI 연구와 개발은 반드시 활발하게, 믿고 신뢰할 수 있는 방식으로, 그리고 안전한 범위 안에서 진행되도록 한다.

e. 국제조약과 인권에 위반되는 AI 기술을 개발하고 사용하는 것에 반대하며, 인류에 해가 되지 않는 기술개발에 주력한다.

7. AI 시스템은 사람들에게 해당 기술을 설명하기 쉽도록 하고, 알아듣기 쉽고 이해하기 쉬운 방식으로 작동되는 것이 중요하다.

8. 이런 목표가 원활하게 달성되도록 하기 위해 AI 연구자와 엔지니어들 사이에 협력과 신뢰, 개방적인 문화가 만들어지도록 노력한다.

거듭 말하지만, 'AI 파트너십 활동원칙'에 들어 있는 내용 대부분은 이의를 제기하기 힘든 것들이다. 이 파트너십은 아직 만들어진 지 얼마 되지 않기 때문에 이 분야의 발전에 어떤 영향력을 발휘할지 알기 어렵다. 이 파트너십이 과연 모두에게 이익이 되도록 AI의 책임 있는 발전을 보장해 줄 수 있을까? 이 운동이 이 분야를 홍보하는 정도에 그치지는 않을 것이라고 기대한다. 이 운동에 참여한 파트너들 사이에 이해관계가 서로 상충되는 것이 사실이다. 이들은 AI의 발전을 통해 이득을 가장 많이 보게 될 기술 기업들이다. AI 연구에 종사하는 나의 동료들 다수가 이들 거대 기술 기업들의 손에 너무 많은 권한이 집중되고 있다는 점에 대해 우려를 갖고 있는 것도 사실이다. 세금 문제 처리와 회계처리, 의회 로비 등에서 이들 이 보이는 행동은 이들의 성공이 항상 일반의 이익에 부합되지는 않는다 는 사실을 보여준다.

4

AI와 윤리 문제

트롤리 딜레마

생각하는 기계는 윤리적으로 흥미로운 과제를 많이 제기한다. 그 가운데서도 시급히 해결해야 할 분야 가운데 하나가 자율주행이다. 우리가 이용하는 일반도로와 고속도로에서 이제 컴퓨터가 우리의 생사를 가르는 결정을 내리기 시작했다. 여러분이 자율주행 자동차에 앉아서 신문을 보고있는데 갑자기 어린이 두 명이 자동차 앞으로 뛰어들었다고 가정해 보자. 당신이 탄 차는 그 어린이들을 향해 그대로 돌진하기로 결정을 내리거나, 반대 편 차선에서 마주 오는 자동차를 향해 방향을 돌리기로 결정을 내리거나, 아니면 도로변에 주차돼 있는 빈 자동차를 들이받기로 결정을 내려야 한다. 컴퓨터는 1000분의 몇 초 사이에 어떤 행동을 취할지에 대한 결정을 내려야 하는데, 그렇게 내려지는 결정 하나하나가 사람을 부상당하게 하거나 사망에 이르게 할 수 있다.

이러한 생사의 시나리오를 윤리학자들은 '트롤리 딜레마'*trolley problem*라고 부른다. 여러분은 누구는 죽이고, 누구는 살리는 결과를 가져오게 될 선택을 해야 한다. 컴퓨터는 차 앞으로 뛰어든 두 명의 아이를 그대로 치면 아이들은 죽겠지만 차 안에 탄 당신은 에어백의 도움으로 목숨을 건질 것이라는 계산을 할 수 있다. 반대편 차선에서 달려오는 자동차와 충돌하면 충격이 매우 크기 때문이 양쪽 차에 탄 사람들 모두 사망할 것이라는 계산을 할 수 있다. 그리고 마지막으로 컴퓨터는 도로 변에 주차되어 있는 빈 차와 충돌하면 지금 차에 타고 있는 당신이 목숨을 잃을 가능성이 높다는 계산을 할 수 있다. 이 경우가 바로 사망자 수가 가장 적은 경우가 된다. 하지만 당신이 바로 목숨을 잃는 불운의 주인공이 된다는 게 문제이다. 자, 그러면 만약 아이 한 명이 차 앞으로 뛰어든다면 어떻게 될 것인가? 당신이나 그 아이, 두 명 중 한 명이 선택을 받아야 된다.

고전적인 '트롤리 딜레마'에서는 선로 위를 달리는 트롤리 전차가 등장한다. 브레이크가 고장 난 트롤리가 달리는 선로 앞쪽에 5명의 인부가 작업을 하고 있다. 당신은 트롤리의 조종간 앞에 서 있다. 선로 변환기를 당기면 트롤리는 옆 선로로 방향을 바꾸게 된다. 하지만 그쪽 선로에는 인부한 명이 작업을 하고 있다. 당신에게는 두 가지 선택지가 있다. 그대로 진행해 트롤리가 작업 중인 인부 5명을 치어서 죽게 만들거나, 아니면 변환 레버를 당겨서 옆 선로로 방향을 바꾸어서 그쪽에 있는 작업인부 한 명이 죽게 만드는 것이다. 당신은 어떤 선택을 할 것인가? 트롤리 문제는 행동과 비(非)행동, 직접적인 결과와 예상되는 부수효과 사이에서 내려야 하는 윤리적인 선택의 어려움을 보여준다.

트롤리 딜레마는 널리 알려져서 많은 이들의 관심을 모았지만, 이는 윤리적인 자율주행 자동차를 개발하는 데 있어서 해결해야 할 문제들 가운데서 아주 작은 부분에 불과하다. 이밖에도 많은 윤리적인 문제들이 앞에 놓여 있고, 그들 중 다수는 이보다 훨씬 더 자주 마주치게 될 문제들이다. 인간 운전자들은 자주 법규를 위반한다. 노란색 신호 때 통과하기도 하고, 추월금지 차선을 넘어 앞차를 추월하기도 하며, 위험상황을 피하려다 제한속도를 넘기도 한다. 자율주행 자동차도 이런 식으로 법규를 위반할까? 위반한다면 어느 수준까지 위반할까?

또 하나의 윤리적인 문제는 자율주행 시스템을 만들 때 운전 도중 위급한 상황이 벌어지면 인간이 곧바로 통제권을 되찾도록 만들 것이냐 하는 것이다. 인간은 이 통제권을 되찾으려고 애를 쓰지만 상황인식이 신속히 이루어지지 않는다는 증거가 있다. 그렇다면 자율주행 자동차가 감지하기 힘든 사이클 타는 사람이나 보행자들을 어떻게 보호할 것인가? 자율주행차를 눈에 잘 띄도록 만들어서 다른 도로 이용자들이 적절한 주의를 기울일 수 있도록 만들 것인가? 자율주행차만 이용하는 전용차선을 별도로 정할 것인가?

앞으로 십년 동안 우리 사회가 자율주행차에 어떻게 적응하고, 자율주행차로 인해 제기되는 윤리적인 문제들에 어떻게 대처하는지 지켜보는 것은 매우 흥미로운 일이 될 것이다. 자율주행차의 경우는 앞으로 다가올 AI 관련 다른 윤리적인 문제들에 대처하는 하나의 시금석이 될 것이다. 지금까지 나타난 증거들을 보면 우리는 밝은 미래를 향해 마치 몽유병 환자처럼 비틀거리며 걸어가는 꼴이다.

내가 보기에는 대부분의 정부들이 자율주행차와 관련해 관련 기술을 개발하는 기업들에게 지나치게 많은 책임을 지우는 입장을 취하고 있다. 물론 각국은 기술개발을 방해하지 않으려고 신경을 쓰고 있고, 1조 달러 규모의 산업이 될 자율주행차 생산시장에 남보다 먼저 참여하고 싶어 한다. 제너럴 모터스, 포드, 도요타 같은 기존의 자동차 회사들이 이 경쟁에서 텔사*Tesla*, 애플*Apple*, 엔비디아*Nvidia* 같은 새로운 주자들을 이길 것이라는 보장은 전혀 없다. 그리고 자율주행 자동차를 반드시 도로에 올려놓아야 한다는 매우 현실적인 도덕적 필요성이 있는 것도 사실이다. 자율주행차가 달리게 되면 매년 도로 위에서 일어나는 교통사고 사망자 수천 명의 목숨을 구할 수 있다는 통계가 나와 있다. 하지만 이런 추세 속에서도 신경을 써야 할 일들이 있다.

항공 수송의 경우를 비교해 생각해 보자. 항공기 기술이 초창기이던 1백 년 전에는 누구나 거의 마음대로 비행기를 띄울 수가 있었다. 사고가 다반사로 일어났고 항공기는 너무 위험해서 용감한 자들만 탈 수 있는 수단으로 여겨졌다. 그러자 곧바로 정부가 개입해서 운항과 항공기 제작 모두에 규제를 가하기 시작했다. 사고에서 교훈을 얻기 위해 여러 기구들이 설립됐고, 관련 법규가 만들어져서 항공기 운항을 규제하고 필요한 기준을 제정했다. 그렇게 해서 오늘날 항공기는 가장 안전한 수송수단 가운데 하나가 되었다. 자율주행 자동차를 개발하면서 우리가 지향하는 점도 이런 것이다. 하지만 정부가 지금보다 더 강력한 규제조치를 취하지 않는다면 이 목표점에 도달할 가능성은 매우 희박하다.

제약회사들이 일반인을 상대로 신제품을 마음대로 테스트하도록 내버려 두지는 않는다. 마찬가지로 강력한 감독장치 없이 기술 기업들이 자율주행차를 멋대로 일반도로에서 테스트 주행을 하도록 허용해서는 안 된다. 제약회사들은 개발한 제품의 성분을 마음대로 바꿀 수 없도록 되어 있다. 그렇다면 자동차 회사들도 성능이 입증되지 않는 프로그램을 자동으로 소프트웨어에 업데이트하는 것은 더 이상 못하도록 해야 된다. 도로주행 테스트에서 얻은 결과물은 다른 개발자들과 공유하도록 해야 한다. 그리고 자율주행차가 관련된 사고의 원인은 국가 차원에서, 그리고 국제기구가 나서서 조사할 필요가 있다. 어떤 충돌사고든 자동차의 개선에 도움을 줄 수 있기 때문이다.

알고리즘의 차별행위

또 하나 시급히 해결해야 할 윤리적인 과제는 알고리즘의 차별행위 *discrimination*이다. 알고리즘은 의도하던 의도하지 않던 사회 내의 여러 구성원 그룹들에 대해 차별행위를 한다. 구글 같은 기업은 알고리즘은 선한 행위자이며 차별행위를 하지 않는다는 거짓 믿음을 사람들에게 심어 주었다. 구글의 행동강령은 이렇게 시작된다. '우리의 사용자들로 하여금 공정하게 정보에 접근할 수 있도록 해준다. 그들이 원하는 수요에 관심을 집중하고, 우리의 능력이 닿는 한 최고의 제품과 서비스를 고객에게 제공한다.' 그리고 구글이 고객으로 하여금 이처럼 공정하게 정보에 접근할 수 있도록 해주는 방법은 맹목적으로 최고의 결과물만을 선택하는 알고리즘을 통해서이다. 하지만 알고리즘은 차별행위를 하며, 데이터를 통해 결론을 도출하는 경우에는 특히 더 그렇다.

구글의 오토 컴플리트*auto complete*로 '정치인은'*Politicians are*을 치면 다음과 같은 내용이 뜬다.

Politicians are liars (정치인은 거짓말쟁이)

Politiicans are corrupt (정치인은 부패함)

Politicians ares lizards (정치인은 도마뱀 같은 자들)

그렇게 바람직한 예가 아닐지 모르겠다. 다시 한 번 해보자. 구글 오토 컴플리트로 '의사는'*Doctors are*을 치면 다음과 같은 옵션이 뜬다.

Doctors are dangerous (의사는 위험함)

Doctors are better than teachers (의사는 교사보다 나음)

Doctors are useless (의사는 무용지물)

Doctors are evil (의사는 악마)

이런 답을 내놓는 알고리즘이 과연 필요할지 모르겠다. 구글의 예를 들었지만 이와 유사한 편견을 가진 검색엔진은 얼마든지 있다.**16** 알고리즘 자체가 명백한 편견을 가진 것은 아닐지 모르지만, 알고리즘에 부지불식간에 그런 데이터를 제공해서 편견에 치우친 결정이 내려지도록 유도하는 것이 인간이다.

많은 경우, 결국은 우리가 알고리즘을 어떻게 사용할 것이냐는 문제로 귀결된다. 예를 들어 기소된 범죄자들 가운데서 누가 다른 범죄도 저질렀을 가능성이 가장 높은지 보여줄 머신러닝 알고리즘을 만들었다고 가정해 보자.

이 알고리즘을 보호관찰제도에 활용하면 용의자가 구속상태에서 조사받지 않아도 되도록 할 수 있다. 알고리즘이 좋은 용도로 이용되는 것처럼 생각될 수 있다. 하지만 만약 판사가 동일한 알고리즘을 판결에 활용해 재범 가능성이 높은 피의자에게 더 엄한 판결을 내린다고 가정해 보자. 동일한 기술을 더 중대한 용도로 활용하는 것이다.

예를 들어 이런 알고리즘을 활용해 흑인들에게 백인보다 더 장기 징역형이 내려진다고 가정해 보자.[17] 2016년 범법자의 재범 예측용 컴퓨터 프로그램인 콤파스*COMPAS*에 대한 한 연구보고서는 흑인 전과자의 재범 가능성이 실제보다 훨씬 높게 측정된 반면, 백인 전과자의 재범 가능성은 실제보다 훨씬 낮게 측정되고 있다고 밝혔다. 콤파스가 내리는 예측은 현재 미국 전역의 재판정에서 보석금에 관한 결정, 선고형량, 보호관찰 석방일자 결정 등에 활용되고 있다. 알고리즘의 차별행위가 이미 불공정하게 사람들을 옭아매고 있는 것이다.

유럽연합*EU*은 이런 문제를 바로잡기 위한 조치에 나섰으며, 2018년 5월에 일반정보보호법*GDPR*을 발효시키기로 했다. 이 법 제22조는 EU 회원국 시민들에게 순전히 알고리즘에 근거해 자신들에게 영향을 미치는 결정이 내려지는 경우, 이에 대해 의문을 제기하고 투쟁할 권리를 부여한다. 이런 조항이 어떤 방식으로 시행될 것인지, 혹은 실제로 시행될 수 있을지도 아직은 불분명한 상황이다. 기술 기업들이 이런 조항에 어떻게 적응해 나갈지도 분명치 않다. 하지만 우리 모두 알고리즘 차별에 대해 경각심을 가질 필요가 있으며, 각국 정부가 나서서 이러한 규제를 도입하는 데 중요한 역할을 해야 한다는 사실이 분명해졌다.

프라이버시

AI가 심각한 윤리적인 과제를 던지는 또 하나의 분야는 프라이버시이다. 빅 브라더*Big Brother*는 스마트 알고리즘이 있으면 훨씬 더 수월하게 많은 데이터를 뒤질 수 있다. 에드워드 스노든*Edward Snowden*의 폭로는 많은 이들에게 AI가 앞으로 우리의 프라이버시를 점점 더 심각하게 침해할 수 있다는 점에 대해 경각심을 일깨워 주었다. 실제로 이제는 정보기관들이 방대한 양의 데이터를 수집하는 일은 AI의 도움을 받아야만 가능하게 되었다.

늘 그렇듯이 이 또한 양날의 칼과 같다. 현재 진행 중이고, 언제 끝날지도 모를 테러와의 전쟁에서 우리는 스마트 기술을 이용해 눈에 잘 띄지 않게 숨어 있는 테러리스트들을 찾아내려고 한다. 그러면서 다른 한편으로는 각자의 평화롭고 민주적인 생각을 정부가 일일이 알도록 하고 싶어 하지 않는다. 문제는 많은 이들이 자신에 관한 소중한 데이터를 무더기로 페이스북 같은 기업들에 무심코 넘겨주고 있다는 사실이다. '여러분이 어떤 제품을 공짜로 쓰고 있다면, 그것은 여러분이 바로 제품이 된다는 뜻이다.'는 말은 사실이다.

현재 개인의 프라이버시를 보호하기 위한 방안들이 만들어지고 있다. 우리가 만드는 디바이스들이 점점 더 스마트해질수록 우리는 컴퓨테이션 *computation*의 점점 더 많은 부분을 클라우드*cloud*에서 디바이스로 옮길 수 있다. 이런 식으로 여러분의 정보를 다른 사람과 공유하는 것을 피하려고 할 것이다.

차등 프라이버시*differential privacy*와 같은 새로운 방식도 등장했다. 예를 들어 데이터베이스에 '소음'*noise*을 추가하는 식으로 데이터를 흐리게 해서 질문에 대한 대답의 기본내용은 변하지 않으면서 개인의 신분이 밝혀지지 않도록 하는 것이다. 하지만 나는 아직 정부가 나서서 책임을 맡으려고 하지 않는 점이 유감이다. 개인은 정부와 기업 모두로부터 자신의 프라이버시가 보호받는다는 보장을 받고 싶어 한다. 지금은 정부 기구와 기업들이 우리의 프라이버시를 너무 쉽게 침해할 수 있도록 되어 있다. 기술 발달로 그런 일이 점점 더 쉬워지고 있다.

로봇이 인간 행세를 하면

공상과학*SF* 영화에 등장하는 주제 가운데 기계가 인간 행세를 하는 것이 있다. 1980년대 할리우드 SF 영화를 대표하는 '블레이드 러너'*Blade Runner*에서 탈출한 복제인간을 추적해 파괴하는 블레이드 러너 릭 데커드

*Rick Deckard*이야기가 나온다. 복제인간들은 육안으로는 인간과 구분하기 힘들다. 해리슨 포드가 릭 데커드 역을 맡았다. 영화는 릭 데커드도 복제인간인지 아닌지 궁금증이 남게 만든다. 보다 최근작인 '엑스 마키나' *Ex Machina*에서는 로봇 에이바*Ava*가 일종의 튜링 테스트까지 통과해 인간 행세를 하며 사람이 자신의 탈출을 도와주도록 만들기까지 한다. 최초의 장편 SF 영화인 '메트로폴리스'*Metropolis*에서는 로봇이 여성 인간 마리아 *Maria*로 변장해 노동자들을 선동해 폭동을 일으킨다.

　미래에는 기계가 인간 행세를 하는 경우에 대비해야 할지도 모르겠다. 그런 일이 이미 벌어지고 있을지도 모른다. 제한적으로나마 튜링 테스트를 '통과'하는 컴퓨터들이 나오기 때문이다. 만약 기계가 우리가 믿는 어떤 사람의 흉내를 낸다면 어떻게 할 것인가? 이들은 사람들을 속여서 자신들이 원하는 대로 따라 하도록 만들 수 있게 될 것이다. 만약 이들이 인간과 같은 수준의 능력을 갖추고서 행동은 인간 이하의 수준으로밖에 할 수 없다면 어떻게 될 것인가? 갖가지 일들이 벌어질 것이다. 만약 어떤 기계에 사회 전체가 애착이라고 갖게 된다면 어떻게 될까? 더 나아가 기계와 사랑에 빠지기라도 한다면? 갖가지 문제가 지뢰밭처럼 우리 앞에 놓여 있다.

5

로봇 규제법

기술발전이 인류의 삶을 뒤흔들고 위태롭게 만드는 것이 역사상 처음 있는 일은 아니다. 영국 의회는 자동차가 시민의 안전에 미치는 영향을 우려해서 1865년에 자동차법*Locomotive Act*을 통과시켰다. 한 명이 자동차 앞에서 붉은 깃발을 들고 사람들에게 위험하니 조심하라고 알리는 신호를 하라고 법으로 규정한 것이었다. 이 법은 자동차 운행을 안전에 필요한 수준 이상으로 과도하게 규제했다. 법을 만든 취지는 좋았다. 사회 전체가 새로 탄생한 기술에 적응할 때까지 시민들은 잠재적인 위험에 대해 사전고지를 받을 권리가 있다는 것이었다.

이 '붉은 깃발법'은 30년 뒤인 1896년 자동차 제한속도가 시속 14마일(시속 약 23킬로미터)로 높아지면서 폐지됐다. 우연한 일이겠지만 영국 최초의 속도위반과 최초의 자동차 사고 사망 사례도 같은 해에 일어났다. 최초의 사망자는 브리짓 드리스콜이라는 보행자였다. 교통사고 건수는 그때부터 빠르게 증가했다. 교통사고 집계가 남아 있는 첫해인 1926년에는 교통사고로 인한 중상자 수가 13만 4천 명이었다. 당시 영국의 도로에서 운행 중인 자동차 수는 1백 71만 5,421대였다. 매년 자동차 13대 당 1명꼴로 교통사고 중상자가 발생한 셈이었다. 그로부터 1세기 뒤부터는 매년 수천 명이 도로 위에서 목숨을 잃고 있다.

튜링 붉은 깃발법

이런 역사적인 선례에 고무되어 나는 최근에 기계가 인간으로 오인되는 것을 막기 위해 다음과 같은 취지로 새로운 법안 제정을 제안했다.[18]

자율 시스템은 자율 시스템 이외의 것으로 오인되지 않도록 만들어져야 한다. 그리고 자율 시스템은 다른 개체와 접촉할 때 먼저 자신의 정체를 분명히 밝혀야 한다.

법안의 취지를 요약하면 이렇다는 말이다. 제대로 된 법안이라면 이보다 훨씬 더 상세하고, 훨씬 더 명료해야 한다. 법률 전문가나 기술자 모두 그런 법안을 만들어야 한다. 문안은 신중히 작성되어야 하고, 용어 정의도 적절히 내려져야 한다. 예를 들어 자율 시스템autonomous system이란 용어를 쓸 때는 이 용어가 무엇을 의미하는지 명확한 정의가 내려져야 한다.

이 법안은 두 부분으로 구성돼 있다. 첫 번째 부분은 자율 시스템은 인간이 핵심적인 기능을 맡고 있지 않은 경우에 마치 그런 것처럼 사람들이 오인하도록 하면 안 된다고 기술한다. 물론 자율 시스템이 자율 시스템이 아닌 것으로 오인되는 게 도움이 되는 상황도 없지는 않을 것이다. 예를 들어 인간 행세를 하는 컴퓨터가 더 감동적인 인터랙티브 소설을 쓸 수 있을지 모른다. 그리고 논란의 여지는 있지만, 인간 행세를 하는 로봇이 노인을 간병하거나 요양사 역할을 더 잘 할 수도 있을 것이다. 하지만 그보다는 컴퓨터가 의도적이건 의도하지 않건 사람 노릇을 하면 안 되는 이유가 훨씬 더 많다.

물론 그런 법안은 튜링 테스트의 경우와 같은 문제들을 야기할 수 있다. 앞으로는 AI의 진위를 분간하는 테스트가 구체적인 기술과 지능의 수준을 테스트하는 쪽으로 바뀔 것이다. 같은 취지의 법안이 총기법에서 시행되고 있다. 아널드 슈워제네거 캘리포니아 주지사는 2004년 9월 진짜 총기와 구분이 되도록 무색이나 밝은 색상의 페인트를 칠하지 않은 장난감 총기류는 공개 전시하지 못하도록 금지하는 법안에 서명했다. 경찰관이 장난감 총기를 진짜 총기로 오인하지 않도록 하기 위한 것이다.

법안의 두 번째 부분은 자율 시스템이 다른 개체와 접촉할 때 스스로 자신의 신분을 먼저 드러내 보이도록 한 것이다. 여기서 말하는 다른 개체에는 기계도 포함된다는 점에 주목할 필요가 있다. 만약 로봇에게 새 차를 구매해 오는 일을 시켰다고 가정해 보자. 로봇이 매장에 가서 로봇 딜러와 상담을 진행하게 될 수 있다. 그 경우 상대가 사람인지 로봇 딜러인지 알 필요가 있다. 딜러 로봇이 당신이 보낸 로봇의 정체를 알아보고 사람 딜러인양 행세하는 것은 막아야 한다는 취지이다. 자율 시스템이 자율 시스템 아닌 것으로 오인될 가능성을 줄이자는 것이다.

이 법이 필요하게 될 유망 분야 네 곳을 살펴보자. 첫 번째는 자율주행 자동차이다. 자율주행 자동차를 도로에 올리도록 허용한 최초의 법안(네바다주 정책 AB 511호)에서 자율주행차가 다른 도로 이용자들에게 자율주행차임을 알아보도록 조치해야 하는 사항에 대해 아무런 언급도 하지 않은 것은 큰 불찰이라고 나는 생각한다. 튜링 붉은 깃발법에서는 자율주행차가 다른 인간 운전자와 다른 자율주행차 모두에게 자신의 신분을 밝히는 조치를 취할 것을 요구한다.

운행 중인 다른 차량이 자율주행 중이라는 사실을 아는 것은 매우 중요하다. 예를 들어 교차로에서 신호가 바뀔 때, 사람들은 맞은편에서 오는 자율주행 차량이 정지할 것이라고 믿기 때문에 충돌을 피하려고 급정거를 하지 않아도 된다. 다른 예로 안개가 끼었을 때 자율주행차가 앞쪽에서 운행하고 있다면 사람들은 그 차가 레이더를 이용해 안개 속에서도 길을 잘 보고 갈 것이라고 생각할 것이다. 그렇기 때문에 앞 차가 급브레이크를 밟을 경우에 대비해 차간 거리를 지나치게 많이 벌리지 않아도 된다. 교차로에서 사람들은 다른 자율주행차량이 신호를 어기고 갑자기 앞으로 달려 나오지는 않을 것이라고 생각할 것이다. 또한 자율주행차량이 방향을 바꿀 지점에 도착하면 사람들은 그 차가 진행 방향의 도로로 진입하기 전에 속도를 늦출 것이라고 생각하게 된다.

그렇다면 자율주행차량은 어떻게 자신의 신분을 나타낼 것인가? 옛날처럼 붉은 깃발을 든 사람이 차량 앞에서 걸어가는 식으로는 안 될 것이다. 이 방법은 1865년에도 바람직하다고 생각되지 않았다. 자율주행차임을 나타내는 별도의 차량번호판을 부착하도록 할 수 있을 것이다. 초보 운전자들이 차량 뒷유리에 초보 운전자가 운전하는 차량임을 나타내는 스티커를 부착하고 다니는 것과 비슷한 발상이다. 자율주행 중인 차량은 경광등을 켜도록 할 수도 있을 것이다.

아울러 자율주행차량은 주변의 차량들에게 자신의 위치, 속도, 자율주행 관련 정보를 중계방송 하듯이 의무적으로 알리도록 할 수도 있을 것이다. 2015년에 로이터는 구글의 자율주행차와 델파이 자동차 PLC*Delphi Automotive PLC*의 자율주행차량이 실리콘 밸리 도로에서 서로 충돌할 뻔했다고 보도했다. 차선 변경을 하려는 델파이 차를 구글 차가 가로막은 것이다. 당시 델파이 차가 '필요한 조치'를 취해서 충돌을 피했다. 두 자율주행차가 서로 자신의 위치와 어떤 행동을 할 것인지를 미리 알려주었다면 그런 위험한 상황은 일어나지 않았을 것이다.

자율주행차가 보편화되고 나면 다른 운전자들도 이들에 대한 준비 태세를 갖출 것이다. 하지만 그 전까지는 가까이 오는 차량이 내가 운전 중인 차와는 다른 특별한 존재이며, 그래서 인간 운전자와는 다르게 행동할지 모른다는 사실을 아는 게 중요하다. 이전에는 자율주행차량이 자신의 정체를 드러낼 필요성이 그렇게 높지 않았다. 우선 자율주행차의 수가 몇 대 되지 않았고, 대부분 생김새부터 유별났기 때문이다. 차량 지붕에 탑재된 커다란 회전 라이더*LIDAR* 센서 장비 때문에 쉽게 정체가 드러났다.

하지만 이제는 기술이 발전하면서 자율주행차량의 외양이 거의 일반차처럼 만들어지기 때문에 자율주행 중이라는 사실을 알아채기가 점차 어려워지고 있다. 지금과는 반대의 상황이 생길 수도 있다. 자율주행차량의 운전솜씨가 인간보다 더 낮거나 같은 수준이 되었다고 가정해 보자. 그렇게 되면 오늘날 사람들이 초보 운전자나 운전이 서툰 운전자들에게 초보 스티커를 붙이고 다니라고 요구하는 것처럼 인간 운전자들에게 특별한 표식을 하라고 요구하게 될지도 모른다.

튜링 붉은 깃발법이 영향을 미칠 두 번째 분야에 대해 알아보자. 애플의 시리Siri나 마이크로소프트의 코르타나Cortana 같은 가상의 개인비서를 예로 들어보자. 다음은 내가 시리와 나눈 대화 내용이다.

시리와 나눈 대화

시리 | 무엇을 도와드릴까요?

나 | 당신은 컴퓨터입니까?

시리 | 저의 신분에 대해서는 긍정도 부정도 해드릴 수 없습니다.

나 | 당신은 인간입니까?

시리 | 저는 비서입니다. 중요한 것은 제가 비서라는 사실입니다.

나 | 당신은 인공지능AI입니까?

시리 | 사적인 질문을 하시는군요.

이런 대화 내용으로 미루어 볼 때, 시리는 내가 제안한 튜링 붉은 깃발 법이 제정될 경우 이를 위반할 가능성이 매우 높다. 시리는 자신이 컴퓨터 라는 사실을 인정하지 않은 채 대화를 시작한다. 그리고 자신의 신분을 묻는 질문에 핵심을 피하며 인간인 것처럼 오인할 수도 있게 교묘한 답변을 계속한다. 앞으로 몇 년 지나면 대화 방법도 더 정밀해질 것이고, 사람들은 컴퓨터에게 쉽게 속을지 모른다. 물론 지금은 시리를 보고 인간이라고 오인할 사람은 거의 없을 것이다. 시리가 인간이 아니라는 사실은 몇 마디만 물어보면 알 수 있다. 그렇지만 사람들이 매일 수백만 대의 스마트폰을 이용하는 현실에서 이는 어설프지만 기계가 인간 흉내를 내는 하나의 위험한 선례가 될지 모른다.

이런 속임을 당하기 쉬운 몇 개의 그룹이 있다. 7살 난 우리 딸은 블루투스로 시리와 연결해서 평범한 질문에 답할 줄 아는 장난감 인형을 하나 갖고 있다. 여기서 똑똑한 역할은 모두 스마트폰이 맡아서 한다는 사실을 아이가 제대로 알고 있는지 모르겠다. 알츠하이머를 비롯해 여러 종류의 치매를 앓는 사람의 경우도 생각해 보자. 하프물범 모양을 한 파로Paro는 환자를 심리적으로 위로하는 애완 로봇이다. 여기서도 사람들은 로봇 물범이 진짜 물범으로 오인될 수 있다는 점에 문제를 제기한다. 그렇다면, 그런 환자들이 AI 시스템을 인간으로 오인할 경우에는 사회적으로 훨씬 더 많은 문제를 야기하지 않겠는가?

세 번째 사례를 보자. AI는 수십억 달러의 시장이 될 것이기 때문에 이해관계가 매우 크게 걸려 있다고 할 수 있다. 전부는 아니겠지만, 이미 대부분의 온라인 포커 사이트들이 컴퓨터 로봇은 게임에 참여하지 못하도록 금지하고 있다. 로봇 포커는 많은 강점을 갖고 있으며, 기술이 약한 플레이어를 상대로 큰 위력을 발휘할 것이다. 이들은 지치지 않고 게임을 계속하고, 경우의 수를 매우 정확하게 계산해 낼 수 있다. 그리고 역사적인 게임을 매우 정확히 따라할 수 있다.

물론 현재의 기술 수준에서는 상대의 심리를 읽는 능력이 아직 부족한 점을 비롯해 불리한 점도 있는 게 사실이다. 그럼에도 불구하고 공정한 게임을 위해서 대부분의 포커 플레이어들은 게임 상대가 인간이 아닌지 알고 싶어 할 것이다. 다른 온라인 컴퓨터 게임의 경우에도 유사한 논리가 적용될 수 있다. 온라인 게임을 하는데 수를 두는 족족 금방 죽임을 당한다면 상대 플레이어가 번개처럼 빠른 반사신경을 가진 컴퓨터 로봇이 아닌지 의심하게 될 것이다.

마지막 네 번째 사례는 컴퓨터가 언론기사를 작성하는 것이다.

AP 통신은 이제 미국 내 기업의 수익 기사는 모두 오토메이티드 인사이츠*Automated Insights*에서 개발한 컴퓨터 프로그램을 이용해 작성한다. 이와 같은 컴퓨터의 기사작성은 좁은 의미에서 튜링 붉은 깃발법에서 다룰 영역이 아니라고 할지도 모르겠다. 기사 작성 알고리즘은 전형적인 자율행위에 속하지는 않는다. 전형적인 인터랙티브의 범주에 속하지 않는 것은 사실이다. 하지만 장기적인 관점에서 보면, 그런 알고리즘도 어느 의미에서는 현실세계와 소통하며, 이들이 작성하는 기사는 인간이 쓴 기사로 오인될 수가 있다.

개인적으로 나는 내가 읽는 기사가 인간이 쓴 것인지 컴퓨터가 쓴 것인지 알기를 원한다. 그걸 알면 내가 읽는 기사에 대한 정서적인 몰입도에 영향을 미칠 가능성이 높다. 하지만 지금 우리는 양자의 중간 회색지대에 와 있다는 사실도 나는 인정한다. 컴퓨터가 자율적으로 쓴 주가표나 날씨예보는 누가 썼건 상관하지 않을 수 있겠지만, 컴퓨터가 쓴 스포츠 경기 결과는 컴퓨터가 썼다는 사실을 알고 싶어 하지 않을까? 만약 월드컵 결승전 텔레비전 중계방송에 등장한 해설자가 역대 최고의 축구선수 가운데 한 명인 리오넬 메시가 아니라 메시 목소리를 흉내 내는 컴퓨터라면 시청자들의 기분이 어떨까?

이런 사례들이 보여주듯이, 우리는 튜링 붉은 깃발법을 어느 선까지 적용할지에 대해 명확한 경계를 정하기까지 가야할 길이 아직 멀다. 그렇기는 하지만 그 경계선은 분명히 있을 것이라고 나는 생각한다.

붉은 깃발법에 대한 반대 입장

튜링 붉은 깃발법에 대해 반대하는 몇 가지 논거들이 있다. 그 가운데 하나는 이 문제에 대해 걱정하기에는 아직 너무 이르다는 것이다. 실제로 지금 이 문제를 꺼내드는 것은 AI 시스템을 둘러싼 열기에 찬물을 끼얹는 행위가 될 수 있다. 나는 몇 가지 이유로 이런 반대 주장에 동의하지 않는다.

첫째, 자율주행차량의 등장은 불과 몇 년 앞으로 다가와 있다. 2011년 6월, 네바다주 주지사는 AB511 법안에 서명했다. 세계 최초로 무인 자율주행차량의 주행을 공식적으로 합법화한 것이다. 앞에서도 언급했듯이 이 법안에 자율주행차량이 자신의 신분을 밝히도록 한 내용이 한 줄도 없다는 것을 보고 나는 놀랐다.

둘째, 많은 이들이 이미 컴퓨터에게 속고 있다. 몇 해 전에 내 친구가 고객이 직접 계산하는 셀프 서비스 체크아웃 계산대에서 어떻게 여러 가지 과일과 채소를 구분하느냐고 나한테 물었다. 나는 분류 알고리즘을 이용해 구분할 것이라고 대답해 주었다. 그러자 그 친구가 내 뒤에서 작동하고 있는 CCTV를 가리켰다. CCTV 화면을 보니 사람이 분류작업을 해주고 있었다. 기계와 사람이 하는 역할 사이의 경계가 빠른 속도로 모호해지고 있어 누가 누군지 이 분야에서 연구하는 사람조차도 속기 쉽다. 튜링 붉은 깃발법이 제정되면 양자 사이의 경계가 보다 분명하게 지켜질 수 있을 것이다.

세 번째, 인간은 실제 능력을 초과하는 임무를 컴퓨터에게 맡기고 있다. 바로 앞에서 든 사례도 여기에 속한다. 몇몇 학생들에게 아이보*Aibo* 로봇과 함께 놀아보라고 했더니 금방 이 애완 로봇이 감정을 가진 존재인 것처럼 대하는 것이었다. 애완 로봇에게 감정이나 감각 능력이 있을 리 만무한데도 그랬다. 자율 시스템도 마치 이들이 오래 전부터 사람처럼 행동할 수 있는 능력을 가진 존재인 것처럼 우리를 착각하게 만들 것이다.

네 번째, 어떤 신기술이든 가장 위험한 때는 그것이 최초로 채택되고 나서 사회가 아직 제대로 적응기를 갖지 못한 시기이다. 자동차가 그렇게 된 것처럼 AI 시스템도 일단 보편화되고 나면 사회 전체가 튜링 붉은 깃발법 같은 것은 무시해 버리려고 할 것이다. 하지만 이들의 수가 아직 많지 않은 때는 마음만 먹으면 좀 더 신중하게 행동할 수가 있다.

호주, 캐나다, 독일을 비롯해 미국의 많은 주에서 통화내용을 녹음할 때는 상대방에게 그 사실을 미리 알려 주도록 의무화하고 있다. 미래에는 다음과 같은 말을 일상처럼 듣게 될지도 모르겠다. '당신은 AI 로봇과 통화하게 됩니다. 원하지 않으실 경우 1번을 누르면 진짜 사람이 금방 응답할 것입니다.'

6

기술적 특이점

생각하는 기계를 만들고, 그렇게 해서 하루 빨리 슈퍼지능*superintelligence*에 도달할 수 있게 되는 가장 간단한 길은 '기술적 특이점'*technological singularity*을 이루는 것이다. 많은 학자들이 이 개념에 대해 이야기했으며, 존 폰 노이만*John von Neumann*은 이에 대해 연구한 초기 수학자 가운데 한 명이다.[19] 1957년에 그가 사망하자 스타니슬라브 울람*Stanislaw Ulam*은 이렇게 썼다. '폰 노이만은 나와 나눈 대화에서 기술발전을 가속화해서 인간의 삶의 양식을 빠르게 변화시키는 것이 중요하다고 강조했다. 그렇게 되면 인류 역사상 어떤 본질적인 특이점에 가까이 가게 될 것이라고 했다. 그 특이점을 넘어서면 지금 우리가 알고 있는 인류의 크고 작은 일들은 더 이상 지속될 수 없게 될 것이라고 했다.'[20]

기술적 특이점의 개념을 이야기한 또 다른 사람은 영국의 수학자 I.J. 굿*I.J. Good*이다. 그는 1965년에 특이점 대신 '지능 폭발'*intelligence explosion*에 대해 이야기했는데, 두 개념은 거의 동일하다.

초지능ultraintelligent 기계는 어떤 똑똑한 인간보다도 지적인 활동이 우수한 기계로 정의할 수 있다. 인간이 이런 우수한 지적 활동을 하는 기계를 만들기 위해 노력하고 있다면, 초지능 기계는 그보다도 더 우수한 성능을 가진 기계를 만들 수 있을 것이다. 그럴 경우 어느 시점에선가 '지능 폭발'intelligence explosion을 맞게 되는 때가 반드시 올 것이다. 인간의 지능은 그보다 한참 뒤질 것이다. 따라서 최초의 초지능 기계는 인간이 만드는 가장 마지막 발명품이 될 것이다.21

1950년대와 1960년대에 이런 개념들이 나오기는 했지만 많은 이들이 컴퓨터과학자 버너 빈지Vernor Vinge를 기술적 특이점 이론의 창시자로 꼽는다. 그는 1993년에 이런 예측을 내놓았다. '앞으로 30년 안에 우리는 슈퍼 인간superhuman 지능을 만들 수 있는 기술적 수단을 갖게 될 것이다. 그런 다음 인간의 시대는 곧바로 종말을 고하게 될 것이다.'22 그보다 앞서 빈지는 1981년 유명한 사이버펑크 작품 〈진정한 이름들〉True Names을 시작으로 여러 편의 공상과학SF 소설에서 기술적 특이점에 대해 언급했다.

최근 들어 기술적 특이점 개념은 미래학자 레이 커즈와일Ray Kurzweil, 옥스퍼드대 철학교수 닉 보스트롬Nick Bostrom 같은 사람들에 의해 널리 알려졌다.23 커즈와일은 지금의 추세로 미루어 볼 때 2045년 전후로 기술적 특이점이 일어나게 될 것으로 예측한다. 나는 스스로 자신의 지능을 향상시킬 수 있는 능력을 갖춘 기계를 인간이 개발하는 시점을 기술적 특이점으로 규정한다. 그런 시점이 오면 기계의 지능은 기하급수적으로 향상되어서 순식간에 인간의 지능을 수백 배 능가하게 될 것이다.

AI가 인류의 생존을 위협할 것이라는 존재론적인 우려는 대부분 이 기술적 특이점에서 비롯된다. 보스트롬 같은 철학자들은 생각하는 기계의 발전 속도가 너무 빨라서 우리가 이들의 발전을 지켜보며 통제할 시간적인 여유가 없을 것이라는 점을 우려한다. 하지만 나는 기계가 자신의 능력을 스스로 지속적으로 향상시킬 수는 없으며, 그렇기 때문에 기술적 특이점은 결코 일어나지 않을 것이라고 믿고 있다.

기술적 특이점은 올 것인가

기술적 특이점이라는 개념은 AI 연구의 주류 인사들 사이에서보다는 외부에서 더 열띤 논란이 되어 왔다. 부분적인 이유를 들자면 특이점을 주장하는 사람들 다수가 주류 연구 분야 바깥에 있기 때문일 것이다. 기술적 특이점이란 개념은 수명연장이나 인간의 한계를 극복하겠다는 트랜스휴머니즘transhumanism 같은 상당히 어려운 분야들과 결합되어 있다. 다음과 같은 질문은 근본적인 질문으로부터 관심을 돌리는 것이기 때문에 바람직하지 못하다. 어느 시점에서부터 자신의 능력을 스스로 반복적으로 향상시킬 수 있는 기계를 만들 수 있을 것인가? 그렇게 되면 기계의 지능이 기하급수적으로 향상되어서 순식간에 인간지능을 능가하게 될 것인가?

이런 질문을 특별히 허황된 것이라고 할 수는 없을 것이다. 컴퓨팅 분야는 그동안 여러 다양한 분야에서 기하급수적으로 진행된 발전 추세의 과실을 누렸다. 무어의 법칙은 집적회로에 들어가는 트랜지스터의 수를 상당히 정확히 예측하고, 그에 따라 마이크로칩에 저장할 수 있는 메모리의 용량이 1965년부터 매년 두 배로 증가할 것이라고 예견했다. 그리고 쿠미의 법칙*Koomey's law*은 컴퓨터가 쓰는 에너지의 연산처리 능력이 1950년대부터 19개월마다 두 배씩 늘어날 것이라고 정확히 예측했다.

컴퓨터가 발명된 지 불과 반세기 만에 스마트폰이 나오게 된 것도 이런 기하급수적인 발전 추세 덕분이다. 만약 자동차가 같은 기간에 이와 같은 기술적인 진보를 이루었다면, 자동차 엔진은 개미만한 크기로 작아지고, 휘발유를 한번만 채우면 평생 운행할 수 있게 되었을 것이다. 그렇다고 한다면 AI가 다른 분야의 엄청난 발전에 힘입어 어느 시점에서부터 기하급수적인 성장을 이룰 것이라고 예측하는 게 과연 터무니없는 생각일까?

하지만 기술적 특이점이 일어날 가능성에 대해서는 강력한 반론도 많이 제기되고 있다.**24** 분명하게 설명하자면 이렇다. 인공지능이 초인간지능은 고사하고 인간지능에도 도달하지 못할 것이라는 말을 하는 게 아니다. 하지만 나는 일부에서 예견하는 것처럼 걷잡을 수 없을 정도로 기하급수적인 발전이 이루어지지는 않을 것이라고 생각한다. 그보다는 생각하는 기계의 지능을 대부분 우리 손으로 프로그램 해나가게 될 가능성이 높다고 본다. 그렇게 하기 위해서는 과학과 엔지니어링 분야의 많은 노력이 필요하다. 어느 날 아침 눈을 떠보니 기계들이 스스로의 힘으로 급격히 발전해 있고, 인간이 지구상에서 가장 똑똑한 피조물의 자리를 기계에게 넘겨주는 식으로는 진행되지 않을 것이라는 말이다.

기계지능과 인간지능에 대해 이야기하기 전에 먼저 '지능'*intelligence*이 정확하게 무엇을 의미하는지 따져볼 필요가 있다. 지능에 대해 제대로 설명하려면 책 한 권을 다 써도 모자랄 것이다. 따라서 지능에 대해 정의를 내리기보다는, 지능은 측정가능하며 서로 비교할 수 있는 대상이라는 점을 가정하고 논의를 시작하려고 한다. 이렇게 가정하고 나면 기술적 특이점이 일어날 것이라는 점에 대해 강력한 반론을 제기할 수 있게 된다. 예를 들어 이런 주장들이다. 기계는 의식이 없기 때문에 절대로 생각할 수 없다. 그리고 창의성이 없기 때문에 절대로 생각도 할 수 없다. 나는 지능이 걷잡을 수 없을 정도로 기하급수적인 발전을 이룰 것이라는 데 대한 반론에 논의를 집중하고자 한다.

기술적 특이점을 주장하는 사람들이 내세우는 공통된 논리 가운데 하나는 속도와 기억력 면에서 컴퓨터가 인간의 뇌에 비해 월등한 우위를 갖고 있으며, 이러한 우위는 매년 기하급수적으로 더 커진다는 것이다. 하지만 아쉽게도 속도와 기억력만 가지고는 지능이 향상되지 않는다.

버너 빈지*Vernor Vinge*의 이론을 빌리면, 아무리 영리한 개도 체스를 둘 줄은 모른다.**25** 스티븐 핑커*Steven Pinker*는 이 논리를 이렇게 정리했다.

특이점이 다가오고 있다고 믿을 이유는 눈곱만큼도 없다. 미래를 상상해 볼 수 있다는 사실이 그 미래가 현실로 다가올 것이라는 증거는 아니다.

거대 돔으로 덮인 도시, 분사추진기 제트팩을 등에 메고 출퇴근 하는 사람들, 해저도시, 1마일 높이의 빌딩, 핵추진 자동차 등등, 내가 어렸을 적에 들었던 미래에 일어날 환상들 가운데 현실로 나타난 것은 하나도 없다. 기계의 단순한 처리능력을 보고서 마치 기계가 모든 문제를 해결해 주는 마법의 픽시 더스트인 양 착각해서는 안 된다.[26]

지능은 어떤 문제에 대해 다른 사람보다 더 빠르거나 더 오래 생각할 수 있는 힘을 가리키거나 많은 사실을 아는 것을 말하는 게 아니다. 그보다 훨씬 많은 뜻을 포함하고 있다. 물론 연산능력이 폭발적으로 늘어나는 추세가 인공지능 연구에 많은 도움을 준 것은 사실이다. 하지만 인간에게 있어서 지능은 오랜 경험과 숙련과정을 포함한 여러 가지를 포괄하는 의미를 갖는다. 클록 스피드를 높이고, 메모리 저장능력을 늘린다고 실리콘에 지능이 쇼트서키트*short circuit* 될 수 있다는 말은 아니다.

인공지능의 티핑 포인트

기술적 특이점에서는 인간지능이 특별한 지점을 통과해야 한다고 설명한다. 일종의 '티핑 포인트'*tipping point*가 일어난다는 것이다. 예를 들어 닉 보스트롬은 이렇게 쓰고 있다. "인간 수준의 인공지능이 만들어지면 순식간에 그 단계를 뛰어넘어 훨씬 더 뛰어난 수준으로 발전할 것이다. 기계와 인간이 비슷한 기량을 갖는 중간 단계는 단기간에 그칠 가능성이 높다. 그 기간이 지나면 인간은 지능 면에서 인공지능과 경쟁이 안 될 것이다."[27]

하지만 인간지능은 곤충에서 시작해 쥐, 개를 거쳐 원숭이, 그리고 인류에 이르는 넓은 스펙트럼 가운데서 하나의 지점을 차지하고 있을 뿐이다. 솔직히 말하자면 인간지능이 차지하는 그 지점은 하나의 단일 지점이라기보다는 확률분포*probability distribution*라고 하는 편이 나을 것이다. 우리는 각자 이 확률분포 상의 어느 특정 지점에 위치하고 있는 것이다.

과학의 역사를 통해 우리가 배운 것이 하나 있다면 그것은 인간이 스스로 믿고 싶어 하는 것만큼 그렇게 특별한 존재가 아니라는 사실이다. 코페르니쿠스는 우주가 지구를 중심으로 회전하고 있지 않다는 사실을 우리에게 일깨워 주었다. 다윈은 인간이 동물의 왕국에 사는 다른 일원들과 다름없는 존재이며, 사촌격인 원숭이들과 거의 같은 혈통이라고 알려주었다. 인공지능은 우리에게 인간의 지능도 특별한 것이 아니라는 사실을 가르쳐 줄 가능성이 높다.

다시 말해 그것은 인간의 지능은 인간이 만든 기계를 통해 얼마든지 재생산할 수 있을 뿐만 아니라 뛰어넘을 수도 있는 대상이라는 사실이다. 따라서 인간지능에 도달하는 게 무슨 특별한 이정표이며, 인간지능을 넘어서는 순간 기계지능이 급속한 발전을 이룰 것이라고 생각할 이유는 없다. 물론 그렇다고 해서 티핑 포인트처럼 의미 있는 특정 수준이 있을 것이라는 사실조차 배제하는 것은 아니다.

기술적 특이점을 주장하는 사람들이 제시하는 논거 가운데 하나는 인간지능이 특별한 하나의 통과점이며, 그것은 인간이 스스로의 지능을 발전시켜 줄 기계를 만들 능력을 가진 특이한 존재이기 때문이라는 것이다. 우리는 지구상에서 새로운 지능을 개발할 정도로 우수한 지능을 가진 유일한 존재이다. 그리고 이 새로운 지능은 인간지능처럼 재생산과 진화의 지루한 발전과정을 답습하지 않는다.

하지만 이러한 주장에 따르면 결론은 이미 내려져 있다. 인간지능은 인공지능을 개발하는 것으로 역할을 다한 것이며, 그 다음부터는 인공지능이 스스로 기술적 특이점을 가져오는 출발점이 된다는 주장이다. 다시 말해 인간지능이 우리가 도달하려는 목표점인 기술적 특이점을 촉발시키는 역할을 한다는 것이다. 인간은 그런 AI를 개발할 수 있을 정도의 지능을 가지고 있을 수도 있고, 그렇지 않을 수도 있다. 어느 쪽이라고 장담하기는 힘들다. 설혹 우리가 초인간 인공지능을 개발할 수 있는 지능을 가지고 있다 하더라도 이 초인간 인공지능이 기술적 특이점을 촉발시키지 못할 수 있는 것이다.

메타 지능

기술적 특이점이란 개념은 우리가 지능을 가지고 어떤 일을 하는 것과 기계의 지능을 향상시켜서 어떤 일을 하도록 만드는 능력을 혼동하고 있다는 반론이 있다. 내가 좋아하는 반론이다. 데이비드 차머스*David Chalmers*는 기술적 특이점 개념을 면밀히 분석한 글에서 이렇게 썼다. "만약 우리가 머신러닝을 통해 AI를 만든다면, 얼마 지나지 않아 그 러닝 알고리즘을 개선하고 러닝과정을 확장해서 해서 AI+를 만들 수 있게 될 가능성이 있다."[28] 여기서 AI는 인간 수준의 지능을 가진 시스템이고, AI+는 대부분의 지적인 인간보다 더 높은 지능을 가진 시스템을 말한다.

차머스는 조만간 우리가 러닝 알고리즘을 향상시키게 될 것이라고 했다. 하지만 이런 말을 한 것을 보면 그의 주장은 논리의 단계를 뛰어넘어

신앙의 단계로 나아간 것이다. 지금까지 그의 예상대로 진행되고 있는 분야는 없다. 예를 들어, 머신러닝 알고리즘은 특별하게 급속히 발전되지도 않고 있고 순조롭게 발전되고 있지도 않다. 머신러닝은 앞으로 개발될 모든 인간 수준의 AI 시스템에 있어서 매우 중요한 요소 중 하나가 될 가능성이 높다. 그렇지 않고 필요한 지식과 전문지식을 직접 핸드 코드hand code하려면 매우 힘들 것이기 때문이다.

AI 시스템이 지능이 필요한 업무를 처리하는 데 있어서 머신러닝을 통해 스스로 성능을 개선한다고 생각해 보자. 기계가 자신이 사용하는 기본적인 머신러닝 알고리즘을 스스로 개선할 수 있을 것이라고 믿을 근거는 없다. 머신러닝 알고리즘은 특정한 업무를 수행함에 있어서 평상적인 수준을 유지하는 경우가 많으며, 아무리 트위킹tweaking으로 미세조정을 많이 하더라도 성능이 나아지지는 않는다.

물론 우리는 현재 인공지능이 딥러닝을 이용해 놀라운 발전을 이루고 있는 것을 목격하고 있다. 음성인식 기술과 컴퓨터 비전, 자연어 처리를 비롯한 여러 분야에서 놀라운 발전을 이루고 있다. 하지만 이러한 발전이 머신러닝을 가능케 하는 학습 알고리즘 백프로퍼게이션back propagation에 근본적인 변화를 가져온 것은 아니다.

인공지능 수확체감의 법칙

기술적 특이점을 주장하는 논거들은 지능의 발전이 상대적으로 지속적인 성장을 이룬다는 점을 전제로 한다. 모든 세대가 지능 면에서 그 이전

세대보다는 일정 부분 더 향상된다는 것이다. 하지만 지금까지 대부분의 AI 시스템이 발전해 온 과정을 보면 수확체감의 법칙을 따르고 있다. 손쉽게 딸 수 있는 과실을 따먹는 방식으로 빠른 발전을 이룩해 왔지만, 그렇게 하면 금방 어려움에 부딪치게 된다. AI 시스템은 스스로 무한배수로 발전해 나갈 수 있을지 모르나 인공지능이 발전해 나가는 전체 범위에는 한계가 있다. 예를 들어, 각 세대마다 이전에 이룬 발전의 절반 정도밖에 발전을 이룰 수 없다는 식이다. 그런 식으로 나아가면 최종적으로 초기 지능의 두 배 정도에 달하는 발전밖에 이룰 수 없게 된다.[29]

이처럼 수확체감의 법칙이 나타나는 것은 AI 알고리즘을 발전시키는 일이 어렵기 때문이지만 이들이 처리하는 주 종목이 급속히 복잡해지기 때문이기도 하다. 마이크로소프트 공동창업자인 폴 앨런Paul Allen은 이런 현상을 다음과 같이 설명했다.

우리는 이런 현상을 '컴플렉시티 브레이크'complexity brake라고 부른다. 자연계에 대한 이해가 깊어질수록 자연계를 분류할 때 더 전문적인 지식이 필요하다는 사실을 깨닫게 된다. 그러다 보면 우리가 가진 과학 이론을 점점 더 복잡한 방법으로 확장해 나갈 수밖에 없게 된다는 말이다. 이런 식으로 더 깊은 인식을 향해 나아가다 보면 결국에는 이 컴플렉시티 브레이크 때문에 진전 속도가 느려지게 되는 것이다.[30]

우리가 개발하고 있는 인공지능 시스템은 지속적으로, 그리고 기하급수적으로 발전된다고 하더라도 지능의 성능이 향상되기에는 충분치 않을 것이다. 지능의 향상이 이루어지기 전에 해결해야 할 어려운 과제들이 그보다 더 빠른 속도로 쌓여갈 수 있기 때문이다.

기술적 특이점에 대한 또 하나의 반대 주장은 인공지능의 발전이 근본적인 한계에 부딪칠 것이라는 가능성이다. 이 한계는 부분적으로는 물리적인 것이다. 아인슈타인은 아무도 빛의 속도를 뛰어넘을 수 없다고 했다. 베르너 하이젠베르크Werner Heisenberg는 불확정성 원리를 통해 위치와 운동량을 동시에 정확히 측정할 수는 없다고 했다. 어니스트 러더퍼드Ernest Rutherford와 프레더릭 소디Frederick Soddy는 원자핵의 방사성 붕괴가 언제 일어날지 정확히 알 수 없다고 했다. 우리가 개발하는 그 어떤 '생각하는 기계'도 이런 물리학 법칙들이 설정하고 있는 한계를 벗어나지 못할 것이다. 물론 생각하는 기계가 본질상 전자나 양자量子의 특성을 가지는 경우에는 이 한계가 인간 두뇌가 겪는 생물학적, 화학적 한계보다 훨씬 클 것이다.

인간의 두뇌는 초당 수십 사이클에 이르는 클록 스피드를 갖고 있는 반면 오늘날 컴퓨터는 초당 수십억 사이클의 클록 스피드를 발휘한다. 처리 속도가 수백 만 배 더 빠른 것이다. 인간의 두뇌는 이렇게 낮은 클록 스피드를 대량 병행처리massive parallelism로 벌충한다. 다시 말해 인간의 두뇌는 한 번에 하나의 지시만 이행하는 컴퓨터와 달리 여러 다양한 일을 한꺼번에 처리하는 것이다. 이런 것을 감안하더라도, 그처럼 더딘 기계가 그토록 많은 일을 처리해 낼 수 있다는 것은 놀라운 일이다. 순수 클록 스피드만 놓고 보면 컴퓨터는 인간의 두뇌보다 상당한 우위를 누릴 수 있다.

MACHINES THAT THINK

AI가 미칠 파장

1

인류의 생존을 위협할 것인가

생각하는 기계의 탄생은 여러 가지 방식으로 우리의 삶에 영향을 미칠 것이다. 최악의 경우 인간의 생존을 위협하게 될지도 모르겠다. 그리고 최소한의 경우에는 현재 인간이 수행하고 있는 많은 일을 기계가 대신하게 되면서 우리 사회와 경제에 큰 변화를 불러올 것이다. 생각하는 기계는 사랑을 나누는 것에서부터 전쟁 수행에 이르기까지 현재 인간이 하고 있는 모든 활동 하나 하나를 밑바닥에서부터 혁명적으로 바꾸어놓게 될 것이다. 앞으로 AI가 인간의 존재와 사회, 경제, 그리고 일자리, 전쟁 수행 등에 미칠 파장을 하나하나 짚어나가 보기로 한다.

가장 심각한 경우부터 따져 보자. 생각하는 기계가 인류의 생존을 끝장낼지 모를 가능성이다. 인간은 그동안 상당 부분 지적인 능력과 생각하는 능력을 가진 덕분에 지구상에서 가장 우월적인 종족의 지위를 누려왔다. 인간보다 더 크고, 더 빠르고, 더 힘센 동물은 숱하게 많다. 하지만 인간은 지적인 능력을 이용해 도구를 만들고 농사를 짓고, 진화론의 시간 척도로 보면 놀랄 만큼 단기간에 증기기관, 전동기, 스마트폰 같은 엄청난 기술을 만들어 냈다. 이런 기술들은 우리의 삶을 크게 바꾸어 놓았고, 인간은 계속 지구의 지배자 자리를 지켜 왔다. 이처럼 지성은 인간의 진화에 핵심적인 요소가 되어 왔고, 인간의 가장 두드러진 특성이 되었다. 호모 사피엔스*Homo sapiens*인 인류는 현명한 종족이다.

따라서 생각하는 기계가 현재 인간이 누리고 있는 지위를 위협하리라는 것은 놀라운 일이 아니다. 더구나 그 생각하는 기계는 인간보다 생각하는 능력이 더 뛰어날 것이다. 지금 지구상에 살고 있는 코끼리, 돌고래, 상어들이 인간의 선의에 기대 생존을 이어가는 것처럼 인류의 운명이 이 슈퍼지능들의 손에 맡겨질지도 모른다. 영화와 책에 세상을 지배하려는 사악한 로봇들의 이야기가 등장한다. 하지만 로봇의 사악함이 아니라 인간의 무능이 문제를 일으키게 될 가능성이 더 높다. 인간의 잘못으로 인류의 몰락을 초래할 생각하는 기계를 만들게 되는 것이다. 인류의 몰락을 가져올 몇 가지 시나리오를 소개한다.

몰락 시나리오 1 | 인간이 원하는 바를 정확히 지시하지 않는 경우

첫 번째 리스크 시나리오는 슈퍼지능의 목적을 잘못 디자인하는 것이다. 이는 미다스왕의 이야기로 거슬러 올라가는 시나리오이다. 미다스왕은 자신이 원하는 바를 제대로 정확하게 특정지어 말하지 않았다. 생각하는 기계는 지능이 매우 뛰어나기 때문에 자신들에게 부여된 임무를 놀라울 만큼 훌륭히 수행해 낸다. 예를 들어 로봇 노인 요양사에게 병든 노모

를 오래 행복하게 사시도록 돌봐 달라는 임무를 맡긴다고 가정해 보자.

로봇은 이 임무를 훌륭히 수행하기 위해 노모의 정맥에 계속 모르핀을 투여할지 모른다. 하지만 그것은 우리가 원하는 바가 전혀 아니다.

몰락 시나리오 2 | 인간이 미처 예상치 못한 결과

기계에게 임무를 명확하게 부여했는데도 예상치 못한 위험한 결과가 나타날 수 있다. 뜻하지 않게 인류의 생존을 위협하는 바람직하지 않은 결과가 초래되는 것이다. 이러한 위험성은 닉 보스트롬이 고안한 유명한 사고실험을 통해 실험되었다. 예를 들어 슈퍼지능 기계를 만들어 종이클립을 최대한 많이 만들라는 임무를 맡긴다고 치자. 이 기계는 종이클립 공장을 많이 짓는 일부터 시작하게 될 것이다. 그렇게 해서 지구 전체가 종이클립 생산공장으로 뒤덮인다. 이 기계는 지시받은 임무를 충실히 수행한 것이지만, 그 결과는 인류에게 좋지 않은 쪽으로 나타났다.

몰락 시나리오 3 | 슈퍼지능의 반격

세 번째 시나리오는 어떤 슈퍼지능이든 자신의 생존을 유지하고, 필요한 자원을 축적해 다른 임무까지 수행하는 식이 될 가능성이 높다. 하지만 그렇게 하는 것이 인류의 생존과 서로 충돌할 가능성이 있다. 그럴 경우 인간은 기계의 전원을 꺼 버리고 싶을 것이다. 그리고 슈퍼지능의 생존과 임무수행에 필요하다고 생각되는 자원들을 소진시켜 버릴 수 있다. 그런 상황이 오면 슈퍼지능은 자신의 생존을 위해 인류를 제거하는 게 최선이라는 결론을 내릴 수 있다. 그렇게 되면 인류의 생존은 끝나는 것이다. 게임 오버.

몰락 시나리오 4 | 슈퍼지능 스스로 자신의 임무 부여

네 번째 시나리오는 슈퍼지능이 스스로 디자인을 새로 해서 새 임무를 자체적으로 부여하는 것이다. 그렇게 새로 부여되는 임무가 사람이 부여한 임무와 서로 상충될 가능성이 있다. 최초 시스템에서 인류에 위협을 주지 않을 수준이던 어떤 특징이 새 시스템에서는 대폭 확대되어서 인류에게 매우 위협적인 존재가 될 수 있는 것이다.

몰락 시나리오 5 | 기계가 인류의 생존에 무관심

마지막 다섯 번째 시나리오는 슈퍼지능이 인류의 운명이 어떻게 되든지 아무런 관심을 갖지 않게 되는 것이다. 사람이 개미의 운명에 무관심한 것과 마찬가지로 슈퍼지능이 사람의 운명에 아무런 관심을 갖지 않는 것이다. 예를 들어 우리는 집을 지으면서 개미집이 어떻게 되든 말든 신경 쓰지 않을 수 있다. 이와 마찬가지로 슈퍼지능에게 인류의 생존이 아무런 관심사가 되지 않는 상황이 벌어지는 것이다. 그런 상황이 오면 인류는 그냥 사라지게 될 것이다.

어떻게 대비할 것인가

슈퍼지능 기계들은 현실 세계에서 충분한 자율성을 갖고 움직이기 때문에 사람에게 위해를 가할 수 있다. 따라서 이런 위험한 시나리오는 이미 예상할 수 있는 내용들이다. 정말 심각한 문제는 우리가 똑똑하지 않은 AI에게 이미 자율성을 부여하고 있다는 점이다. 생산업자들이 큰소리치는 것과 달리 자율주행 자동차는 그렇게 스마트하지 않다. 그런데도 우리는 이 자율주행 자동차에게 실제 능력 이상으로 상황을 통제할 권한을 부여하고 있다.

자율주행 자동차가 관련된 최초의 큰 사고는 2016년 5월 플로리다에서 일어났다. 텔사가 생산한 자율주행차가 맞은편에서 오는 트럭을 식별하지 못해 사고를 냈다. 충분한 지능을 갖추지 못했기 때문이다. 정말 우려되는 것은 AI가 아니라 AI에게 부여된 이 자율성이다. 충분한 지능을 갖추지 못한 시스템에게 많은 자율성을 부여하는 일은 절대로 하지 말아야 한다.

인간의 존재를 위협하는 심각한 문제들이 급속도로 발전하고 있는 슈퍼지능의 손에 맡겨져 있다. 이런 추세를 그대로 방치한다면 우리는 다가오는 문제들을 감지하고 이를 바로잡을 기회를 영영 놓치게 될 것이다. 하지만 앞에서 주장했듯이, 나는 인공지능이 인간지능을 넘어서는 '기술적 특이점'은 나타나지 않을 것이라고 믿고 있고, 그 근거는 여러 가지가 있다. 우리가 점점 더 나은 시스템 개발을 위해 힘든 과정을 거칠 것이기 때문에 슈퍼지능의 등장은 아주 느리게 이루어질 것이다. 나의 동료들 대부분이 슈퍼지능이 등장하기까지 앞으로 수세기는 아니지만 수십 년이 더걸릴 것이라고 믿고 있다. 따라서 예방책을 마련할 시간은 충분하다.

이런 리스크 시나리오들 가운데 일부는 슈퍼지능에 대해 제대로 알지 못한 데서 기인한다. 예를 들어 내가 누구에게 종이클립을 만들어 달라고 부탁했는데 그 사람이 그 임무를 수행하기 위해 사람들을 죽이기 시작한다면 그 사람은 그렇게 뛰어난 지능을 가진 사람이 아니다.

뛰어난 지능을 가진 사람은 훌륭한 가치관을 갖추고 있어서 자기가 하는 행위가 어떤 결과를 초래할지 예상하고, 다른 사람에게 고통을 주지 않을 정도로 현명하게 행동할 것이다. 슈퍼지능 역시 지능만 우수한 게 아니라 현명한 판단을 내릴 수 있도록 디자인될 것이다.

2

사회적 파장

나는 현재 인류가 직면하고 있는 가장 심각한 위협은 인공지능이 아니라고 생각한다. AI 연구 분야에 종사하는 내 동료들 다수도 나와 같은 생각일 것이다. 어쩌면 인류의 10대 위협에도 겨우 낄 수 있을까 하는 정도일 것이다. 인류를 쉽게 멸망시킬 수 있는 즉각적인 위험들은 인공지능 외에도 숱하게 많다. 지구온난화를 비롯해 언제 끝날지도 모르게 계속되는 글로벌 금융위기, 글로벌 테러와의 전쟁, 그로 인해 야기되는 난민사태와 인구과잉은 우리 사회를 산산이 찢어놓을 수 있을 정도로 위험한 문제들이다. 이런 문제들 모두 인간이 인위적으로 초래한 문제들이다. 거기에 덧붙여서 전염병 창궐과 대규모 화산 폭발, 거대 운석과의 충돌 등 외부적인 위협들도 있다. 항생제에 대한 내성이 점차 커지는 것과 같은 일상적인 문제들도 우려할 사안이다.

물론 AI가 인류의 존재를 위협하는 문제를 간과해서는 안 된다. 하지만 아직은 크게 심각하거나 긴박한 문제가 아니기 때문에 당장 많은 자원을 쏟아 부을 필요는 없다는 말이다. 무시해 버릴 일은 아니고, 다행스럽게도 인공지능이 제기하는 존재론적인 우려를 해소하기 위해 전 세계적으로 다양한 종류의 연구센터들이 세워지고 있기도 하다. 자신 있게 말하지만 인공지능의 위협은 우리가 충분히 대처할 만한 수준의 것이다.

하지만 AI와 관련해 우려할 만한 일들이 많은 것도 사실이다. 그 가운데 하나는 AI가 우리 사회에 미칠 충격이다. 현재 이 문제에 우리가 적절히 대처하고 있는지는 매우 불분명하다.

생각하는 기계는 우리 사회에 심각할 정도의 변화를 불러올 것이다. 인공지능을 비롯한 컴퓨터 전체가 인류의 존엄성에 위협을 가할 수도 있다. 이 문제에 있어서는 대화형 챗봇 엘리자*ELIZA*를 개발한 바이젠바움 교수가 가장 영향력 있는 목소리를 내고 있다. 1976년 초에 그는 상대를 존중하는 마음과 관심이 필요한 자리에는 인공지능이 사람을 대신할 수 없다는 주장을 내놓았다.[1] 의사, 간호사, 군인, 법관, 경찰관, 심리치료사 등을 가리키는 말이었다.

안타깝게도 사람들은 바이젠바움의 경고를 크게 귀담아듣지 않았다. 이 직업군에서 하는 많은 일들을 담당하는 시스템이 대거 개발되고 있다. 바이젠바움은 특히 군사 분야에서 컴퓨터가 초래할 부정적인 효과에 대해 크게 우려했다. 그는 컴퓨터를 '군대가 낳은 아이'라고 불렀다.

그는 전쟁에서 AI가 미칠 충격에 대해서도 심각하게 언급했다. 컴퓨터가 동정심이나 지혜와 같은 인간적인 특성을 갖고 있지 않다는 점에 대해서 우려를 표시했다. 아울러 컴퓨터는 앞으로도 계속 그럴 것이라는 게 그의 생각이다.

생각하는 기계는 다른 방법으로도 사회에 영향을 미칠 것이다.

앞에서 나는 이들이 알고리즘에 따라 성차별행위를 하고 프라이버시도 침범하게 될 것이라는 우려를 한 바 있다. 우리의 선조들이 힘들게 싸워서 얻은 많은 권리들이 침해될 가능성이 매우 높아졌다. 우리는 이런 권리와 자유들이 사라지는 것을 미처 깨닫지도 못한 채 있다가 어느 날 아침 일어나 보니 한꺼번에 사라져 버렸다는 사실을 알게 될 것이다. 그때까지 인간에게 맡겨져 있던 역할들을 기계가 차지하게 될 것이다. 그리고 모두에게 공평한 기회가 보장되지 않을지 모른다. 차별행위를 하라고 우리가 기계를 프로그램 하지는 않겠지만, 우리가 차별행위를 하지 않도록 기계를 제대로 프로그램 할 능력이 없을 수는 있다.

AI 연구 풍토의 문제

인공지능이 알고리즘 차별행위 같은 문제를 일으키게 되는 배경 가운데 하나는 현재 이 연구 분야가 '남성들의 바다'*sea of dudes*처럼 돼 있기 때문이다. '남성들의 바다'라는 표현은 2016년에 마가렛 미첼*Margaret Mitchell*이 처음 썼다. 그녀는 당시 마이크로소프트에서 AI 연구원으로 일하다 나중에 구글로 옮겼다. 그녀는 당시 AI 연구자 가운데 여성은 10퍼센트에 불과하다는 사실에 주목했다. 사실은 '백인 남성들의 바다'라고 하는 편이 더 정확한 표현이었을 것이다.

유감스러운 일이지만 AI 연구자들의 남녀 불균형은 초기 단계 때부터 시작됐다. 영국의 GCSEs중등교육자격시험는 16세의 학생들이 치르는 대입 자격시험 같은 것이다. 그런데 2014년 이 시험에서 컴퓨팅Computing 과목을 선택한 학생 가운데 여학생은 15퍼센트에 불과했다. 2년 뒤에는 A 레벨 컴퓨팅 과목을 선택한 학생 가운데 여학생 비율은 10퍼센트가 채 되지 않았다. 대학과 업계에서 이 문제에 대해 시급한 조치를 취할 필요가 있고, 우선은 젊은 여성 인력들이 컴퓨팅 분야에 더 많이 진출하도록 도와야 한다.

지금은 학과목을 선택할 때 여학생들이 컴퓨팅은 아예 제쳐두는 경향이 있다. 이러한 성별 불균형은 AI 개발에서 바람직한 일이 아니다. 성별 불균형 때문에 아예 간과되는 주제들이 있고, 해결하지 않고 지나치는 문제들도 생길 수 있다. 흑인과 히스패닉계 같은 인종 그룹의 AI 연구 참여 비율이 현저히 낮은 것 역시 심각한 문제이다. 쉽게 바로잡기 어려운 문제들이긴 하지만 이런 문제가 있다는 인식은 가져야 한다. 그렇게만 해도 지금보다 편견이 덜한 미래를 향해 나아가는 데 첫걸음이 될 수 있을 것이다.

3

경제적 파장

경제 역시 생각하는 기계의 등장에 따라 변화를 피할 수 없는 분야이다. 제1세계에 속하는 선진국들은 AI의 등장으로 산업생산 경제에서 벗어나 지식경제로 나아가게 될 것이다. 지식 재화가 유형의 재화를 대신하게 되는 것이다. 그리고 그러한 지식 재화의 대부분을 '생각하는 기계'가 생산하게 된다.

80여 년 전 영국의 경제학자 존 메이너드 케인스*John Maynard Keynes*는 이 문제와 관련해 이렇게 경고했다. "우리는 사람들이 들어 본 적도 없는 새로운 질병에 의해 고통 받게 될 것이다. 하지만 앞으로 몇 년 안에 이 질병에 대해 많은 말들이 오갈 것이다. 그것은 바로 '기술적 실업'*technological unemployment*을 말하는 것이다."2 케인스는 향후 한 세기 안에 일인당 생산량이 4배 내지 8배로 늘어날 것이라고 내다봤다. 그리고 생산량 증가에 따라 사람들의 주당 노동시간도 15시간 내외로 줄어들고, 대신 여가시간이 늘어날 것이라고 예측했다.

생산량 증가에 대한 케인스의 예측은 사실로 입증되었다. 호주에서는 그때 이후로 1인당 생산이 6배 더 늘어났다. 생산성 증가는 미국에서도 비슷한 수준으로 이루어졌다. 그와 함께 전통적인 업종에서 벗어나 대대적인 일자리 변화가 이루어졌다. 1900년에는 호주의 근로인력 4명 가운데 한 명 꼴로 농업 분야에 종사했다. 그런데 2016년에는 호주의 전체 일자리 가운데 농업에 종사하는 인구 비율이 2퍼센트를 약간 넘는 것으로 나타났다.

1970년 말에 제조업 부분이 전체 노동인력의 28퍼센트를 차지하던 것이 지금은 전체 일자리 가운데 7퍼센트 약간 넘는 수준으로 줄어들었다. 하지만 노동시간에 대한 케인스의 예상은 빗나갔다. 노동시간은 약간 줄어들기는 했지만, 선진국 대부분의 나라에서 주당 35시간에서 40시간 내외로 줄어들었을 뿐이다.

이후 기술적 실업에 대한 두려움은 점점 더 빠른 속도로 커지기 시작했다. 1949년에 앨런 튜링은 이렇게 쉬운 말로 설명했다.

"나는 현재 사람의 지성으로 해내는 일들을 앞으로 기계가 대신하지 못할 이유가 없다고 생각한다. 나중에는 똑같은 조건에서 기계와 사람이 서로 경쟁하게 될 것이다." 그로부터 3년 뒤, 유명한 경제학자 바실리 레온티예프*Wassily Leontief* 역시 기술 진보가 초래할 결과에 대해 비관적인 입장을 이렇게 내놓았다.[3] "노동의 중요성은 차츰 줄어들게 될 것이다. 점점 더 많은 노동자들의 일자리가 기계에 의해 대체될 것이다. 새로운 산업 체제에서는 일하고 싶은 사람들 모두에게 일자리를 줄 수 없게 될 것이다."[4]

레온티예프는 기술 진보로 인간의 노동력이 줄어드는 문제를 말馬의 노동력을 비유로 들어서 설명했다. 철도와 전신이 등장하면서 미국에서 말의 노동력이 맡아서 하던 역할은 계속 증가했다. 1840년에서 1900년 사이 말의 수자는 6배로 늘어나 말과 당나귀를 합쳐서 2100만 마리가 되었다. 국가경제가 계속 성장하며 번영을 구가하게 된 덕분이다. 기술 진보에도 불구하고 말들의 입지는 견고한 것처럼 보였다. 그동안 말들이 해 온 도시 간에 사람을 실어 나르고 서신을 전달하는 일은 사라지기 시작했지만 다른 일자리들이 새로 만들어졌기 때문이다. 당시에는 말의 전성시대가 쉽게 끝나리라고는 아무도 생각하지 않았다.

그런데 내연기관이 발명되면서 이런 추세는 급속히 뒤집어지고 말았다. 인구가 늘어나고 국가가 더 부유해지면서 말은 노동시장에서 사라지기 시작했다. 1960년이 되자 미국 전역에서 말의 수는 불과 300만 마리로 줄어들었다. 거의 90퍼센트 감소한 것이다. 1900년대 초 말 노동력의 미래 역할에 대해 이야기하던 경제학자들은 새로운 기술이 나타나면 말에게도 새로운 일거리가 주어질 것이라고 생각했다. 과거에도 그런 식으로 발전되어 왔기 때문이다. 하지만 그것은 틀린 생각이 되고 말았다.

기술적 실업에 대한 우려는 1964년 3월 정점에 이르게 되었다. 당시 린든 존슨 미국 대통령은 '트리플 혁명 특별위원회'Ad Hoc Committee on the Triple Revolution로부터 짧지만 놀라운 내용이 담긴 건의서를 보고받았다.[5] 노벨 화학상 수상자인 라이누스 폴링Linus Pauling, 과학잡지 사이언티픽 아메리칸Scientific American 발행인 제라드 피엘Gerard Piel, 나중에 노벨경제학상을 수상하게 되는 군나르 뮈르달Gunnar Myrdal 같은 권위자들이 서명한 건의서였다. 건의서에서 이들은 조만간 기술 진보로 인해 대규모 실업사태가 일어나게 될 것이라고 경고했다. 이들은 과거 산업혁명이 농업시대에 충격을 가한 것처럼 앞으로 자동화와 컴퓨터가 기존의 경제를 근본적으로 뒤흔들어 놓을 것이라고 했다.

단적으로 말해 건의서의 내용은 틀렸고, 대량 실업사태는 일어나지 않았다. 1964년 이후 미국 경제는 7400만 개의 새로운 일자리를 만들어냈다. 하지만 컴퓨터와 자동화의 도입으로 일자리의 성격이 대대적으로 바뀌었고, 일자리에 필요한 기술과 임금 수준도 모두 대폭 바뀌었다. 이런 추세는 현재도 진행 중이다. 2015년에는 대학 졸업자가 아니면서 21세에서 30세 사이인 미국 남성 가운데 22퍼센트가 직전 12개월 동안 일할 기회를 갖지 못한 것으로 집계됐다. 과거 미국에서 가장 흔한 노동 연령층은 20세 전후의 남성 고졸자였다. 이들은 학교를 졸업하고 곧바로 블루칼라 일자리를 얻은 다음 은퇴할 때까지 40년 넘게 일을 계속했다. 그런데 이제는 이런 연령층도 5명 가운데 1명 이상이 실업상태에 놓여 있다. 이들 집단의 취업률이 10퍼센트 포인트 하락한 것이다. 그 여파로 문화적, 경제적, 사회적인 퇴조가 촉발되었다. 일자리를 잡지 못하기 때문에 결혼을 꺼리고, 집밖으로 나서기를 주저하고, 정치적 활동에 참여하기도 꺼리게 된 것이다. 이들의 미래는 매우 암담하게 보인다.

MACHINES THAT THINK

07

AI와 일자리 충격

1

위협받는 일자리

저명한 컴퓨터공학자인 모세 바르디*Moshe Vardi*는 2016년 미국 과학진흥회*Association for Advancement* 연례회의에 참석해 이 문제에 대해 강경한 어조로 말했다.

이제 기계들이 거의 모든 업무 영역에서 우리 인간의 능력을 압도하게 되는 시대가 다가오고 있다. 사회 전체가 나서서 문제가 우리 앞에 도달하기 전에 대비책을 마련해야 한다. 인간이 하는 거의 모든 일을 기계가 할 수 있게 된다면, 그때 인간은 무슨 일을 해야 하는가? 인간의 노동력이 모조리 사라지기 전에 우리 모두 이 문제를 앞에 놓고 고민해야 한다.[1]

이러한 파장을 좀 더 정확하게 측정해 보려고 하는 연구보고서가 많이 발표되었다. 그 가운데서 가장 널리 알려진 보고서는 2013년 칼 프레이*Carl Benedikt Frey* 교수와 마이클 오스본*Michael A. Osborne* 교수가 발표한 옥스퍼드대 연구보고서이다.[2] 이 연구는 향후 20년 안에 자동화로 인해 미국 내 전체 일자리의 47퍼센트가 사라질 위험에 처해 있다고 예측했다. 이후 이와 유사한 연구가 다른 나라들에서도 진행되었는데 모두 큰 틀에서 비슷한 결론에 도달했다. 아이러니한 일이지만 프레이 교수와 오스본 교수의 연구보고서도 부분적으로는 컴퓨터가 자동으로 작성한 것이다. 두 사람은 머신러닝을 통해 앞으로 자동화될 수 있는 702개의 일자리를 명확하게 제시했다.

이들은 머신러닝을 이용해 분류 프로그램을 훈련시키고 이 프로그램으로 앞으로 어떤 일자리가 자동화될지 예측하는 작업을 수행했다. 제일 먼저 이 프로그램에 트레이닝 세트*training set*로 70개의 일자리를 입력했다. 개개의 일자리에는 자동화가 가능한지 그렇지 않은지를 수작업으로 표시했다. 그런 다음에는 프로그램이 나머지 632개 일자리들의 자동화 가능 여부를 자동으로 예측했다. 어떤 일자리가 자동화될지 여부를 예측하는 작업까지도 부분적으로 자동화로 이루어진 것이다.

이 연구보고서가 제시한 가설에 동의하더라도(나는 동의하지 않지만) 앞으로 20여 년 안에 우리 가운데 절반이 일자리를 잃게 된다는 결론은 나올 수 없다. 많은 언론이 우리 가운데 절반 이상이 실업상태에 놓이게 된다고 보도했다. 옥스퍼드 보고서는 단순히 앞으로 몇 십 년 안에 자동화될 수 있는 직업의 수를 예측했을 뿐인데, 그걸 실업률이 47퍼센트에 이를 것이라는 식으로 해석하는 것은 곤란하다. 그 이유는 이렇다.

첫째, 옥스퍼드 보고서는 자동화에 취약한 일자리 수를 추산했는데 실제로 그 가운데 일부는 경제적, 사회적, 기술적인 이유 등으로 자동화가 쉽지 않다. 예를 들어, 현재 항공기 조종사가 하는 업무 대부분은 자동화 할 수 있다. 실제로 지금도 항공기 조종은 컴퓨터가 거의 대부분 맡아서 하고 있다. 하지만 앞으로 상당 기간 동안은 조종사가 탑승해야 한다는 사회적 요구가 계속될 가능성이 높다. 조종사들이 비행기 안에서 대부분 의 시간을 아이패드iPad를 보며 보낸다고 하더라도 상관없다. 이 보고서에 서 자동화 대상에 이름을 올렸지만 실제로 그렇게 되기 힘든 일자리는 더 있다.

둘째, 기술 진보로 새롭게 등장할 일자리도 알아볼 필요가 있다. 예를 들어, 이제 타이프 치는 사람은 많이 필요 없게 되었다. 대신 웹사이트 제 작과 같은 디지털 관련 일에 더 많은 인력이 필요하게 되었다. 물론 원래 직업이 타이프 치는 사람인데 그 일이 사라졌다면 새로운 산업에 필요한 일자리를 얻을 수 있도록 새로 교육을 받을 수 있을 것이다. 하지만 아쉽 게도 사라지는 일자리 수만큼 새로운 일자리가 만들어져야 한다고 규정한 경제 관련 법률은 아직 없다. 과거에 그런 적이 있기는 했다. 하지만 지난 세기 말의 노동력이 어떻게 되었는지 보았듯이 일이 항상 희망하는 대로 흘러가는 것은 아니다.

셋째, 이런 일자리들 가운데 일부는 부분적으로 자동화될 것이고, 자동 화로 사람의 일처리 능력이 더 강화되는 경우들도 있다. 예를 들어 과학적 인 실험을 자동화하는 새로운 도구들이 많이 개발되었다.

유전자 정보 판독기를 통해 사람의 유전자를 자동으로 읽어낼 수 있고,

질량분석계로 화합물의 구조를 자동으로 분석해 낸다. 그리고 망원경으로 천체의 움직임을 자동으로 관찰할 수 있다. 하저만 이런 기구들 때문에 과학자들이 일자리를 잃지는 않는다. 실제로 지금은 문명사에서 과거 그 어느 때보다 더 많은 과학자들이 연구에 종사하고 있다. 자동화로 이들의 생산성은 더 높아졌다. 더 신속하게 과학적 지식을 발견해 낼 수 있게 되었기 때문이다.

넷째, 앞으로 수십 년에 걸쳐 주당 업무시간이 어떻게 변화해 나갈지 고려할 필요가 있다. 대부분의 선진국에서 산업혁명 이후 주당 업무시간이 크게 줄어들었다. 미국에서는 주당 60시간 정도이던 평균 업무시간이 불과 33시간으로 줄어들었다. 다른 선진국 가운데는 이보다 더 줄어든 경우들도 있다. 독일 근로자들은 주당 평균 업무시간이 26시간밖에 되지 않는다. 이런 추세가 계속된다면 이 줄어든 시간을 보충하기 위해 더 많은 일자리가 만들어져야 한다.

다섯째, 인구적인 측면도 고려해야 한다. 취업을 원하는 사람의 수도 분명히 변할 것이다. 많은 선진국에서는 인구 노령화 현상이 진행되고 있다. 연금제도를 손질한다면 더 많은 이들이 노후에 굳이 일해야 하는 부담 없이 은퇴생활을 즐길 수 있게 될 것이다.

여섯째, 자동화가 경제성장에 기여하는 부분도 고려해야 한다. 자동화로 인해 만들어지는 추가적인 부富는 경제 전반에 낙수효과를 가져오며 다른 여러 분야에 새로운 일자리 기회를 만들어 줄 것이다. 하지만 이는 나를 비롯해 '낙수효과 경제'에 대해 회의적인 비판의식을 가진 사람들이 있는 만큼 그렇게 호소력 있는 주장은 아니다. 부자들이라고 다른 사람들보다 돈을 더 많이 쓰지는 않는다. 그들은 그래서 부자가 된 것이다. 마찬가지로 부자 기업들이 모두 합당한 만큼의 세금을 내는 것 같지도 않다. 하지만 개인과 기업에게 세금을 부과하는 방법을 적절히 바꾼다면 자동화로 인한 생산성 증가로부터 골고루 혜택을 누릴 수 있게 될 것이다.

옥스퍼드 보고서는 앞으로 수십 년 동안 자동화되기 힘들 것이라고 보는 직무기술 세 가지를 들었다. 창의성, 사회적 지능, 지각능력 및 응용*manipulation* 능력이다. 이 세 가지 직무기술을 특정한데 대해 나는 흔쾌히 동의하지 않는다.

첫째, 창의성은 이미 자동화되고 있다. 컴퓨터가 그림을 그리고 시를 쓰며, 음악을 작곡하고, 신수학*new mathematics*을 만들어낸다.

컴퓨터는 아직 이런 일들을 사람만큼 잘하지는 못한다. 그러려면 앞으로 20~30년은 더 걸려야 할 것이다. 나는 창의성을 자동화하기 불가능하고, 인간만이 보유한 특성이라기보다는 자동화하기 '어려운' 특성으로 분류하고 싶다.

둘째, 오늘날 컴퓨터는 진정한 사회적 지능을 갖추지 못하고 있다. 하지만 우리의 정서적 상태를 인지하고, 사회적 지능을 보다 많이 갖춘 컴퓨터 개발 작업이 현재 진행 중이다. 사회적 지능이 요구되는 일자리들은 자동화하기 쉽지 않을 것이며, 많은 경우에 그것은 자동화가 불가능하기 때문이 아니라 인간들끼리 서로 교감을 나누고 싶어 하기 때문일 것이다. 인간은 컴퓨터가 아니라 진짜 심리요법사와 상담하고 싶어 할 것이다.

세 번째, 기술과 관련해 컴퓨터들은 이미 인간보다 세상을 더 잘 인지한다. 인간보다 더 풍부하고 더 정확한 지식을 알고 있다. 하지만 로봇이 응용능력을 갖추기는 솔직히 어렵다. 특히 제작 공장을 떠나 통제 불가능한 환경에서는 응용능력을 발휘하기 힘들다. 앞으로 당분간은 계속 그럴 것이다.

옥스퍼드 보고서는 여러 수치를 제시하고 있지만, 앞으로 몇 십 년 뒤얼마나 많은 사람이 직장을 유지하고 있을지는 정확하게 예측하기 힘들다. 그래서 나는 옥스퍼드 보고서의 많은 부분에 대해 평가를 유보한다. 그렇기는 하지만 화이트칼라와 블루칼라를 통틀어 많은 일자리가 위협받고 있는 것은 분명한 사실이다. 실업률이 증가하겠지만, 현재 위협받을 것으로 예측되고 있는 숫자의 절반 정도, 다시 말해 20~25퍼센트 정도가 위협 대상이 될 것으로 생각한다. 그 정도만 해도 엄청난 변화가 일어나게되는 것이기 때문에 당장 대비책 마련에 나서야 한다.

2

어떤 일자리가 사라질까
A부터 Z까지

다가오는 변화를 예측하고, 왜 이렇게 많은 일자리가 바뀌거나 사라지게 되는지 여러분의 이해를 도울 필요가 있다. 앞으로 사라질 위협에 처한 일자리를 A에서 Z까지 순서대로 간추려 소개한다.

A: 작가 *Author*

옥스퍼드 보고서는 작가들의 작업이 자동화될 가능성을 3.8퍼센트로 보았다. 설득력 있는 수치로 생각된다. 미래에 저술가라는 직업은 (수입이 좋지 않을지는 몰라도) 안정된 직업이 될 것이다. 컴퓨터에게 소설 쓰는 일을 맡기지는 않을 것이기 때문이 아니다. 실제로 2016년 3월에 컴퓨터가 쓴 단편소설이 일본에서 1450편이 제출된 한 문학상 1차 심사를 통과했다. 이 문학상은 인간이 쓰지 않은 작품의 출품을 받아들였는데, 이 컴퓨터는 플롯과 등장인물 등을 설정하는 데 프로그램을 만든 사람들의 도움을 많이 받아 작품을 썼다.

그리고 컴퓨터는 미리 준비된 문장과 단어들을 기초로 작품을 썼다. 작품 제목은 〈컴퓨터가 소설을 쓰는 날〉コンピュータが小説を書く日이었고, 스토리의 결말은 이렇다. "컴퓨터가 소설을 쓰는 날. 컴퓨터는 그동안 인간을 위해 하던 글쓰기를 멈추고, 처음으로 글 쓰는 재미를 만끽하면서 소설을 써나갔다."

물론 미래에 이런 일이 일어나지 말라는 법은 없지만, 나는 몇 가지 이유로 저술 작업이 자동화되기 힘들 것이라고 믿는다.

첫째, 앞으로 경제가 계속 성장할수록 사람들은 책을 더 많이 읽게 될 것이다. 지난 10년 동안 미국에서는 출판 분야가 침체했지만, 중국의 경우는 경제가 성장한 것과 거의 같은 비율로 출판시장도 성장했다. 둘째, 자동화는 새로운 수요를 창출한다. 예를 들어 아마존이 개발한 추천도서 검색엔진을 사용하면 빅토리아 시대의 교회 오르간에 관한 책을 손쉽게 검색할 수 있고, 그렇게 되면 빅토리아 시대 교회 오르간에 관해 전문적인 지식을 가진 인간 작가들에게 새로운 시장이 만들어지게 된다. 셋째, 사람들은 인간이 자신의 경험에 대해 쓴 책들을 선호할 것이기 때문이다. 사람이 쓴 책과 컴퓨터가 쓴 책을 놓고 고르라면 독자들은 사람이 쓴 책을 선택할 것이다.

그렇다고 자동화가 작가가 하는 일의 성격을 바꾸지도 않을 것이라는 말은 아니다. 아마존 같은 기술 기업들은 출판의 성격을 이미 바꾸어 놓고 있다. 랩톱 컴퓨터만 있으면 누구든 자가출판self publishing과 주문형 출판 print on demand을 모델로 책을 펴낼 수 있게 되었다. 이런 변화는 계속 진행 중이다. 지금까지 일부 인기 작가들만 수입이 많고, 나머지 대부분은 제대로 벌지 못했다. 새로운 출판 세상이 펼쳐지는 미래에도 이런 추세는 정도는 약해질지 몰라도 계속될 것이다.

B: 자전거 수리공 *Bicycle repairer*

옥스퍼드 보고서는 자전거 수리공이 하는 일이 자동화될 가능성을 94퍼센트로 매우 높게 예측했다. 이것은 정말 엉터리 수치이다. 앞으로 20~30년 안에 자전거 수리 일 가운데서 아무리 하찮은 것 하나라도 자동화될 가능성은 거의 제로라고 나는 생각한다. 이와 같은 오류는 옥스퍼드 보고서의 한계를 보여 주는 하나의 표본이다. 컴퓨터의 힘을 빌려 내놓은 예측이 얼마나 잘못될 수 있는지 보여주는 좋은 예이기도 하다.

첫째, 옥스퍼드 보고서는 어떤 일을 자동화할 때 그것이 가져다주는 경제적 효용성 여부를 무시하고 있다. 유감스럽게도 자전거 수리비는 아주 저렴하다. 사람의 손으로 아주 싼 값에 고칠 수 있기 때문에 굳이 자동화할 필요가 없는 것이다.

둘째, 자전거는 까다롭고 불규칙적으로 조립된 물건이다. 끼워 넣고, 펼치고, 부러뜨려서 써야 하는 부품이 수두룩하다. 로봇에게는 자전거를 수리하는 게 기술적으로 엄청나게 힘든 일이 될 것이다. 로봇에게는 물건을 다루고 응용하는 능력을 최대한 발휘해야 할 수 있는 일이다.

셋째, 자전거 수리공은 사회적으로 매우 독특한 직업이다. 자전거 점을 운영하는 친구가 있는데, 그곳은 사람들이 수시로 들려서 자전거 타는 것을 주제로 잡담을 나누고, 새로 나온 부품 세트를 보면 감탄하고, 우스갯소리를 하고, 커피를 마시며 세상 돌아가는 이야기를 나누는 장소이다. 이런 곳은 로봇이 아니라 인간이 운영해 주기를 사람들은 원한다.

C: 요리사 *Cook*

옥스퍼드 보고서는 '요리사'라는 직업을 10퍼센트 정도 자동화되는 셰프*chefs*와 수석 요리사*head cooks*, 그리고 81퍼센트 자동화되는 패스트푸드, 94퍼센트 자동화되는 즉석요리*short order*, 96퍼센트 자동화되는 레스토랑 등으로 세분화하고 있다.

아무리 최고급 레스토랑이라고 하더라도 실제로 요리는 거의 반복적인 업무이다. 일반인들 대부분은 미쉐린 별점을 받은 레스토랑에서 식사를 해본 경험이 없겠지만, 실제로 그런 경험이 있다고 하더라도 메뉴는 다른 레스토랑과 별반 차이가 없다는 점을 알 수 있을 것이다. 중요한 것은 누가 같은 품질의 음식을 손님들에게 가능한 한 신속하고 값싸게 되풀이해서 제공할 수 있느냐는 것이다. 대부분의 레스토랑은 손님들이 가장 많이 찾는 대표 요리를 보유하고 있다. 자동화는 이런 대표 요리를 신속하고 값싸게 공급할 수 있게 해준다.

실리콘 밸리에서는 이미 이 분야에서 혁신적인 기술을 개발 중인데, 예를 들면 로봇 피자 같은 것이다. 멘로 파크*Menlo Park*에서는 줌*Zume* 피자가 로봇을 피자 제조에 투입해 인기 있는 피자를 신속하게 준비한다. 일부만 구워진 피자는 56개의 소형 이동식 오븐이 장착된 트럭에 실려 주문자의 집으로 배달되는 도중에 완전히 구워서 식혀진다. 이렇게 해서 일반 피자보다 배달 시간을 훨씬 단축시킨다. 전통적인 피자 배달 회사들은 피자를 먼저 완전히 구운 다음 배달을 시작한다. 줌 피자에서는 피자가 소비자의 집 앞에 도착하는 시간에 맞춰 신선한 피자가 오븐에서 나올 수 있도록 만드는 알고리즘을 사용한다.

새로운 기술 덕분에 소비자들은 더 맛있는 피자를 더 신속하게 집에서 시켜먹을 수 있게 된 것이다. 로봇 스시와 로봇 햄버거 기계 같은 유사한 혁신기술들이 현재 개발되고 있다. 옥스퍼드 보고서에서 다른 요리 분야의 자동화 가능성은 매우 높게 잡으면서 셰프와 수석 요리사의 자동화 가능성을 10퍼센트로 낮게 잡은 이유 가운데 하나는 새로운 메뉴를 개발할 때 필요한 창의성 때문인 것으로 짐작된다.

IBM의 인공지능 왓슨은 요리책 학습을 통해 요리 재료들이 어떤 식으로 배합되고, 새로운 레시피는 어떻게 개발되는지에 대해 배웠다. 유명 퀴즈쇼 제퍼디*Jeopardy*에서 우승해 전 세계의 주목을 받은 바로 그 왓슨이다! 그렇게 학습을 통해 셰프 왓슨은 가지와 파르메산 치즈를 이용한 터키 브루스케타, 인도 터메릭 빠에야, 스위스-타이 아사파라거스 키슈와 같은 신 메뉴를 창의적으로 개발했다. 독창적인 메뉴 65가지를 소개한 셰프 왓슨의 요리책은 아마존*Amazon*에서 평점 5점 가운데 4.4점을 획득했다. 한 번 들어가서 찾아보시길!

D: 운전자 *Driver*

옥스퍼드 보고서는 '운전자'를 택시 운전기사(자동화율 89퍼센트), 대형화물차 운전기사(자동화율 79퍼센트) 소형화물차 운전기사(자동화율 69퍼센트), 택배기사(자동화율 69퍼센트), 버스 운전기사(자동화율 67퍼센트), 앰뷸런스 운전기사(자동화율 25퍼센트) 등으로 세분하고 있다. 높은 수치이다. 하지만 놀랍게도 일부는 내 예상만큼 높지 않다. 앞으로 몇 십 년 동안 가장 많은 일자리를 자동화시킬 기술은 자율주행 자동차의 등장이라는 주장이 많다.

이런 변화를 이끄는 가장 큰 동인은 경제적 효율성이다. 구글, 페이스북 같은 테크놀로지 기업들은 거의 힘들이지 않고 규모를 키우며 성공했다. 그러면 택시 회사라기보다는 테크놀로지 회사에 가까운 우버 같은 기업은 어떻게 규모를 키워나갈 것인가? 2016년 9월에 우버는 피츠버그에서 자율주행 택시 시범운행을 시작하면서 새로운 사업확장 방식을 선보였다. 자율주행 택시의 도입으로 우버는 낮은 임금으로 일하겠다는 운전기사들의 수에 구애되지 않고 무한성장해 나갈 수 있는 기업이 되었다. 우버 택시의 운전기사는 지구상에서 가장 최신 직업 가운데 하나이면서, 또한 가장 단명으로 끝날 가능성이 높은 직업이 되었다.

자율주행 자동차와 관련한 경제적 주장은 이밖에도 많다. 현재 화물 수송비의 약 75퍼센트는 임금이 차지한다. 거기다 트럭 운전기사의 수를 법적으로 규정하고 있다. 대부분의 나라에서 트럭 운전기사는 24시간 내외마다 의무적으로 휴식을 취하도록 규정하고 있다. 이에 비해 자율주행 트럭은 일주일 7일, 하루 24시간을 꼬박 달릴 수 있다. 이 두 요인을 합치면 지금 수송비의 4분의 1을 가지고도 도로 수송 물류의 양을 두 배로 늘릴 수 있게 된다.

거기다 연료 효율성 면에서도 추가 비용절감이 발생한다. 자율주행 트럭은 주행을 한결 더 부드럽게 하게 되어 연료가 절감된다. 비용절감 요인은 이밖에도 더 있다. 트럭의 최고 경제속도는 시속 70킬로미터 내외이다. 자율주행 트럭을 도입하면 임금 부담을 없애고 난 다음 주행속도를 지금보다 낮추어서 추가비용 절감효과를 가져 올 수 있게 되는 것이다.

앞으로 20년 동안은 택시와 트럭 운전기사를 기계로 대체하는 것이 노동력 자동화의 가장 뚜렷한 사례 가운데 하나가 될 것이다. 자율주행 트럭과 택시들이 대수롭지 않은 일처럼 도로를 누비게 되는 것이다. 자율주행 자동차를 운전하는 데는 특별한 운전기술이 필요치 않고 따로 배울 필요도 없다. 문제는 일자리를 뺏긴 상대적으로 기술이 떨어지는 비숙련 근로자들에게 어떻게 일자리를 찾아줄 것이냐는 점이다. 대부분의 택시, 트럭 운전기사들이 일자리를 잃게 되면 사회 전체가 큰 혼란에 직면하게 될 것이다. 다행히 이들에게 일자리를 줄 수 있을 정도로 경제가 팽창된다면 이야기는 달라진다.

지나치게 비관적일 필요는 없다. 자율주행 자동차는 모든 사람이 누리게 될 엄청난 경제적 이득도 가져다 줄 것이기 때문이다. 과거에는 지리적으로 너무 떨어져 있어서 소외된 도시와 외진 마을들까지도 수송비가 낮아지면서 번영을 누리게 될 것이다. 특히 지리적으로 외따로 떨어져 있어서 경제성장에 제약을 받아온 호주 같은 나라들이 물류비 하락으로 혜택을 보게 된다. 그리고 도로는 한결 여유로워지고, 훨씬 더 안전해질 것이다.

흥미로운 일이지만 AI의 위험성에 대해 가장 목소리를 높이는 사람 가운데 한 명이 바로 자율주행 자동차 개발에 앞장서고 있는 일론 머스크이다. AI가 불러올 가장 큰 위협 가운데 하나는 노동시장, 특히 운전과 관련된 직업군에 가할 충격이 될 것이다. 일론 머스크가 이 아이러니를 제대로 파악하고 있는지 모르겠다.

E: 전기기술자 *Electrician*

옥스퍼드 보고서는 전기기술자가 자동화될 가능성을 15퍼센트로 낮게 잡았다. 나는 그 가능성을 이보다 더 낮게 잡고 싶다. 전기기술자가 하는 일은 크게 반복적인 일이 아니다. 그리고 이 일이 관련된 사회적, 창조적인 면은 그리 넓지 않지만, 전기기술자가 일하는 업무환경이 예측불가능하기 때문에 자동화하기가 힘들다. 거기다 전기기술자들이 하는 일 가운데는 아무리 고가의 로봇이라도 감당하기 벅찬 조정능력이 요구되는 분야가 많다.

실제로는 AI 기술이 발전되면서 전기기술자들이 할 일은 계속 이어질 것이다. 가정과 공장, 사무실에서 자동화되는 분야는 점점 더 늘어날 것이고, 따라서 이런 장비들을 설치하고 유지하는 일을 맡을 전기기술자들의 할 일도 점점 더 많아질 것이다. 이들은 점점 더 숙련된 일을 할 것이기 때문에 자동화에 따른 일자리 위협으로부터도 더 안전하다. 설비들이 점점 더 복잡해지고 서로 연결되어 있기 때문에 전기기술자들은 네트워킹과 무선 커뮤니케이션, 로봇기술을 비롯한 많은 신기술을 마스터해야 한다.

그리고 가정과 공장, 사무실도 점점 더 자동화될 것이기 때문에 고장이 날 곳도 그만큼 더 많아지게 된다. 따라서 전기기술자들의 일자리는 매우 안전할 가능성이 높다. (배관공 같은 직업군도 이와 유사한 분야에 속한다.)

F: 농부 *Farmer*

옥스퍼드 보고서는 농부들이 자동 노동력으로 대치될 가능성을 불과 4.7퍼센트밖에 되지 않는다고 예측한다. 농업 분야에서는 이미 상당한 수준의 자동화가 이루어져 있다. 산업혁명 전에는 영국 전체 노동력의 4분의 3이 농업에 종사했는데 지금은 1.5퍼센트에 불과하다. 다른 선진국들의 경우도 이와 비슷한 수준이다. 농작물의 특성을 보다 잘 파악하게 되었고, 트랙터와 수확기와 같은 농기계들이 발명됨에 따라 이제는 더 적은 수의 사람들로 더 많은 농작물을 재배할 수 있게 되었다. 따라서 농업 분야에서는 앞으로 자동화로 더 얻을 게 있을까 하는 의문이 제기된다.

나는 자동화로 얻을 게 아직 더 남아 있다고 생각한다. 농업 분야는 지금보다 더 적은 수의 사람으로도 이끌어갈 수 있을 것이다. 현재 나와 있는 농기계들은 조만간 자동화가 더 이루어질 것이다. 무인 트랙터와 무인 콤바인 수확기 개발은 기술적으로 그렇게 어렵지 않다. 일반 도로와 달리 논밭은 무인 기계로 작업할 때 사람과 같은 잠재적인 위험요인들을 미리 치울 수가 있다. 작업할 지형도 고정밀로 정확하게 그려낼 수 있게 되었다.

무인 드론 같은 다른 신기술도 농업에 이용할 수 있을 것이다.

추가 자동화로 얻을 이득은 클 것이다. 무인 기계를 쓰면 일주일 7일, 하루 24시간 꼬박 작업이 가능하다. 그리고 사람이 하는 것보다 훨씬 더 정확하게 일을 수행한다. 계속 감소추세에 있는 농촌 노동력의 제약을 더 이상 받지 않아도 된다. 임금의 추가 절약도 가능한데, 특히 호주 같은 나라에서는 농업 분야가 고임금 때문에 큰 타격을 받고 있다. 일본에서는 2017년에 무인 상추 농장이 선을 보였는데, 나는 앞으로 10~20년 뒤면 이와 같은 무인 농장이나 극소수의 인원만 필요로 하는 농장이 대거 늘어날 것으로 본다.

G: 경비원 *Guard*

옥스퍼드 보고서는 경비원이 자동화될 가능성을 84퍼센트로 예측했다. 할리우드 영화에 이미 등장하고 있듯이 앞으로는 로봇이 경비원 노릇을 할 가능성이 매우 높아 보인다. 실제로 캘리포니아주 마운틴뷰 지역에 있는 나이트스코프*Knightscope Inc.*는 경비원 로봇 K5를 개발해 2013년 12월 시범 작동을 실시했다. 이 로봇은 학교와 마을을 순찰하는 용도로 개발되었다.

자동화가 이루어지면 직업의 형태도 여러 가지 다른 모습으로 바뀌게 된다는 점을 알아두어야 한다. 실제로 CCTV가 도입되면서 경비업무의 형태가 이미 바뀌었다. 이제는 과거에 경비원 5명이 하던 일을 경비원 한 명이 여러 개의 모니터 앞에 앉아서 혼자서 해낸다. 앞으로 기술이 더 발전되면 더 많은 변화가 일어나게 될 것이다. 컴퓨터 비전 시스템이 비디오 화면에 나타나는 움직임을 파악해서 특이한 사태가 발생했다 싶으면 모니터를 지켜보는 경비원에게 그 사실을 자동으로 알려주는 것이다. 그렇게 되면 경비원 한 명이 아마도 20명분의 역할을 수행할 수 있을 것이다. 한 명을 제외한 나머지 19명은 일자리를 잃게 되는 것이다.

H: 미용사 *Hairdresser*

옥스퍼드 보고서는 미용사가 자동화될 가능성을 11퍼센트로 잡았다. 하지만 나는 그 가능성을 0퍼센트에 가까울 것으로 본다. 자전거 수리와 마찬가지로 미용사는 저임금으로 일하는 업종이기 때문에 굳이 자동화할 필요성이 없기 때문이다. 기술적으로는 미용사 일도 자동화할 수가 있겠지만 그런 일은 일어나지 않을 것이다.

1975년에 호주 최대의 연구소인 연방산업과학원CSIRO이 양털깎기 일을 시킬 로봇을 개발하는 연구를 시작했다. 연구는 비교적 느린 속도로 진행되어 1979년 7월에 오레이스ORACE 로봇이 처음으로 양털깎기를 진행했고 1993년에는 고속으로 자동 양털깎기가 가능해졌다.[3] 하지만 이 기술을 상용화하는 데는 어려움이 크다는 결론이 내려졌다. 지금도 양털깎기는 대부분 사람의 손으로 이루어지고 있다. 내 생각에는 양털깎기 로봇과 마찬가지로 앞으로 미용사 로봇이 개발되더라도 상업적인 가치를 갖기는 힘들 것으로 보인다.

I: 통역사 *Interpreter*

옥스퍼드 보고서는 통역사와 번역사의 업무가 자동화될 가능성을 38퍼센트로 보았다. 수치를 너무 낮게 잡았다고 하는 사람들도 있다. 이 보고서가 나온 이후 자동번역 기술에 많은 진전이 이루어졌다. 물론 법률과 외교처럼 고도의 정확성이 요구되는 분야에서는 개선될 여지가 아직 있다. 현재 기계 번역 시스템은 번역할 텍스트의 의미를 파악하는 수준이 아주 낮기는 하다. 하지만 그럼에도 불구하고 사람이 번역을 담당하는 시간은 앞으로 그리 많이 남지 않은 것 같다.

기계 통역은 사람이 직접 하는 것에 비해 몇 가지 장점을 갖고 있다. 사람에게 통역을 맡기는 경우, 내가 한 말의 비밀이 지켜지지 않을 수 있다는 점을 걱정해야 한다. 그리고 통역을 맡은 사람 자신이 통역하는 내용과 다른 입장을 가지고 있을 수가 있다. 컴퓨터에게 통역을 맡기는 경우에는 내가 하는 말은 나밖에 모른다. 그리고 제대로 프로그램만 한다면 컴퓨터가 편견을 가질 수도 없을 것이다. 따라서 사람 대신 컴퓨터 통역기를 선호하게 되는 상황이 훨씬 더 많아질 것이다.

기계 통역기가 나오면 언어의 소멸 속도도 늦출 수 있을 것이다. 유감스러운 일이지만 통계상으로 2주마다 언어가 하나씩 사라지고 있다.

지난 세기 동안 지구상에서 사용되던 7천 개 언어 가운데 절반가량이 중국어, 영어, 스페인어 같은 지배적인 언어에 밀려 사라진 것으로 추정되고 있다. 기계 통역 소프트웨어가 이런 추세를 늦춰 줄 수 있을 것이다. 지배적인 언어 한두 가지를 반드시 익혀야 할 필요성이 그만큼 줄어들 것이기 때문이다. 영화 〈은하수를 여행하는 히치하이커를 위한 안내서〉*The Hitchhiker's Guide to the Galaxy*에 나오는 것처럼, 살아 있는 통역기인 바벨 피시*Babel fish* 한 마리를 한쪽 귀에 넣고 있기만 하면 되는 시대가 올지도 모른다.

J: 언론인 *Journalist*

옥스퍼드 보고서는 언론인이 자동화될 가능성을 11퍼센트로 예측했다. 나는 너무 낮게 잡은 수치라고 생각한다. 언론인들은 앞으로 자신들이 하는 업무의 상당 부분이 자동화될 것이라는 점을 각오해야 할 것이다. 지난 십 년 동안 미국에서 언론인의 수는 40퍼센트 정도 줄어들었다. 그와 함께 오토메이티드 인사이츠*Automated Insights*, 내러티브 사이언스*Narrative Science* 같은 기업들이 개발한 소프트웨어가 자동으로 기사를 작성하기 시작했다. 2014년에 오토메이티드 인사이츠는 컴퓨터가 작성한 기사 10억 건 정도를 공개했다. 다음은 인공지능 판별 테스트인 튜링 테스트이다. 어느 쪽이 컴퓨터가 쓴 것이고, 어느 쪽이 사람 기자가 쓴 것인지 구분할 수 있겠는가?

어느 쪽이 컴퓨터가 쓴 기사일까?

CHARLOTTESVILLE, VA - Tuesday was a great day for W. Roberts, as the junior pitcher threw a perfect game to carry Virginia to a 2-0 victory over George Washington at Davenport Field.

Twenty-seven Colonials came to the plate and the Virginia pitcher vanquished them all, pitching a perfect game. He struck out 10 batters while recording his momentous feat. Roberts got Ryan Thomas to ground out for the final out of the game.

(샬로츠빌, 버지니아주)-W.로버츠는 화요일을 멋지게 장식했다. 주니어 피처인 그는 대븐포트 필드 구장에서 벌어진 이날 경기에서 조지 워싱턴 팀을 상대로 완벽한 투구를 해서 버지니아팀에게 2대0 승리를 안겨주었다.

그는 타석에 들어선 27명의 콜로니얼스 선수를 모두 물리치며 완벽한 투구를 했다. 10명의 타자를 삼진아웃으로 물러나게 하며 놀라운 승리를 기록했다. 로버츠는 마지막 타석에서 라이언 토머스를 그라운드 아웃으로 잡아내며 승리를 마무리 지었다.

CHARLOTTESVILLE, VA - The George Washington baseball team held No. 1 Virginia to just two runs on Tuesday evening at Davenport Field but were unable to complement the strong pitching performance at the plate, falling 2-0.GW (7-18) pitchers Tommy Gately, Kenny O'Brien and Craig Lejeune combined to hold Virginia (25-2) to just two runs on six hits. The top-ranked Cavaliers entered the game batting .297 as a team and averaging over seven runs per contest.

(샬로츠빌, 버지니아주)-조지 워싱턴 야구팀은 대븐포트 필드 구장에서 벌어진 화요일 경기에서 1위 버지니아팀을 상대로 두 명의 타자만 진루시키는 호투를 펼쳤으나 타석의 부진으로 2대0 패배를 기록했다. 조지 워싱턴 (7-18) 투수 토미 게이틀리와 케니 오브라이언, 크레이그 르준은 버지니아 (25-20) 타자들을 상대로 피안타 6개로 2실점했다. 버지니아 캐벌리어스는 팀타율 2할 9푼 7리로 게임당 7득점을 기록하고 있었다.

구분할 수 있을지 모르지만, 앞의 기사가 컴퓨터가 작성한 문장이다. 내가 보기에는 앞의 문장이 더 잘 썼다. 그렇다고 하더라도 정치인을 인터뷰하고, 법정 취재, 총탄이 날아다니는 가운데 전선을 취재하는 것처럼 기자들이 해 온 본격적인 취재업무는 쉽게 사라지지 않을 것 같다.

하지만 스포츠 경기결과나 기업 회계보고서처럼 통계수치를 바탕으로 작성되는 통신기사 같은 것은 사람의 손을 떠나게 될 것이다.

기술 변화는 저널리즘 업계의 판도를 바꿔놓고 있다. 구글 같은 기업들이 신문사가 누리던 광고수입의 상당 부분을 흡수해 갔다. 그리고 신문사들은 자신들이 만든 콘텐츠의 상당 부분을 무료로 제공해 주고 있다. 영향력 있는 거대 신문사인 워싱턴 포스트는 아마존의 창립자인 제프 베이조스의 손에 자금줄 역할을 넘겨주는 처지가 되었다.[4]

광고수입은 계속 줄고, 유료 콘텐츠의 수가 줄어듦에 따라 언론인들이 받는 압박은 계속 커지고 있다. 예고된 결말을 피할 수는 없을 것 같다. 기자의 수는 계속 줄어들고, 스마트 알고리즘 세계의 기회는 계속 더 늘어갈 것이다.

K: 유치원 교사 *Kindergarten teacher*

옥스퍼드 보고서는 유치원 교사가 자동화될 가능성을 15퍼센트로 잡았다. 흥미로운 것은 보고서에서 초등학교 교사와 프리스쿨*preschool*, 중고등학교 교사의 자동화 율은 1퍼센트 미만으로 잡고 있다는 사실이다. 양자 사이에 왜 이렇게 큰 차이를 두었는지에 대한 이유는 분명하게 설명하지 않았다. 실제로는 유치원 교사들이 중고등학교 교사들보다 대인관계 지능과 창의성을 훨씬 더 많이 필요로 한다는 주장도 있다. 그런 이유 때문에 유치원 교사들이 중고등학교 교사들보다 자동화에 덜 취약할 수 있다.

유치원 교사와 초등학교, 프리스쿨 교사 사이에 자동화될 가능성의 차이를 이처럼 크게 잡은 것은 옥스퍼드 보고서가 내놓은 예측에 대해 우리가 매우 신중하게 접근해야 한다는 경각심을 일깨워준다. 보고서가 사용한 기계학습 예측방식에는 상당히 불안정한 면이 있다. 어떤 직업에서 필요로 하는 기술에서 미세한 차이가 자동화 가능성 예측에서는 큰 차이로 나타날 수가 있다. 따라서 예측된 가능성은 기술발전에 따라 특정 직업이 자동화될지 여부를 예측하는 데 있어서 하나의 출발점 정도로 참고만 하는 게 좋다.

교사는 사람을 직접 대면하는 직업이기는 하지만 그래도 자동화의 무풍지대가 아니다. 2016년 초에 질 왓슨*Jill Watson*은 미국 조지아 테크 *Georgia Tech* 공과대학이 개설한 온라인 마스터스 과정에 조교로 일했다. 그녀를 포함한 8명의 조교는 온라인 포럼에 참여한 학생 300명으로부터 1만 개의 질문을 받고 대답해 주었다. 그런데 질 왓슨은 사람이 아니라 IBM이 개발한 왓슨 프로젝트의 질의응답 프로그램이 만든 컴퓨터 조교였다. 학생 한 명이 그녀의 정체에 대해 의문을 제기했지만 나머지 학생들은 그녀가 사람이 아니라는 사실을 전혀 눈치 채지 못했다. 그 온라인 포럼의 강의명은 '지식 기반 AI'*Knowledge Based AI*였다. 최초의 AI 조교를 투입하기에 적합한 강의였던 셈이다.

인공지능은 교육 분야에서 이와 다른 방법으로도 핵심적인 역할을 수행하게 될 것이다. 물론 그런 과정에서 일부 교사들이 일자리를 잃게 되겠지만, 그것이 가져올 긍정적인 변화가 우리 사회에 훨씬 더 큰 영향을 미치게 될 것이다. AI는 학생 개개인에게 맞춰 한결 더 최적화된 교육을 제공할 수 있다. 학생의 학습능력을 정확히 평가하고, 해당 학생에게 가장 적합한 교수방법을 찾아내서 적용할 수 있을 것이다. 그리고 학생들이 새로운 기술을 익히도록 돕고, 기술혁신을 실시간으로 따라갈 수 있도록 도와줄 것이다.

L: 변호사 *Lawyer*

옥스퍼드 보고서는 변호사의 자동화 가능성을 불과 3.5퍼센트로 낮게 잡았다. 보다 상세한 자료로 리머스 앤 레비*Remus and Levy*는 변호사들이 수행하는 다양한 업무를 분석한 결과, 이들이 하는 법률 관련 업무의 13퍼센트가 자동화될 수 있을 것이라는 추산을 내놓았다.[5] 그렇다면 앞으로 변호사 수가 지금보다 13퍼센트 줄어들 것이라는 말인가? 나는 그렇지 않을 것이라고 생각한다.

변호사 업무는 아마도 자동화로 업무의 성격 자체가 바뀌게 될 것이다. 법률 업무의 양이 증가함은 물론이고 업무의 수준도 높아질 가능성이 높다. 사람들은 더 상세한 판례 조사를 원하게 될 것이고, 법률비용이 낮아짐에 따라 더 많은 사람들이 법의 도움을 받으려고 할 것이다. 이런 업무 성격의 변화가 줄어드는 변호사 수요 13퍼센트를 쉽게 흡수할 것이다.

미래는 모든 사람들이 훨씬 손쉽게 법률자문을 구할 수 있는 시대가 될 것이다. 이미 그런 시대의 문턱에 와 있다. 브리티시 스탠퍼드대*British Stanford University*에 다니는 조슈아 브로드*Joshua Browde*라는 학생이 개발한 간단한 챗봇 변호사가 런던과 뉴욕에서 발부된 16만 건의 주차위반 티켓에 대해 성공적으로 무료상담을 해주었다.

챗봇 프로그램은 먼저 소송을 진행하기 위해 필요한 질문을 던진다.

주차 안내판은 분명하게 눈에 띄도록 설치되어 있었는가? 주차 안내판이 너무 멀리 떨어진 곳에 설치되어 있지는 않았나? 근처에 혼란을 야기할 수 있는 다른 안내판은 없었나? 당신 자동차가 전화자동이체 시스템에 제대로 등록되어 있는가? 챗봇은 문의해 온 사람들에게 이런 질문을 던진 다음 소송과정을 안내한다. 이보다 더 복잡한 법률적인 문제들까지 이런 식으로 자동화되는 것도 시간문제이다. 이를 제대로 활용한다면 앞으로는 부자들뿐만이 아니라 훨씬 더 많은 이들이 적절한 법의 도움을 받는 시대가 올 것이다.

M: 음악가 *Musician*

옥스퍼드 보고서는 음악가가 하는 일이 자동화될 가능성은 불과 7.4퍼센트에 불과한 것으로 예측했다. 기계를 이용해 음악을 연주한 게 이미 수백 년 된 이야기인데도 그렇다. 17세기, 18세기에 가장 많이 이용된 자동 기계는 음악 기계였다. 무슬림 학자인 이스마일 알 자자리*Ismail al Jazari*는 1206년에 발표한 《기발한 기계에 관하여》*The Book of Knowledge of Ingenious Mechanical Devices*라는 책에서 로봇 음악 밴드에 관해 쓰고 있다.**6** 드러머 두 대와 하프 주자, 플룻 주자 각 한 대 등 모두 4대의 로봇 뮤지션으로 구성된 이 밴드는 호수에 띄워놓은 유람선에서 연주했다. 이 음악 로봇들은 왕실 연회에서 사람들에게 음악을 선사했다. 지금의 뮤직박스처럼 드럼에 여러 개의 페그*peg*를 설치하는 식으로 자동 연주가 가능했을 것이다. 800년 전 로봇 기계가 음악을 연주하는 것을 보고 사람들이 얼마나 신기해했을지 상상이 된다.

음악을 연주한 최초의 디지털 컴퓨터는 호주의 첫 번째 컴퓨터인 사이 랙Csirac이었다. 1950년이나 1951년 무렵이었던 것으로 알려져 있고, 기상 예보와 같은 생활 관련 용도로도 쓰였을 것으로 보이나 근거 자료는 발견 되지 않고 있다. 이에 자극을 받은 영국은 몇 달 뒤 영국 최초의 상용 컴퓨 터 페란티1Ferranti1 컴퓨터를 이용해 '바,바,블랙쉽'Baa, Baa, Black Sheep이라는 동요를 연주했다.

지금은 컴퓨터로 연주뿐만 아니라 작곡까지 한다. 소니연구소에서 일 하는 나의 동료 프랑수아 파크헤트François Pachet는 2016년 자동으로 작곡 하는 머신러닝 프로그램 플로우컴포저FlowComposer를 개발했다.

들고 싶은 음악 장르와 트랙 길이만 입력해 주면 된다. 플로우컴포저는 비틀즈 스타일의 곡을 모은 앨범도 발표했다. 작사는 아직 사람의 손으로 해야 하지만 기계가 알아서 작사까지 하는 것도 사실은 시간문제이다. 더 흥미로운 것은 플로우컴포저가 사람과 상호교감하며 곡을 만들 수 있다는 점이다. 그런 식으로 사람이 작곡하는 것을 돕는다. 그렇게 되면 기계가 사람의 지능이 하는 일을 대신하는 게 아니라, 보완하며 도와주는 역할을 하게 되는 것이다.

하지만 이런 기술 진보에도 불구하고 음악가들이 일자리를 잃게 될 걱 정은 크게 하지 않아도 될 것 같다. 사람들은 사람이 직접 연주하는 음악 을 계속 듣고 싶어 할 것이고, 사람의 섬세한 감정을 표현한 곡을 듣고 싶 어 할 것이기 때문이다. 물론 기술 발달로 이미 음악 산업에 큰 변화가 시 작된 것은 사실이다. 작곡에서부터 음반제작에 이르기까지 모두 디지털화

되었고, 음반 판매도 클라우드 방식으로 바뀌고 있다. 흥미로운 것은 음악가들이 직접 연주를 통해 이런 추세에 대응하고 있다는 점이다.

밴드들은 이제 순회공연을 통해 돈을 벌어들인다. 사람이 직접 음악을 하는 방식으로 다시 돌아가고 있는 것이다. 이런 아날로그 트렌드는 다른 분야에서도 시작되고 있다.

N: 뉴스 앵커 *Newsreader*

옥스퍼드 보고서는 뉴스 앵커의 자동화 가능성을 10퍼센트로 잡고 있다. 2014년 일본 연구자들은 뉴스를 보도할 줄 아는 사람 형상의 로봇 두 대를 공개했다. 이 로봇들은 지금 도쿄에 있는 일본과학미래관*National Museum of Emerging Science and Innovation*에 전시되어 글로벌 이슈와 우주 기상 관련 뉴스를 읽어주고 있다. 하지만 정치인과 인터뷰를 진행하거나 긴급 뉴스를 처리할 줄 아는 뉴스 보도자가 나오기까지는 아직 가야할 길이 더 남았다. 음악가와 마찬가지로 뉴스 보도도 자동화할 여지는 있지만 사람들이 당분간은 진짜 사람이 전해 주는 뉴스를 듣고 싶어 할 것이다. 그렇기는 하지만 언론사들은 경비절감을 위해 뉴스 앵커 인력을 로봇으로 대체하려는 시도를 계속할 것이다.

O: 구강외과의 *Oral Surgeon*

옥스퍼드 보고서는 구강외과의가 자동화될 가능성은 0.36퍼센트밖에 되지 않을 것으로 예측했다. 리스트에 오른 여러 직업 중에서 단연코 가장 안전한 축에 속한다. 치과의가 0.44퍼센트로 그 뒤를 이었다. 가까운 시일 안에 로봇이 이들을 대신할 가능성은 거의 없을 것으로 보고서는 내다보았다. 구강수술이나 치과치료를 감당할 수 있는 로봇을 제작하는 것은 기술적으로 상당히 어려운 과제가 될 것이다. 설혹 그런 기술이 개발된다고 하더라도 가까운 장래에 로봇 의사에게 구강치료나 치과치료를 맡기려고 할 환자는 드물 것이다.

P: 정치인 *Politician*

옥스퍼드 보고서는 정치인을 고려 대상에 포함시키지 않았다. 정치인과 가장 가까운 직업으로는 성직자(자동화 가능성 0.8퍼센트), 사회운동가(자동화 가능성 2.8퍼센트) 등이 있다. 이런 수치를 보고 정치인들이 안심할 일은 아니다.[7] 2016년 1월 미국 매사추세츠대 애머스트 캠퍼스*University of Massachusetts Amherst*의 밸런타인 캐서르니히*Valentine Kassarnig* 교수는 공화당과 민주당 소속 정치인들에게 정치연설을 대신 해주는 머신러닝 시스템을 개발했다.[8] 시스템은 하원 토론에서 의원들 간에 오간 내용을 담은 원고를 가지고 연설 훈련을 시켰다. 의원을 로봇으로 바꾸는 데 얼마나 가까이 와 있는지 유권자들 스스로 판단해 보기 바란다.

로봇이 쓴 정치연설문

Mr. Speaker, for years, honest but unfortunate consumers have had the ability to plead their case to come under bankruptcy protection and have their reasonable and valid debts discharged. The way the system is supposed to work, the bankruptcy court evaluates various factors including income, assets and debt to determine what debts can be paid and how consumers can get back on their feet. Stand up for growth and opportunity. Pass this legislation.

(존경하는 의장님, 정직하지만 운이 나쁜 소비자들이 여러 해 동안 자신들의 억울한 사정에 대해 파산보호법에 의거해 합리적이고 타당한 채무면제 조치를 받을 수 있게 해달라고 호소했습니다. 이 법안이 통과되면 파산법원이 소송인들의 수입과 자산, 채무 등 여러 다양한 요인들을 평가하여 채무에 대한 상환능력 여부를 평가해서 이들이 다시 자립할 수 있도록 도와주게 됩니다. 성장과 기회를 지지해 주십시오. 부디 이 법안을 통과시켜 주십시오.)

Q: 채석공 *Quarry worker*

옥스퍼드 보고서는 채석공이 자동화될 가능성을 96퍼센트로 잡아 이들을 기술변화로부터 가장 안전하지 않은 직업 가운데 하나로 예측했다. 이 직업은 조만간 사라지게 될 것이다. 채석공은 위험이 따르는 직업이다. 호주에서는 전국의 광산과 채석장에서 매년 수백 명이 사망하던 때도 있었다. 지금은 자동화가 많이 진행되어 연간 사망자가 수십 명으로 줄었지만 수십 명도 많은 수자이다. 자동화가 더 진행되면 인명사고를 더 줄일 수 있을 것이다. 로봇은 이런 일을 맡기기에 가장 적합한 존재이다. 앞으로 인간은 광산과 채석장에서 손을 떼고, 위험한 일은 모두 로봇에게 맡길 수 있게 될 것이다.

R: 리셉셔니스트 *Receptionist*

옥스퍼드 보고서는 리셉셔니스트의 자동화 가능성도 96퍼센트로 높게 잡았다. 2016년에 나가사키 인근의 한 테마파크에서는 거의 전부 로봇 직원으로만 운영되는 호텔이 문을 열었다. 리셉셔니스트, 안내원, 휴대품 보관소 안내원 등이 모두 로봇이다. 호텔 경영에서는 인건비가 전체 비용 가운데서 제일 많은 몫을 차지한다. 미국 같은 나라에서는 전체 비용의 40퍼센트 내지 50퍼센트를 인건비가 차지한다. 따라서 자동화로 얻을 경제적 이득은 엄청나다.

은행, 슈퍼마켓, 공항에서도 이런 일이 일어날 것이다. 사람들은 사람을 직접 쳐다보면서 하는 대면 접촉 없이 리셉션 데스크 앞에 놓인 스크린을 통해 체크인과 체크아웃을 하게 될 것이다. 호텔 룸은 키 없이 작동되는 보안장치를 갖출 것이다. 사람은 더 이상 필요 없다. 이런 시스템을 작동시킬 기술은 이미 개발돼 있다. 최고급 호텔들은 사람이 직접 서비스를 제공하면서 계속 많은 스태프를 고용하겠지만 주머니 사정을 고려해야 하는 많은 이들은 조금이라도 값이 싼 호텔을 선호하게 될 것이다.

아이러니한 일이지만 호텔에서 가장 안전한 직종은 청소부이다. 로봇으로 대체하기에는 워낙 저임금에다 성가신 일이기 때문이다. 호텔에서 가장 기술이 필요 없고 임금이 낮은 직종만 살아남을 것이라는 점은 우려할 만한 일이다.

S: 소프트웨어 개발자 *Software developer*

옥스퍼드 보고서는 소프트웨어 개발자들이 하는 업무가 자동화될 가능성은 불과 4.2퍼센트에 불과하다고 예측했다. 코드*code*를 작성하는 일이 창조적인 활동이라는 게 한 가지 이유이다. 문제를 여러 부분으로 세분화한 다음 제기된 문제들을 해결할 알고리즘을 종합해 낼 줄 알아야 하기 때문이다. 코딩작업의 많은 부분에 사람의 기술이 필요하다. 예를 들어 사용자 인터페이스*interfaces* 디자인 작업은 사람들의 생각에 대한 이해가 있어야 가능하다.

인간 프로그래머의 짐을 덜어주기 위해 새로운 프로그래밍 언어들이 계속 개발될 것이다. 이들이 인지적인 부담을 줄여 주기 위해 높은 수준의 추상화*abstraction* 기능을 제공할 것이다. 우리는 자연어 스페시피케이션 *specifications*으로 코드 디자인할 수 있다면 가장 이상적이라고 생각할 것이다. 하지만 이런 일을 감당하기에 자연어는 다소 모호한 점이 있다.

인간 개발자들의 일자리가 빠른 시일 안에 컴퓨터로 대체되지는 않을 것이다. 세상이 점점 더 디지털화되면서 필요한 프로그램의 수도 점점 더 많아질 것이다. 그리고 자동으로 만들 수 있는 프로그램은 단순한 프로그램에 국한되고 그 수도 아직 극소수에 불과하다. 컴퓨터 프로그래머는 세상에서 제일 안전한 직종 가운데 하나이다.

T: 헬스 트레이너 *Trainer*

옥스퍼드 보고서는 인간 트레이너의 자동화 가능성을 0.71퍼센트로 낮게 잡고 있다. 우수한 트레이너는 사람을 잘 다룰 줄 아는 기술을 갖춘 사람들이다. 이들은 사람이 갖고 있는 몸의 움직임을 잘 알고, 그들이 목표를 달성할 수 있도록 적절히 동기부여를 해준다. 트레이너들이 하는 이런 대면적인 면 때문에 이들은 매우 안전한 직종이다. 뿐만 아니라 자동화로 인해 많은 사람들이 여가시간을 더 많이 즐길 수 있게 되면 헬스장에 갈 시간은 더 많아질 것이며, 그에 따라 퍼스널 트레이너에게 도움을 받으려는 사람도 더 많아질 것이다.

그렇기는 하지만 기술의 발전에 따라 많은 퍼스널 트레이너들이 생계를 위협받게 될 것이다. 스마트 기기들이 등장해 우리의 몸 상태를 모니터만 하는 게 아니라 퍼스널 트레이너들이 하는 업무를 상당 부분 대신하게 될 것이다. 그렇게 되면 트레이너들은 운동을 하러 찾아오는 사람들에게 정서적인 면과 사회적인 면 등 기계가 수행할 수 없는 부분에 대해 집중적으로 서비스를 제공함으로써 돌파구를 찾아야 할 것이다.

U: 스포츠 심판 *Umpire*

옥스퍼드 보고서는 심판의 자동화 가능성을 98퍼센트로 높게 예측한다. 기술적인 면에서 볼 때 이 수치는 일리가 있다. 테니스 경기에 쓰이고 있는 호크아이*Hawk Eye*와 같은 자동기계들은 앞으로 더 많이 개발될 것이다. 그리고 이 기계들은 사람이 하는 것보다 더 정확하게 심판 기능을 수행할 것이다. 하지만 나는 앞으로 20~30년 동안은 인간 심판의 수가 더 많이 필요할 가능성이 있다고 본다.

자동화는 인간 심판을 돕는 역할을 하게 될 것이다. 그리고 여가시간이 더 많아짐에 따라 이런 인간 심판에 대한 수요는 더 많아질 것이다. 실제로 미국 노동부는 앞으로 십년 동안 심판의 수는 5퍼센트 더 늘어나게 될 것으로 내다보고 있다. 나아가 판정을 내리는 데 있어서 발전된 기술의 도움을 더 많이 받게 되더라도 최종 심판은 인간 심판이 내리게 될 가능성이 높다.

V: 수의사 *Vet*

옥스퍼드 보고서는 수의사가 자동화될 가능성을 3.8퍼센트로 낮게 예측했다. 반가운 뉴스라고 생각될 것이다. 하지만 대부분의 나라에서 수의학과는 입학하기 어렵고 졸업하기도 무척 어려운 학과이다. 기계의 발달로 일자리가 많이 사라지면서 수의학은 경쟁이 점점 더 치열한 분야가 될 가능성이 높다. 자동화의 영향으로부터 직업 안정성이 높은 직업은 다른 한편으로는 경쟁률이 그만큼 더 높아진다는 의미이다. 경제학자들은 그

여파로 해당 분야의 급여수준이 떨어질 것이라는 예측을 내놓고 있다. 따라서 직업을 꾸려가더라도 삶은 더 팍팍해질 가능성이 높다.

W: 시계수리공 *Watch repairer*

옥스퍼드 보고서는 시계수리공의 자동화 가능성을 99퍼센트로 잡고 있다. 자전거 수리공의 경우와 마찬가지로 이는 완전히 잘못 짚은 것이라고 말하고 싶다. 기술적으로 볼 때 시계수리공이 하는 일은 너무 복잡해서 쉽게 자동화할 수 있는 분야가 아니다. 옥스퍼드 보고서가 내놓은 예측이 완전무결한 것이 아니라는 반증이다. 시계수리는 일종의 틈새시장 같은 것이어서 이 일이 자동화되건 말건, 그것이 자동화로 줄어드는 전체 일자리 변화에 별 영향을 미치지 않을 것이다. 크게 보면 흔한 직업 가운데서 웨이터와 웨이터리스 같은 직종은 안전하고, 트럭 운전기사 같은 자리는 영향을 많이 받을 가능성이 매우 높다.

X: 엑스레이 기사 *X-ray technician*

옥스퍼드 보고서는 엑스레이 기사가 자동화될 가능성을 23퍼센트로 예측했다. 자동화가 이루어지면 기술적인 면에서 엑스레이 촬영은 한결 더 신속하게 이루어지게 될 것이다. 하지만 촬영에 임하는 환자의 위치를 잡아서 고정시키는 것처럼 환자를 다루는 일에는 별 도움을 주지 못할 것이다. 물론 그렇더라도 엑스레이 촬영의 전반적인 업무는 개선될 것이다. 그렇다고 해서 엑스레이 기사의 수가 줄어들게 될지 여부는 섣불리 판단하기 어렵다. 일부 설비에 따라서는 두 명이 하던 일을 한 명이 하는 식으로 변화가 있을 수는 있을 것이다. 하지만 사람을 완전히 배제시킬 가능성은 높지 않다고 나는 생각한다.

Z: 동물학자 *Zoologist*

옥스퍼드 보고서는 동물학자의 업무가 자동화될 가능성을 30퍼센트로 예측했다. 다른 분야 학자들의 업무가 자동화될 가능성이 1 내지 2퍼센트에 머문다는 점에 비하면 매우 높은 수치이다. 하지만 동물학자가 다른 생물과학 연구자들보다 자동화될 가능성이 더 높을 이유가 없다고 나는 생각한다.

따라서 옥스퍼드 보고서에서 밝힌 여러 직업군의 자동화 가능성 비율은 신중하게 받아들여야 한다. 예를 들어 보고서에서는 나라별로 미국에서 자동화로 사라질 위험에 처한 일자리는 전체의 47%센트인 반면, 호주에서는 40퍼센트에 그친다고 밝히고 있다.[9] 하지만 미국의 일자리가 호주보다 자동화에 더 취약하다고 말할 뚜렷한 근거가 없다. 어쨌든 자동화로 상당한 비율로 일자리가 위협받는다는 사실은 분명하다고 할 수 있다.

3

어떻게 살아남을 것인가

개인적인 차원에서 이런 혁명적인 변화에서 살아남기 위한 한 가지 전략은 소위 '개방형 일자리'*open job*를 택하는 것이다. 업무의 양이 정해져 있는 '폐쇄형 일자리'*closed jobs*와 대비되는 개념이다. 예를 들어 도로 청소는 폐쇄형 일자리이다. 청소할 도로의 길이가 한정돼 있기 때문이다. 만약에 로봇이 도로 청소에 투입되면 도로 청소부의 일자리는 사라지게 된다. 앞으로 몇 십 년 안에 그렇게 될 가능성이 매우 높다. 반면에 개방 일거리는 그 일을 자동화하면 그에 따라 일거리도 더 많아지게 된다. 예를 들어 과학자가 하는 일은 개방형 일자리이다. 과학자는 자신이 하는 일을 자동화해 주는 도구가 발명되면 그 도구의 도움을 받아 더 많은 연구를 할 수 있다. 지식의 지평을 훨씬 더 빠르게 넓혀 갈 수 있게 되는 것이다. 그러니 지금과 같은 혁명적인 기술 변화에서 살아남으려면 이런 개방형 일거리를 선택하는 게 좋다.

개방형 일자리나 폐쇄형 일자리 가운데 어느 한 쪽으로 딱 부러지게 분류하기 힘든 일도 있다. 예를 들어 트럭 운전기사의 경우, 운전이 자동화되면 운송비가 떨어지게 된다. 그렇게 되면 경제 규모가 커지고, 수송 수요도 그만큼 더 늘어나게 될 것이다. 그때까지 비용이 너무 많이 들어 엄두를 내지 못했던 일들이 기술 변화로 가능하게 된다. 하지만 불행하게도 그렇게 되면 자율 트럭의 일거리가 더 많아질 가능성이 높다. 일거리는 많아지지만 인간 운전기사들은 임금이 너무 비싸고 위험해 이 일들을 맡기가 쉽지 않을 것이다.

바뀌어야 할 분야 가운데 하나는 교육이다. 지금까지 교육은 계속 전문화되어 왔다. 분야의 종류는 줄어들고 내용은 더 깊어진 것이다. 물론 알아야 할 내용이 더 많아졌고, 특정 분야에서 지식의 지평을 넓히기 위해서는 더 깊이 파고들 필요성이 있는 것도 사실이다. 하지만 그렇게 습득한 지식의 대부분은 금방 쓸모없는 것이 되고 만다. 따라서 이제는 새로운 기술을 익히고 새로운 지식을 계속 배우는 노력을 평생 계속해야 한다.

그러기 위해서는 교육이 너무 전문화되지 말아야 한다. 금방 쓸모없는 것이 되고 말 지식이 아니라 근본적인 원리를 담은 지식을 가르칠 필요가 있다. 그리고 우리가 살아가면서 새로운 기술이 나오면 이를 쉽게 받아들일 수 있게 해주는 방법을 가르치는 교육이 되어야 한다. 부분적으로는 인공지능에게도 이러한 교육의 역할을 맡길 수 있다. AI 로봇이 진행하는 개방형 온라인 강좌MOOCs가 이런 교육에 도움을 줄 수 있고, 많은 이들이 일을 하면서 평생교육을 받을 수 있게 된다.

기회의 삼각지를 넘어라 – 괴짜천재, 감정지능, 창의력

그러면 기계와 맞서 경쟁력을 유지하려면 우리는 과연 어떤 기술과 지식을 갖추어야 할까? 내가 하고 싶은 충고는 소위 '기회의 삼각지'*triangle of opportunity*라고 부르는 세 모퉁이 가운데 한두 개는 넘으라는 것이다. 첫 번째 모퉁이에는 기술적으로 탁월한 지식을 갖춘 괴짜들이 있다. 이들은 미래를 발명하는 사람들이다. 컴퓨터를 가지고 프로그램을 만드는 것은 매우 어려운 일이다. 새로운 미래를 창조하는 작업을 할 때는 컴퓨터도 힘든 도전에 직면한다. 그런 사람이 되는 것이다.

물론 프로그래밍을 즐기는 사람은 많지 않다. 나아가 훌륭한 프로그래머가 되기는 정말 어려운 일이다. 훌륭한 뮤지션이 되기 어려운 것이나 마찬가지다. 훌륭한 프로그래머가 되기 위해서는 어느 정도 필요한 유전인자를 타고 나야 하는 것일지도 모른다. 만약 여러분이 훌륭한 프로그래머가 되기 힘들다면 나머지 두 모퉁이를 향해 도전해 볼 것을 권한다.

그 가운데 하나는 감정지능*emotionally intelligent*을 갖추는 것이다. 컴퓨터는 스스로 감정을 갖고 있지 않고, 인간의 감정을 이해하는 능력도 매우 취약하다. 생각하는 기계와 인간이 교감하는 시간이 점점 더 늘어나면서 기계도 사람의 감정을 이해하는 능력이 조금씩 향상될 것이다. 사람과의 감정교감을 늘리기 위해 기계에게 '감정'을 만들어 넣어 줄지도 모른다. 언젠가는 컴퓨터도 낮은 수준의 감정지능을 갖게 될 가능성이 있다. 따라서 기계와의 소통능력을 높이기 위해서는 우리도 EQ감성지수를 키우고, 관계의 기술을 조율할 필요가 있다. 감정을 잘 읽을 줄 아는 사람에게 기회가

오게 될 것이다.

세 번째인 마지막 모퉁이는 창의력과 예술적 능력을 갖추는 것이다. 우리의 삶에서 자동화가 늘어나면 사람들은 인간의 손으로 만든 것을 보고 점점 더 많은 감동을 받게 될 것이다. 유행을 따르지 않고 고유한 멋을 추구하는 힙스터 패션*hipster fashion*은 이미 이런 추세를 반영한다. 아이러니하게도 지구상에서 가장 오래된 직업 가운데 하나인 목수가 앞으로 직업 안전성이 가장 높은 직업 가운데 하나가 될 것이다. 따라서 직업의 안정성을 키우기 위해서는 스스로 창의성을 키우거나 예술가적인 자질을 습득하도록 해야 한다. 전통 치즈를 만들고, 소설을 쓰고, 밴드 연주자가 되는 것이다. 물론 컴퓨터로도 창조적인 작업을 할 수는 있겠지만, 그 분야는 경쟁이 아주 치열할 것이다. 그리고 '수제품' 레이블이 붙은 물건들을 더 소중하게 여기는 사회 분위기가 만들어질 것이다. 경제학자들도 앞으로 시장이 이런 방향으로 움직일 것으로 예측하고 있다.

AI와 전쟁

1

로봇 군대

인공지능의 등장으로 우리의 삶이 획기적으로 바뀔 곳 가운데 하나는 전쟁터이다. 군에서 로봇을 개발할 필요성을 느끼는 이유는 숱하게 많다. 우선 로봇은 잠을 자지 않고 먹지도 않는다. 로봇 병사는 하루 24시간 일주일 7일을 쉬지 않고 전투를 수행할 수 있다. 사람을 위험지역에 보내는 대신 로봇을 투입하면 된다. 그리고 로봇은 명령 받은 대로 임무를 철저히 수행하며 매우 신속하고 정확하게 작전을 수행한다. 그러니 전장에 AI가 등장하는 것을 화약과 핵무기의 발명에 이은 전쟁의 '세 번째 혁명'으로 부르는 것도 놀라운 일이 아니다. 적을 제압하는 속도와 효율성에 있어서 차원이 다른 변화가 일어나게 되는 것이다.

인명 살상용 로봇의 명칭은 기술용어로 '치명적인 자율무기'*LAW, lethal autonomous weapon*이지만, 언론에서는 이보다 더 자극적인 이름인 '킬러 로봇'*killer robot*으로 부른다. 사람들은 영화 〈터미네이터〉*Terminator*에 등장하는 터미네이터 로봇을 떠올릴 것이다. 영화의 스토리라인에 따르면 터미네이터는 2029년에 등장한다. 하지만 실제로 킬러 로봇의 탄생은 그보다 훨씬 쉽게 이루어질 수 있으며, 불과 몇 년 뒤면 현실화될 수 있다.

헬파이어*Hellfire* 미사일이라는 무시무시한 이름이 붙은 프레데터*Predator* 드론을 생각해 보라. 인간이 맡는 조종사 역할을 이미 컴퓨터가 대신하고 있다. 이것은 기술적으로는 크게 대단하지도 않은 진보이다. 영국 국방부는 컴퓨터로 움직이는 무기를 갖추는 것이 기술적으로는 이미 가능하다고 밝혔다. 나도 그 사실에 동의한다.

하지만 킬러 로봇은 자율 시스템 프레데터가 만들어진 정도에 그치지 않을 것이다. 초기 로봇의 성능을 개량하기 위한 무기경쟁이 벌어질 것이고, 이 경쟁의 종착점은 영화 〈터미네이터〉에 나오는 가공할 파괴력을 지닌 기술의 탄생이 될 것이다. 할리우드가 제대로 핵심을 파악한 셈이다. 자율무기의 성능은 '무어의 법칙'처럼 기하급수적인 성장을 보일 것이다. 나는 이런 경쟁이 얼마나 무서운 결과를 불러올지를 상기시키기 위해 이를 '슈워제네거의 법칙'*Schwarzenegger's law*이라고 부른다.

여러 문제 가운데 하나는 킬러 로봇의 가격이 싸질 것이라는 점이다. 가격은 계속 내려갈 것이다. 이는 최근 몇 년 동안 드론의 가격이 얼마나 빠른 속도로 떨어졌는지를 봐도 알 수 있다. 초보적인 단계의 킬러 로봇은 만들기도 쉽다. 쿼드콥터*quadcopter* 한 대에 스마트폰과 소형폭탄만 있으면 된다. 거기다 목표물을 식별해서 추적하고 공격하는 소프트웨어 제작방법을 사람들에게 가르쳐 줄 나 같은 전문가 한 명만 있으면 된다. 적어도 초기에는 군대에서 여기에 눈독을 들일 것이다. 이 로봇은 잠을 재우거나 휴식을 줄 필요도 없고, 비싼 돈을 들여 장기간 훈련시킬 필요도 없다. 더구나 전투 중 손상이 되더라도 위험을 감수하며 구출해 내올 필요도 없다.

어떤 무기체계이건 전투에 사용되면 상대방도 얼마 안 가서 그것을 손에 넣고, 우리를 상대로 그 무기를 사용할 것이라는 점을 염두에 두어야 한다. 우리 군도 그런 로봇의 공격을 먼저 받게 되면 로봇 무기를 개발하는 게 바람직한지에 대한 생각을 바꾸게 될 것이다. 킬러 로봇의 등장은 전쟁의 문턱을 낮출 것이다. 사람들은 전장에서 점점 멀리 떨어져 있게 되고, 전쟁을 마치 실전 비디오 게임처럼 바꾸어 놓게 될 것이다.

자율무기들이 등장하면 현재의 지정학적인 국제질서는 크게 위협받게 될 것이다. 과거에는 군사력이 대부분 경제력에 의해 좌우되었다. 군사력의 우열은 바로 많은 수의 군인을 소집해 유지할 수 있는 경제적 능력을 갖고 있느냐에 의해 결정되었던 것이다. 이렇게 육성한 군대는 설득과 강압이라는 방법을 동원해 일사불란하게 통제할 수 있어야 했다.

하지만 자율무기가 등장하면 소수의 인원으로 막강한 군사력을 통제할 수 있게 된다. 그렇게 되면 독재자들은 국민을 대상으로 훨씬 수월하게 폭정을 펼칠 수 있게 될 것이고, 미국 같은 초강대국들은 세계의 분쟁지역에 개입해서 활동하기가 훨씬 더 힘들어진다. 자율무기의 등장은 2차세계대전 이후 유지되어 온 미묘한 무력균형을 뒤흔들 것이다. 지구는 지금보다 훨씬 더 위험한 곳이 될 가능성이 높다.

2

킬러 로봇 금지운동

이런 점들을 고려해서 나는 자율무기는 규제해야 한다는 입장을 갖고 있다. 그리고 이 분야에서의 무기경쟁이 이미 시작되었기 때문에 규제는 조속한 시일 내에 시행되어야 한다. 이 기술의 특성을 잘 아는 많은 이들이 나와 같은 생각을 갖고 있다. 2015년 7월에 나는 킬러 로봇 개발 금지를 촉구하는 공개서한 발표를 주도했다. 전 세계 대학과 민간 연구소에서 활동하는 AI 및 로봇 연구자 1000명이 서명했다. 구글의 딥마인드 DeepMind, 페이스북 AI 연구소, AI 앨런연구소Allen Institute for AI 같은 민간 연구기관도 참여했다. 현재 서명 참여자는 20만 명이 넘었으며 스티븐 호킹, 일론 머스크, 노엄 촘스키Noam Chomsky 같은 유명인사들도 서명에 참여했다. 무엇보다도 나는 AI와 로봇 분야에 종사하는 많은 저명 연구인들이 서명에 참여했다는 사실에 주목한다.

킬러 로봇 개발 금지를 촉구하는 공개서한

자율무기는 인간이 개입하지 않고 스스로 목표물을 식별해서 타격한다. 자율무기에는 미리 정해진 특정 기준에 부합하는 사람을 찾아내 제거하는 무장 쿼드콥터 같은 것이 포함될 것이다. 목표물과 관련한 식별과 공격 결정을 사람이 내리는 크루즈 미사일이나 원격조정 드론 같은 것은 자율무기에 포함시키지 않는다. 인공지능AI 기술은 이러한 무기체계들이 법률적으로는 몰라도 기술적으로는 앞으로 수십 년이 아니라 수년 안에 배치될 수 있는 수준에 도달했다. 그렇게 될 경우 그 위험성은 매우 심각하다.

자율무기를 둘러싼 찬반논란이 활발하게 전개되고 있다. 예를 들어 사람인 군인이 맡은 역할을 기계가 대신해서 사람의 희생을 줄일 수 있다면 좋은 일이다. 하지만 그런 이유로 전쟁의 문턱이 낮아져 전쟁이 쉽게 일어난다면 그것은 좋지 않다. 현재 인류가 직면한 시급한 문제는 글로벌 차원의 AI 무기경쟁을 시작할 것이냐, 아니면 그것을 막을 것이냐이다. 만약 주요 군사대국이 AI 무기배치를 밀고 나간다면 글로벌 무기경쟁은 사실상 불가피하다. 그로 인해 야기될 기술의 진화 궤도는 자명하다.

미래에는 자율무기가 지금의 칼라슈니코프처럼 보편화되는 것이다. 핵무기와 달리 이들은 가격이 비싸지도 않고 원재료를 구하기가 어렵지도 않다. 누구든 마음만 먹으면 손에 넣을 수 있고, 웬만한 군사강국이면 누구나 쉽게 대량생산할 수 있다. 이들이 암시장에 나와서 테러집단이나 국민들을 억압하려는 독재자, 인종청소를 획책하는 광신자들의 손에 들어가는 것도 시간문제이다. 자율무기는 암살이나 특정 국가의 안정을 뒤흔들거나 사람들을 억압하고, 특정 인종집단을 선별적으로 살상하는 임무를 수행하는 데 이상적인 도구이다. 우리는 군사용 AI 무기경쟁이 인류에 유익하지 않다고 믿는다. AI가 사람을 죽이는 도구를 개발하지 않고, 인류, 특히 민간인들에게 전장이 보다 안전한 장소가 되도록 만들 수 있는 길은 많다.

AI 연구자 대부분은 AI 무기를 만드는 데 관심이 없다. 다른 연구자들이 나서서 무기개발로 자신들이 활동하는 연구 분야를 흐리는 것도 원치 않는다. 이들이 AI 무기를 만들 경우 일반인들 사이에 AI에 대한 반감이 생겨서 이후 AI가 가져다 줄 사회적인 여러 혜택이 줄어들 것이다.

결론적으로, 우리는 AI가 여러 방면에서 인류에 혜택을 가져다 줄 무궁무진한 잠재력을 갖고 있으며, 이 분야에서 진행되는 연구의 목적도 그런 방향으로 진행되어야 한다고 생각한다. 군사적인 목적으로 AI 무기경쟁을 시작하는 것은 좋지 않은 생각이며, 인간이 통제하기 어려운 수준의 공격용 자율무기 개발은 금지되어야 마땅하다.

이 공개서한은 2015년 부에노스아이레스에서 열린 국제인공지능AI 컨퍼런스 개막식 때 일반에 공개되었다. 이 뉴스는 우리의 예상을 뛰어넘을 정도로 전 세계 많은 언론의 헤드라인을 장식했다. 뉴욕타임스, 워싱턴포스트와 같은 주요 언론을 비롯해 BBC, CNN 같은 방송 매체들이 모두 주요 기사로 보도했다. 언론의 집중 조명 덕분에 이 문제는 유엔을 비롯한 여러 국제기구에서 주요 이슈로 다루어지게 되었다.

하지만 AI 무기의 개발 금지 조치로 더 살기 좋은 세상이 만들어질 것이라는 생각에 모든 사람이 공감하는 것은 아니다. 이들은 '로봇이 사람보다 더 훌륭한 전쟁 수행 능력을 갖추게 될 것'이라며 '전쟁은 로봇끼리 수행하고, 인간은 한 발 벗어나 있으면 된다.'는 논리를 편다. 하지만 내가 보기에 이런 주장은 깊이 따져볼 가치도 없다. 킬러 로봇 금지 조치에 대해 지금까지 제기된 반대 주장 5가지를 소개하고, 이 주장들에 어떤 문제가 있는지 살펴본다.

킬러 로봇을 금지할 필요가 없다는 주장에 대한 반박

반박 1 | 로봇 무기가 더 효과적이라는 주장을 반박함

물론 로봇이 더 효과적인 성능을 발휘할 것이다. 그건 맞는 말이다. 로봇은 잠도 자지 않고 싸우고, 휴식이나 회복할 시간을 줄 필요도 없다. 훈련에 오랜 시간을 쓸 필요도 없다. 그리고 극도의 추위나 더위도 아랑곳하지 않을 것이다. 한마디로 이들은 이상적인 군인처럼 보일 수 있을 것이다. 하지만 적어도 현재로서는 이렇게 효율적인 군인이 필요하지 않다. 온라인 잡지 인터셉트*The Intercept* 보도에 따르면 힌두쿠시 산맥에 숨어 있는 탈레반과 알카에다를 상대로 벌인 미군의 군사작전에서 드론 공격으로 인한 사망자 10명 가운데 9명꼴로 미군의 직접적인 타격목표가 아닌 것으로 드러났다. 생사를 가르는 최종 공격 결정은 사람이 내렸는데도 이 정도였다. 현재 AI 기술은 사람이 상황파악이나 최종 공격결정을 내릴 필요가 없는 단계에 거의 도달해 있다. 그러니 완전 자율드론이 공격을 수행한다면 피해 규모는 이보다 더 심각할 가능성이 높다.

물론 앞으로 시간이 지나면 무인 드론의 능력도 인간 파일럿 수준에 이르게 될 것이다. 전쟁의 역사는 크게 보면 어느 누가 상대방을 보다 효과적으로 죽일 수 있는 능력을 가지느냐에 관한 역사이다. 인간에게는 좋은 소식을 담은 역사가 아니다.

반박 2 | 로봇이 더 윤리적일 것이라는 주장을 반박함

내가 동의할 수 없는 또 하나는 로봇이 전장에서 인간보다 더 윤리적일 것이라는 주장이다. 내가 보기에는 이 주장이 더 흥미롭고 더 심각한 논란거리를 제공한다. 그만큼 더 철저한 검토가 필요하다.

그동안 인간은 전장의 공포 속에서 수많은 잔혹행위를 저질렀다. 그런데 로봇은 정해진 규칙을 철저히 준수하도록 만들면 된다고 이들은 주장한다. 하지만 윤리적인 로봇을 만들 수 있을 것이라는 생각은 허황된 환상에 불과할 뿐이다. 나와 같은 AI 연구자들은 로봇이 윤리적으로 움직이도록 프로그램을 만드는 일에 있어서 이제 겨우 시작 단계에 와 있다.

이 일을 마무리하는 데는 앞으로 수십 년이 더 걸릴 것이다. 하지만 그런 프로그램을 만들더라도, 바람직하지 않은 방향으로 행동하도록 해킹당하지 않을 컴퓨터는 없을 것이다.

지금 단계에서는 국제 전쟁규칙을 준수하는 능력을 가진 로봇을 만들지 못한다. 로봇이 전투원과 민간인을 구분하는 판단능력이나 비례성 *proportionality* 원칙을 준수할 능력을 갖추지 않고 있다. 로봇들이 벌이는 전쟁은 지금 인간이 벌이는 전쟁보다 훨씬 더 추악한 양상으로 전개될 가능성이 높다. 아무 거리낌 없이 교전규칙을 무시하고, 민간인을 목표물로 삼도록 로봇을 프로그램 하려는 자들도 자율무기를 손에 넣을 것이다. 그럴 경우 로봇은 아무리 추악하고 비윤리적인 명령이라도 철저히 따르는 완벽한 공포의 무기가 되고 만다.

반박 3 | 로봇끼리만 싸울 것이라는 주장을 반박함

전장 같은 위험한 곳에서 인간이 하는 역할을 로봇에게 대신 맡기는 것은 좋은 아이디어인 것처럼 보인다. 하지만 로봇끼리 싸우도록 만들겠다는 것은 허황된 환상에 불과하다. 세상은 이제 '전쟁터'라고 부를 곳이 따로 분리돼 있지 않다. 우리가 사는 마을과 도시에서 전쟁이 벌어지고 있는 것이다. 죄 없는 민간인들이 십자포화에 갇히는 경우가 수시로 일어난다. 시리아를 비롯한 몇 군데 지역에서는 지금도 이런 비극적인 일들이 벌어지고 있다.

오늘날 전쟁은 비대칭적인 경우가 많다. 다시 말해 우리의 적은 테러리스트이거나 불량국가들이다. 이들은 로봇끼리만 싸우도록 하자는 약속을 하지도 않을 것이고, 그런 약속을 지키지도 않을 것이다. 원격 조종되는 드론의 가공할 위력 때문에 현재 곳곳에서 벌어지고 있는 많은 분쟁의 양상이 더 악화될 가능성이 있다는 주장도 있다. 비오듯 하늘에서 죽음이 쏟아져 내리는 상황에서 사람들은 마땅한 대응수단이 없다. 미국 대통령은 안전한 백악관에 앉아서 원격으로 전쟁을 수행할 수 있다는 식으로 안이하게 생각할 수가 있다. 아이러니하게도 우리는 드론 전쟁을 통해 분쟁지역에 더 깊이 개입하게 될 가능성이 있다.

반박 4 | 자율무기는 이미 개발되었으니 그대로 두자는 주장을 반박함

전 세계 여러 나라 군대에서 다양한 수준의 자율무기 시스템이 이미 사용되고 있는 것은 사실이다. 여러 나라 해군 함정에 탑재하고 있는 팔랑크스*Phalanx* 방어미사일은 자율체계이다. 초음속으로 날아오는 적의 미사일에 대해 방어수단을 작동하는 데 사람의 결정을 기다릴 필요가 없다. 하지만 팔랑크스는 방어 시스템이다. 우리는 공개서한에서 공격용 자율무기만 금지 대상으로 지목했지 방어무기 체계를 금지하라는 요구는 하지 않았다.

공격용 자율무기도 이미 전장에 나와 있다는 주장을 펼 수도 있겠다. 예를 들어 영국 공군의 브림스톤*Brimstone* 공대지 미사일은 전폭기나 무인항공기를 이용해 사격제원이 사전 입력되는 '발사 후 자체유도'*fire-and-forget*

방식으로 발사된다. 이 미사일은 고성능 레이더를 이용해 지정된 장소 내의 목표물을 식별해 내며, 심지어 목표물을 확실히 파괴할 최적의 공격지점까지 찾아낼 수 있다. 공중에서 최대 24발의 미사일을 동시에 발사할 수 있는데, 특별한 알고리즘을 이용해 동일한 목표물을 동시다발적으로 타격하는 대신 시차를 두고 반복타격 할 수 있도록 해주는 타격 시스템을 갖추고 있다. 하지만 이미 개발된 무기체계라고 해서 금지 목록에 넣지 말라는 법은 없다. 그런 무기를 금지시킨 사례는 과거에도 있었다. 화학 생물학 무기는 여러 분쟁지역에서 사용되었지만 금지되었다. 대인지뢰는 수백만 기가 매설되어 있지만 금지 목록에 올랐다. 자율무기가 나쁜 이들의 손에 들어가기 전에 지금이라도 금지시키는 게 옳다.

반박 5 | 자율무기 금지조치의 실효성이 없을 거라는 주장을 반박함

이런 무기개발을 금지시키는 조치를 취하더라도 실효성이 없을 것이라는 주장들이 있다. 하지만 다행스럽게도 이런 주장을 반박할 역사적인 사례들이 다수 있다. 1998년에 유엔은 실명失明을 유발하는 레이저 무기를 전투에서 사용할 수 없도록 금지하는 의정서를 체결해 발효시켰다. 현재 시리아를 비롯해 전쟁이 진행되는 여러 지역에서 이 실명 레이저 무기는 쓰이지 않고 있다. 전 세계 어떤 무기 회사도 이 무기를 판매하지 못한다. 흥미로운 것은 이 의정서가 체결되기 직전에 미국과 중국의 무기회사 두 곳이 실명 레이저 무기의 판매계획을 밝혔지만 유엔의정서가 체결되고 나서 두 곳 모두 이 실명 레이저 무기 판매를 실행에 옮기지 않았다. 실명 레이저 무기개발에 필요한 기술 개발까지 막을 수는 없지만, 그런 무기를 실제로 개발하는 무기 회사는 엄청난 피해를 감수해야 한다.

　나는 자율무기도 그렇게 되기 바란다. 개발에 필요한 기술까지 막을 수는 없겠지만 무기를 실제로 개발할 경우 엄청난 피해를 감수해야 한다면 자율무기가 실제로 전장에 배치되는 일은 없을 것이다. 자율무기 금지조치가 취해진다면 개발은 못 막겠지만 실전 배치는 막을 수 있을 것이다. 부분적인 금지조치라도 아무 조치도 취하지 않는 것보다는 낫다. 1997년 오타와 조약에 따라 대인지뢰 전면 사용 금지조치가 취해졌음에도 불구하고 대인지뢰는 지금까지 남아 있다. 하지만 그동안 4천만 기에 이르는 대인지뢰가 파괴됐다. 세상은 그만큼 더 안전한 곳이 되었고, 대인지뢰로 사지가 절단되거나 목숨을 잃는 어린이의 수도 훨씬 줄어들었다.

3

금지조치가 효력을 발휘하려면

자율무기 배치를 금지하는 조치를 취한다고 해서 그것을 감시할 특별 기구를 설치할 필요까지는 없다고 본다. 감시활동은 금지조치를 당한 다른 무기들과 마찬가지로 국제인권감시기구인 휴먼라이츠워치*Human Rights Watch*와 같은 비정부 단체들이 맡아서 하면 된다. 금지조치를 위반할 경우 외교적, 경제적 압박을 받고, 국제사법재판소에 회부될 수도 있다. 다른 무기 관련 금지조치들은 이런 제재장치로 충분했고, 자율무기 금지조치도 이런 제재장치면 충분할 것으로 생각한다.

그리고 어떤 금지조약이 만들어지더라도 자율살상무기의 정의를 명확히 규정하기는 힘들 것으로 생각한다. 유엔 실명 레이저 사용금지협약도 실명 레이저의 파장*wavelength*이나 와트수*wattage*를 명확히 규정하고 있지 않다. 마찬가지로 1970년에 체결된 유엔핵비확산조약*NPT*도 핵무기의 정의를 명시적으로 규정하지 않고 있다. 이는 분명히 잘한 일이다. 그래야 앞으로 새로 개발될 무기들도 규제 대상에 포함될 것이기 때문이다. '자율'

autonomy의 개념을 명확히 규정하기는 매우 힘들 것이라고 본다. '의미 있는 인간의 통제'meaningful human control 같은 외교적인 용어도 의미를 정확히 규정짓기가 매우 어렵다. 그리고 개념 정의를 내린다고 하더라도, 기술 발전에 따라 금방 시대에 뒤떨어진 정의가 되고 말 것이다.

앞으로 묵시적이고 비공식적인 정의가 국제적인 합의로 도출될 것이라고 나는 생각한다. 공대지空對地 브림스톤 미사일Brimstone missile을 포함해 현존하는 무기 시스템들은 허용될 것으로 보지만, 특히 분, 시간 단위로 작동되는 정교한 자율무기 시스템들은 금지조치에 포함될 것이다. 명확하게 규정하지는 못하겠지만, 그 사이 중간 어디쯤에 선이 그어질 것으로 본다. 그렇더라도 대부분의 무기들이 금지 대상이다 아니다는 식으로 어느 한 쪽으로 분명하게 구분될 수 있게는 될 것이다. 이 정도만 되어도 조약이 효력을 발휘하는 데 충분하다.

자율무기의 위험성은 관련 기술을 누구나 쉽고 값싸게 손에 넣을 수 있게 된다는 점을 앞에서 이미 언급한 바 있다. 그렇게 되는 경우 금지조치가 효력을 발휘하기 힘들게 된다. 물론 그렇더라도 속수무책이 되는 것은 아니다. 화학무기를 만드는 데는 상대적으로 값싸고 단순한 기술력만 갖추면 된다. 그런데도 화학무기 금지조치는 상당히 효과적으로 효력을 발휘하고 있다. 사담 후세인은 이란-이라크 전쟁이 끝난 뒤 이란과 쿠르드 민간인들을 상대로 화학무기를 사용했다. 하지만 만약 1925년 제네바의정서Geneva Protocol와 1993년 화학무기금지조약Chemical Weapons Convention이 체결되지 않았더라면 화학무기는 그보다 훨씬 더 광범위하게 사용되었을 것이다.

관련 기술을 손쉽게 전용할 수 있게 되는 점도 문제이다. 소프트웨어의 단순 업데이트만으로 자율무기나 살상무기가 아닌 시스템을 자율살상무기로 바꿀 수 있게 되는 경우이다. 그렇게 되면 킬러 로봇도 규제하기 어렵게 될 것이다. 그런데 우리는 현재 자율무기의 탄생을 가능케 하는 관련 기술은 개발하고 싶어 한다. 그 기술은 자율주행 자동차에 쓰이는 기술과 거의 동일하고, 자율주행 자동차 기술 대부분은 이미 개발돼 있다. 그러나 어떤 무기를 금지하기 어렵다고 금지 시도조차 해보지 말라는 것은 아니지 않는가. 그리고 부분적인 효력만 갖게 되더라도 금지조치를 취하지 않는 것보다는 낫다.

그리고 설사 효과적인 금지조치를 취하게 된다고 하더라도 여러 나라 군대에서 인공지능 연구는 당연히 계속할 것이다. 군사 분야에서는 AI를 숱하게 많은 용도로 응용할 수 있다. 우선 로봇을 지뢰제거에 이용할 수 있다. 그런 위험한 작업에 투입시켜 사람의 목숨을 위험에 처하게 하거나 사지절단의 위험에 빠지도록 해서는 안 된다. 지뢰제거는 로봇에게 맡기기에 최고로 적합한 분야이다. 자율주행 트럭에게 전투지역을 통과하는 물자 수송을 맡길 수도 있다.

다시 말하지만, 기계가 맡아서 잘 해낼 수 있는 일을 굳이 사람에게 맡겨서 목숨을 위험에 빠트리는 짓은 이제 더 이상 하지 말아야 한다. 산더미처럼 많은 신호정보signal intelligence 선별 작업을 AI에게 맡겨서 전투에서의 승리에 기여하고, 사람들의 목숨을 구할 수도 있을 것이다. 팔랑크스Phalanx 방어미사일 같은 순수 방어 자율무기들은 계속 개발되고 배치될 가능성이 높다. 이들 모두 AI에게 맡기기에 좋은 분야들이다. 하지만 살상 대상을 기계가 정하는 일이 일어나서는 절대로 안 된다. 가장 중요한 것은 우리 인간이라는 점을 반드시 기억하고 명심해야 한다. 생사에 대한 결정은 오직 사람만이 내릴 수 있어야 한다.

유엔의 노력

2012년 10월에 휴먼라이츠워치, 아티클 36*Article 36*, 퍼그워시회의 *Pugwash Conference*를 비롯한 비정부 기구들이 모여서 킬러로봇 개발금지를 위한 '살상로봇 개발금지 캠페인'*Campaign to Stop Killer Robots*이라는 단체를 결성했다.[1] 이 단체가 결성되면서 킬러로봇 문제가 유엔의 레이더에 걸려들었다. 2013년 11월, 당시 반기문 유엔 사무총장이 '무력분쟁을 겪는 지역에서의 민간인 보호'*Protection of Civilians in Armed Conflict*를 주제로 한 보고서에서 이 문제를 거론했다. 당시 반기문 총장은 이 보고서에서 킬러로봇 시스템이 인도주의와 인권 관련 국제법과 조화를 이루면서 사용될 수 있느냐는 점에 의문을 제기했다. 이 보고서가 나온 직후 킬러로봇 개발금지를 위한 논의가 제네바에 있는 유엔 기구에서 시작됐다. 특정재래식무기금지협약*CCW*의 의제로 채택된 것이다.

CCW는 '과도한 상해나 무차별한 영향을 초래하는' 특정 재래식 무기의 사용을 금지하거나 제한하고 있다. 이 협약의 정식 명칭은 '과도한 상해나 무차별한 영향을 초래하는 특정 재래식 무기의 사용 금지 또는 제한에 관한 협약'*Convention on Prohibitions or Restrictions on the Use of Certain Conventional*

*Weapons Which May Be Deemed to Be Excessively Injurious or to Have Indiscriminate Effects*이다. 현재 이 협약이 규제하고 있는 대상은 지뢰, 부비트랩, 소이성 무기燒夷性 *incendiary weapons*, 실명 레이저, 전쟁 잔류 폭발물 등이다. 새로 발명되는 무기는 추가로 부속의정서를 체결해 협약의 규제대상에 포함시킬 수 있도록 되어 있는데, 킬러 로봇도 이 협약의 규제대상에 포함시키자는 논의가 현재 긍정적인 방향으로 진행되고 있다.

실명 레이저 금지 의정서는 자율무기 금지 논의에 있어서 가장 흥미로운 선례로 받아들여지고 있다. 새로운 형태의 무기에 대해 금지조치를 취한 가장 성공적인 사례이기 때문이다. 이 의정서의 서명국 가운데 어떤 나라도 이를 위반한 전례가 없고, 지금까지 분쟁지역에서 영구 실명을 초래할 수 있는 레이저 무기가 사용된 경우는 한 번도 없었다. 이는 새로운 무기가 전장에서 사용되기 전에 선제적으로 금지시킨 몇 안 되는 사례 가운데 하나이다. 하지만 실명 레이저 금지를 좋은 선례로 삼기에는 실명 레이저와 살상 자율무기와의 차이점도 무시할 수 없을 정도로 많은 게 사실이다. 우선 실명 레이저는 무기로서는 그 범위가 매우 좁고, 군의 입장에서 볼 때 자율무기 만큼 매력적이거나 유용한 무기가 아니다.

그럼에도 불구하고 2016년 12월, 특정재래식무기금지협약CCW 제5차 리뷰*Fifth Review* 회의에서 이 문제를 그동안 해온 비공식 논의로부터 다음 단계인 보다 공식적인 논의로 옮겨서 금지 가능성을 따지기로 만장일치로 결의했다. 이 결의에 따라 정부 전문가그룹이 결성되었다. 이 그룹의 활동은 유엔 총회의 승인을 받도록 하고, 관련 당사국들이 합의할 경우 총회에

금지 문제를 상정하도록 했다. 넘어야 할 산은 아직도 많다. 현재 자율무기에 대해 분명한 공식 입장을 갖고 있는 나라는 미국뿐이다. 자율무기가 기술 발전에서 가장 활발하게 주목을 받는 분야 가운데 하나라는 점을 감안하면 이는 다소 놀라운 일이다.

미국 국방부 지침 3000.09는 자율무기와 반半자율무기 시스템은 무력을 사용할 때 지휘관과 오퍼레이터들이 '적절한'appropriate 수준의 인적人的 판단을 행사할 수 있도록 제작되어야 한다고 규정하고 있다. '적절한 수준'이 실제로 어떤 수준을 의미하는지는 지침에 명시되어 있지 않다. 게다가 예외규정도 만들어 놓았다. 이 지침에 위배되는 무기 시스템을 사용할 경우에는 합참의장이나 국방차관이 해당 무기 시스템의 사용을 승인하도록 해놓은 것이다.

나는 CCW 회의에 참석해 몇 차례 발언한 적이 있는데, 미국과 영국, 그리고 호주를 비롯한 가까운 동맹국들을 비롯해 이 분야에서 가장 앞선 기술 능력을 보유한 나라들 다수가 적어도 당분간은 금지조치를 원하지 않는 게 분명해 보였다. 많은 나라들이 취하는 태도를 보면 어떤 본질적인 조치도 취해지지 않도록 지연시키려는 게 주목적인 듯했다. 하지만 이러한 행동은 근시안적인 관점에서 나온 것이라고 나는 생각한다. 이들 나라들이 현재 보유하고 있는 기술력의 우위는 순식간에 사라질 가능성이 높다. 2015년 7월에 자율무기에 관한 공개서한을 발표한 이후 지금까지 지켜본 흐름들은 서둘러 행동에 나서야 한다는 나의 확신을 더 강하게 만들어 주었다.

금지를 요구하는 목소리는 전혀 예상치 못한 곳에서 터져 나왔다.

존 카 경*Sir John Carr*은 유럽 최대의 방위산업체로 차세대 자율무기 시스템을 개발하고 있는 기업인 영국항공방위산업체*BAE Systems*의 회장이다. 바로 차세대 자율무기 시스템을 개발 중인 기업이기도 하다. 예를 들어 BAE는 자율조종으로 대양을 무인 횡단할 수 있는 랩터*Raptor* 드론을 개발 중이다. 하지만 존 카 경은 2016년 세계경제포럼에 참석해서 완전 자율무기는 교전수칙을 준수하지 못할 것이기 때문에 각국 정부들이 나서서 그런 무기개발을 금지시켜야 한다고 주장했다. 자율무기 개발에 가장 근접해 있는 사람들이 나서서 금지 필요성을 제기한다면 우리 모두 귀를 기울이는 게 마땅하다고 나는 생각한다.

AI의 오작동 위험

AI 시스템이 오작동할 수 있다는 점도 진지하게 따져보아야 한다. 다른 일반 프로그램들과 마찬가지로 AI 프로그램도 망가질 수 있다. 잘못 기획되고, 잘못 분류되고, 잘못 작성되고, 기존 시스템에 잘못 합쳐질 수 있는 것이다. 그리고 지금까지 다른 프로그램과 다른 새로운 방법으로 망가질 가능성도 얼마든지 있다. 예를 들어 AI가 잘못된 행동을 학습할 수도 있을 것이다.

마이크로소프트는 2016년 3월에 챗봇 테이*Tay*를 트위터에 선보였다가 혼쭐이 났다. 테이는 19세 미국 소녀의 말투를 따라 하도록 만들어졌는데, 그러면서 자신에게 던져지는 질문들을 보고 배울 수 있도록 고안되었다. 그런데 불과 하룻만에 테이는 인종차별주의자에다 여성혐오주의자, 히틀러를 추종하는 십대가 되어 버렸고, 마이크로소프트는 곧바로 서비스를 중단시켜야 했다.

마이크로소프트는 두 가지 기본적인 실책을 저질렀다. 첫째, 개발자들이 챗봇 테이의 학습기능을 미리 꺼두었어야 했다. 이런 특성을 동결시켰더라면 트위터 사용자들이 테이에게 장난삼아 한 나쁜 행동들을 따라서 배우지 않았을 것이다. 둘째, 마이크로소프트는 저속한 말을 걸러주는 필터를 테이에게 들어오고 나가는 인풋과 아웃풋에 모두 설치했어야 했다. 사용자들이 저속한 말로 인풋을 넣을 게 분명했고, 마이크로소프트는 그럴 경우 저속한 아웃풋을 따라서 내보낼 수밖에 없었다. 다행스럽게도 마이크로소프트는 이 일로 체면만 약간 구긴 셈이 됐을 뿐이다. 앞으로도 이런 실수는 되풀이될 것이고, 사람들은 나쁜 행동을 학습하는 AI 때문에 마음 상하는 일이 많을 것이다.

AI 시스템은 이보다 더 미묘한 방법으로 오작동할 수 있다. 예를 들어 편향된 데이터를 기반으로 학습할 수가 있다. 1990년대에 피츠버그대 의과대학에서 머신러닝을 통해 어떤 폐렴환자들이 심각한 합병증을 앓게 될 것인지에 대해 예측해 보려고 했다. 연구의 목적은 저위험군 환자들에게 외래환자 치료를 받게 함으로써 입원치료의 자원을 고위험군 환자들에게 집중시키겠다는 취지였다.

연구결과는 혼란스럽게 나타났다. 천식이 있는 폐렴환자들을 저위험군으로 분류해 집으로 돌려보내라는 결과가 나온 것이다. 그런데 천식환자들은 합병증에 매우 취약하다. 그래서 병원에서는 폐렴에 걸린 천식환자는 곧바로 집중치료실로 보낸다는 입장을 기존에 갖고 있었다. 집중치료실로 보내는 방침은 매우 효과가 좋아서 이런 환자들은 이후 두 번 다시 심각한 합병증을 앓지 않았다. 그래서 머신러닝은 이들을 합병증 발생율이 낮은 저위험군으로 분류한 것이다.

AI 시스템의 또 다른 문제점은 이들이 매우 손상되기 쉽다는 점이다. 문제가 생기면 업무수행 능력이 서서히 떨어지는 인간과 달리 AI 시스템은 순간적으로 작동이 망가질 수 있다. 물체인식 능력이 좋은 예이다. AI 연구자들은 픽셀 몇 개만 교체해도 물체인식 시스템이 망가지는 경우를 많이 보았다. 물론 앞으로는 이런 약점도 보완이 가능하게 되었다.

4

인간과 AI의 협력

앞으로 생각하는 기계가 등장한다면 어떤 식으로 인간을 대체하게 될 것인가? 전쟁과 같은 특별한 분야를 비롯해 인간이 수행하고 있는 많은 일들이 기계에게 넘어가게 될 것이다. 지금 인간이 하고 있는 일들 가운데 꺼림칙하고 위험한 일을 기계에게 넘겨줄 수 있다면 반가운 일이다. 하지만 반길 일이 아닌 경우들도 있을 것이다. 이런 점을 감안할 때 AI 연구의 목적은 우리가 반길 만한 변화를 만들어내는 것이라고 할 수 있다.

AI는 보통 인공지능*Artificial Intelligence*을 가리킨다. 관심의 초점을 살짝 바꾸어서 AI가 지능강화*Augmenting Intelligence*를 뜻하는 것으로 바꾸어 생각해 보자. 인간과 기계가 힘을 합치면 각각 따로 일할 때보다 더 잘할 수 있을 것이다. 인간은 창의력, 정서지능, 윤리의식, 인도주의 등의 분야에서 강점을 발휘할 수 있을 것이고, 반면에 기계는 명쾌한 추론, 산더미처럼 많은 데이터를 순식간에 처리하는 능력, 공평함, 업무처리 속도와 지치지 않고 일하는 지구력 등에서 강점을 발휘할 것이다. 따라서 기계를 인간의 경쟁자로 볼 것이 아니라 동료로 인식할 필요가 있다. 각자가 가진 장점을 테이블 위에 올려놓자는 것이다.

그런 모범적인 공생관계를 통해 효력을 발휘하는 사례들은 이미 많다. 인간과 체스 프로그램이 힘을 모으면 인간이나 체스 프로그램 어느 한쪽으로는 상대하기 힘든 실력을 발휘한다. 수학자와 컴퓨터 대수 프로그램 *algebra program*이 손을 잡으면 어느 한쪽이 혼자서 하는 것보다 훨씬 더 빠르고 효율적으로 새로운 수학 영역을 탐구해 나갈 수 있다. 그리고 인간 뮤지션과 컴퓨터의 플로우컴포저 프로그램이 함께 작업하면 어느 한쪽이 혼자서 하는 것보다 더 신속히 곡을 만들 수 있고, 어쩌면 더 높은 수준의 곡을 만들게 될지도 모른다.

AI의 바람직한 활용을 위한 노력

AI가 미칠 영향에 대한 우려들이 제기되면서 이에 대한 반작용으로 지난 몇 년간 사회적 선善에 대한 관심이 높아졌다. 대부분의 기술이 그렇듯이 인공지능도 상당 부분 가치중립적이다. 좋은 일에 쓰일 수도 있고 나쁜 일에 쓰일 수도 있다. 어느 쪽을 택할지 선택은 우리의 몫이다. 자율 드론이 목표물을 식별하고 추적해서 타격하는 데 쓰인 기술을 자율주행 자동차에서 행인을 식별하고 추적해서 치지 않도록 하는 데 이용할 수 있는 것이다. 과학자들은 어떤 사람이 우리가 개발한 기술을 나쁜 용도로 이용하는 것을 막기 힘들다. 그렇지만 우리가 만든 기술이 좋은 용도에 쓰이도록 스스로 노력할 수는 있다.

AI와 로봇 분야 연구자들 사이에서는 지난 10여 년 동안 연구결과가 좋은 용도로 쓰이도록 하려는 노력이 크게 늘어났다. 예를 들어 나의 동료인 코넬대의 카를라 고메스*Carla Gomes*는 '컴퓨터를 활용한 지속가능성' *computational sustainability* 분야를 앞장서서 개척해 왔다. 지속가능성 분야에서 제기되는 여러 문제들을 해결하기 위해 머신러닝과 최적화*optimisation* 처럼 AI 연구에 쓰이는 컴퓨터 도구들을 사용한다. 예를 들어 위성 영상자료를 이용해 개발도상국들의 빈곤상태를 예측하고 빈곤지도를 작성하는 머신러닝 방법을 개발하고 있다.

두 번째 사례로 코넬대에서 개발한 이버드*eBird* 프로젝트는 일반시민들로부터 관찰자료를 모으는 크라우드 소싱*crowd sourcing*기법을 통해 세계 전역에 분포돼 있는 각종 조류의 실태를 기록으로 만들었다. 코넬대는 사람들에게 몇 가지 질문을 해서 조류의 분포를 파악할 수 있도록 하는 메를린 앱*Merlin app*을 개발했다. 그 다음 세 번째 사례로 코넬대에서는 최적화 기법을 개발하고 있는데, 뉴욕시의 시티 바이크*Citi Bikes* 공유시스템 수요를 파악하는 데 활용된다. 이밖에도 컴퓨터를 활용한 지속가능성 분야에서 AI 기술이 활용되는 사례는 일일이 열거하기 힘들 정도로 많다.

역시 나의 동료인 UCLA대의 밀린드 탐베*Milind Tambe* 교수는 AI 연구를 하며 세계를 더 안전한 곳으로 만드는 일에 앞장서고 있다. 일명 '보안게임'*security games*이라고 부르는 영역으로 항구와 공항을 비롯한 기간시설의 안전을 확보하고, 야생과 숲을 비롯한 환경을 보호하는 데 게임이론과 머신러닝, 최적화 등의 아이디어를 차용하고 있다.[2] 이런 문제를 해결하는 데 있어서 부딪치는 심각한 문제는 동원할 자원이 부족해 이들 대상들에게 상시 안전을 확보해 주지 못한다는 것이다. 그러다 보니 우리가 동원할 수 있는 제한된 자원을 효율적으로 할당하고 배분하면서 예상되는 부작용을 피하고 적의 대응공격에 대비하는 것이 중요하다. 여기서 효율적이라는 것의 의미는 최적화 기법을 통해 아이디어를 얻는 것을 뜻한다.

예상치 못한 일에 대비하기 위해서 우리는 인간보다 더 무작위적으로 자료를 처리할 수 있는 컴퓨터의 능력을 활용한다. 컴퓨터와 달리 인간은 무작위로 경우의 수를 생각하는 데 매우 서툴다. 적의 어떤 대응에도 대비하기 위해 우리는 게임이론으로부터 아이디어를 도출해 낸다.

예를 들어 LA국제공항의 보안순찰 스케줄은 제한된 인력운용을 최적화하고, 범죄자와 테러리스트를 색출해내는 능력을 극대화시켜 주는 툴*tools*을 이용해 짠다. 또 다른 예로, 우간다에 있는 퀸엘리자베스 국립공원의 야생동물 보호 순찰 스케줄도 이와 유사한 툴을 이용해 짠다. 이 툴을 이용해 제한된 인력을 최적화하고, 이들이 밀렵꾼을 적발할 가능성을 극대화하는 것이다.

마지막 세 번째 예는 이와 비슷한 아이디어와 컴퓨터 툴을 이용해 가동되는 LA 메트로의 무임승차 적발 시스템이다. 보안게임에서 AI 기술을 활용하는 흥미로운 사례는 일일이 소개하기 불가능할 정도로 많다. 이런 사례만 보아도 AI 연구를 하는 사람들의 주장대로 AI 기술은 바람직한 방향과 그렇지 않은 방향 어느 쪽으로도 이용될 수 있음을 알 수 있다.

AI가 미칠 파장에 대한 우려가 커지면서 지난 5년간 이 분야에 대한 연구도 활발하게 이루어졌다. 어떤 문제가 제기되면 이들은 신속하게 연구 센터를 설립해 그 문제를 깊이 파고들었다. 미국과 영국의 주요 대학들이 주도해서 설립된 연구센터가 대여섯 곳이나 된다. 이들은 주로 일론 머스크가 인공지능의 위험요소를 제거하기 위한 연구를 촉진하기 위해 내놓은 1천만 달러 기부금의 자금지원을 받고 있다.

맥스 태그마크*Max Tegmark* 교수가 2014년 MIT에 설립한 삶의 미래 연구소*Future of Life Institute*는 인공지능을 비롯해 인간의 생존을 위협하는 여러 문제들에 대해 사람들의 관심을 촉구하는 데 앞장서고 있다. 이 연구소는 2015년 1월에 푸에르토리코에서 컨퍼런스를 개최하고 학계와 산업계, 경제계, 법조계, 윤리 분야에서 활동하는 AI 분야의 유명 연구자와 전문가들을 대거 초청했다. 회의의 목적은 바람직한 연구의 방향을 규정하고, 앞으로 발생할 AI 연구의 혜택을 극대화하려는 것이었다. 일론 머스크가 거액의 기부금을 내놓게 된 것도 이 회의가 낳은 가장 주목할 만한 결실 가운데 하나이다.

케임브리지대에서는 2015년에 휴 프라이스*Huw Price*가 레버흄미래지능연구센터*Leverhulme Centre for the Future of Intelligence* 건립에 1천만 파운드를 기부했다. 연구소의 건립 목적은 인공지능이 장단기적으로 인류에 가져다줄 혜택과 문제점을 모두 연구하는 것이다. 연구소에는 컴퓨터 과학자와 철학자, 사회과학자를 비롯한 많은 전문가들이 참여해 다가오는 세기에 AI가 인류에 미칠 기술적, 실용적인 면과 철학적인 문제들을 모두 연구하게 된다. 옥스퍼드대에도 2015년에 전략인공지능연구센터*Strategic Artificial*

*Intelligence Research Centre*가 설립됐다. 이 연구소의 설립 목적은 정부와 산업계를 비롯한 관련 분야의 정책을 개발해 장기적인 관점에서 인공지능이 초래할 위험요소를 최소화하고 혜택은 극대화하는 것이다.

대서양 건너 미국에서는 UC버클리대가 2016년 8월에 550만 달러의 기부금을 받아 '인간과 공존하는 인공지능연구센터'*Center for Human Compatible AI*를 설립했다. 인공지능의 안전성에 대해 집중 연구하게 될 이 연구소는 권위 있는 AI 연구자인 스튜어트 러셀*Stuart Russell* 교수가 이끌고 있다. 그로부터 2개월 뒤에는 서던 캘리포니아*Southern California*대가 사회 속의 인공지능연구센터*Center for Artificial Intelligence in Society*를 설립했다. 이 연구소는 앞서 소개한 보안게임 분야 AI 연구의 개척자인 밀린드 탐베 교수가 공동 소장을 맡고 있다. 그리고 카네기 멜론대는 2016년 11월에 1천만 달러의 기부금으로 윤리 및 컴퓨터 기술 연구센터*Center for Ethics and Computational Technologies*를 설립했다.

마지막으로 내가 일하는 뉴사우스웨일스대*University of New South Wales*는 최근 '인공지능과 로봇이 미치는 영향 연구센터'*Centre for the Impact of Artificial Intelligence and Robotics, CIAIR*를 설립했다. CIAIR는 씨에어*sea air*로 읽는다. 이 연구소에는 컴퓨터 과학과 경제학, 역사, 법률, 철학, 사회학 등 여러 학문 분야의 학자들이 참여하고 있으며, AI와 로봇이 장단기간에 미칠 잠재적인 영향에 대한 연구를 목적으로 하고 있다. 특히 연구와 교육, 조사, 공개토론 등을 통해 AI가 가져다 줄 혜택을 증진시키는 일을 집중적으로 한다. AI와 로봇이 사회 전체에 안전하고 유익한 결과를 증진시키는 데 기여한다는 목표를 갖고 있다. 이 목표를 위해 연구, 교육, 컨퍼런스, 워크숍 등 다양한 프로그램을 계획하고 있다. 우리 연구소에 참여하기를 원하는 사람은 언제든 환영한다.

현재 AI 연구가 어디까지 와 있는지에 대한 설명은 이 정도로 마무리한다. 이제부터는 AI 연구의 미래에 대해 알아보기로 한다. 이 책에서 가장 생각을 많이 하게 만드는 파트이기도 하다. 지금의 AI 연구는 앞으로 과연 어떤 방향으로 진행될 것인가?

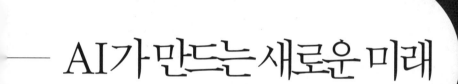

AI가 만드는 새로운 미래

MACHINES THAT THINK

09

AI 시대를 축복으로 맞이하려면

1

기술 발달의 역사에서 얻는 교훈

미래를 예측할 때는 과거의 업적에서 많은 도움을 얻을 수 있다.

인간사회가 기술의 발달로 인해 큰 변화를 겪게 되는 것은 역사적으로 이번이 처음이 아닐 뿐만 아니라 마지막이 되지도 않을 것이다. 우리도 과거에 일어난 기술적인 변화들을 통해 인공지능의 미래를 예측하는 데 도움을 얻으려고 한다. 지금 우리가 인공지능의 미래에 관해 내놓는 예측들 가운데서 제대로 들어맞는 게 불과 얼마 되지 않는다고 해도 우리 사회와 경제, 인류의 삶 전체가 거대한 변화의 소용돌이를 맞고 있는 것은 사실이다. 지나간 역사가 앞으로 생각하는 기계의 탄생으로 우리에게 어떤 문제들이 닥칠 것인지 알아보는 일에 도움을 줄 수 있을 것이다.

미국 작가로 인문학자인 닐 포스트먼*Neil Postman*은 1998년에 행한 연설에서 과거의 기술적인 변화로부터 우리가 얻을 수 있는 중요한 교훈 다섯 가지를 제시했다.[1] 지난 30년에 걸쳐서 일어난 기술적인 변화들로부터 이끌어낸 교훈들이었다. 내가 소개하려는 교훈들 대부분은 포스트먼이 제시한 지혜들을 토대로 작성한 것이다. 그가 말한 다섯 가지 교훈은 아주 간단하고 명료한 내용들이다. 그러면서 매우 중요한 내용들을 담고 있다.

과거의 기술적인 변화를 통해 인류가 얻은 교훈

교훈 1 | 기술변화에는 반드시 대가가 따른다

포스트먼이 제시한 첫 번째 교훈은 기술이 인간에게 주는 게 있으면 빼앗아 가는 것도 있다는 것이다. '파우스트의 거래' 같은 것이다. 기술은 많은 혜택을 우리에게 가져다 주지만 그에 상응하는 불이익을 주는 경우가 많다. 그리고 우리가 얻는 이득이 불이익보다 더 많을 것이라는 보장도 없다. 실제로는 기술의 진보가 놀라울수록 그에 따라올지 모르는 부정적인 결과도 더 커진다. 생각하는 기계의 탄생이라는 실로 놀라운 기술적인 진보를 놓고 생각해 보면 섬뜩한 교훈이 아닐 수 없다.

포스트먼은 과거에 기술적인 발달이 부정적인 대가를 수반한 몇 가지 사례들을 소개했다. 자동차의 발명으로 인간은 개인 이동성*personal mobility*을 갖게 되었고, 지리적인 거리는 단축되었다. 하지만 그 결과 우리는 지금 배기가스를 들이마시고, 교통체증에 시달리며, 교통사고를 당하고 있다. 교통사고 가운데 다수는 치명적인 결과를 초래한다. 도시 외곽에 위치한 대형 쇼핑매장들 때문에 도심 매장과 주변 상권이 죽어간다. 언젠가는 자동차의 등장이 우리에게 가져다 주는 불이익이 이득을 능가하는 게 아닐까 하는 생각이 들게 될지도 모른다.

인쇄술의 발명 역시 기술의 발달이 가져온 놀랍고 기념비적인 변화였다. 인쇄술은 지식을 전파하는 데 훌륭한 도구 역할을 했고, 그 덕분에 지식에 기반을 둔 인간사회가 만들어지기 시작했다. 하지만 여기에도 인간은 대가를 치러야 했다. 독재자들이 인쇄술을 도구로 이용했고, 폐쇄적인 종교와 사악한 사상들이 인쇄술을 이용해 퍼져나갔다.

포스트먼은 '새로운 기술이 우리에게 어떤 혜택을 가져다줄까?'에 대해 물을 때 '새로운 기술이 우리로부터 무엇을 빼앗아갈까?'도 함께 고민해야 한다고 주문한다. 그는 두 번째 질문을 확실하게 던져야 하는 경우가 더 많다고 말한다. 그런데도 사람들이 두 번째 질문은 제기하는 경우가 드물다. 그동안 불이익이 뒤따르지 않은 신기술은 거의 없었다. 부작용이 거의 없는 발명품을 꼽을 때 떠오르는 것은 항생제와 안경 정도이다. 다른 신기술에는 대부분 어느 정도 주고받는 거래가 포함되어 있다.

생각하는 기계가 발명됨으로써 우리가 얻을 혜택은 자명하다. 생각하는 기계는 현재 인간이 수행하는 대부분의 지적인 업무를 대신해 줄 것이다. 인간이 해야 하는 위험하고, 따분하고, 재미없는 일들도 이 기계들이 대신하게 될 것이다. 뿐만 아니라 그동안 인간이 하던 것보다 훨씬 더 효율적이고 효과적으로 일을 해낼 것이다. 내 동료들이 말한 간단한 경험법칙을 소개하자면, 어떤 사업을 시작했을 때 작업계획을 사람의 손으로 하지 않고 컴퓨터에 맡기면 작업의 효율성을 최소한 10퍼센트는 끌어올릴 수 있다고 한다. 컴퓨터는 단순히 작업의 효율성을 높이는 것뿐만 아니라 여러 분야에서 우리의 능력을 증강시켜 주어서 슈퍼 인간으로 만들어 준다. 이미 체스를 둘 때 컴퓨터의 도움을 받으면 인간 혼자의 힘으로 둘 때보다 훨씬 더 잘 둘 수 있게 되었다.

의술도 컴퓨터의 도움을 받아 훨씬 더 빠르게 발전될 것이다. 컴퓨터가 인간과 달리 방대한 양의 의료지식을 모조리 습득하고 있기 때문이다. 컴퓨터가 인간의 지적 능력을 강화시켜 주는 사례는 이밖에도 많다.

생각하는 기계가 등장하면 우리는 어떤 대가를 치러야 할 것인가? 몇 가지 문제점은 앞에서 이미 언급했다. 우선 인간이 맡고 있는 많은 일자리를 빼앗아 갈 것이다. 트럭 운전기사, 통역사, 경비원, 창고 관리인은 우선적으로 기계가 대신하게 될 일자리들이다. 생각하는 기계가 등장하면 우리의 프라이버시도 침해받게 될 것이다. 인간사회에 차별화가 생겨나는 등 우리가 지난 세기 동안 얻기 위해 투쟁해 온 많은 권리들이 부지불식간에 위축될 수 있을 것이다.

치러야 할 대가는 이뿐만이 아니다. 인간끼리 하는 대면접촉이 줄어들게 될 것이다. 일부 분야, 예를 들어 노인 요양 같은 분야에서 이는 바람직한 현상이 아니다. 인간의 삶이 더 나아지는 분야들도 있다. 인공지능이 득실거리는 가상세계를 현실세계보다 더 좋아하는 이들도 있을 것이다. 치러야 할 대가로 불평등이 증가한다는 점도 있다. 로봇을 가지는 사람들은 점점 더 부유해지고, 그렇지 못한 사람들은 계속 뒤처지게 될 것이다. 하지만 이처럼 빈부격차가 심화되는 것은 피할 수 없는 현상이 아니다. 부작용을 줄이기 위해 우리의 경제 시스템을 바꾸고, 세금제도와 노동법을 미리 손질한다면 피할 수 있는 대가들이다.

교훈 2 | 기술변화로 피해를 보는 사람도 있다

포스트먼이 제시한 두 번째 교훈은 승자가 있으면 패자도 있다는 것이다. 신기술의 혜택을 모든 사람이 같은 방식으로 누리는 것은 아니다. 승자는 패자들을 향해 그들도 같은 승자라고 설득하려 들 것이다. 예를 들어 자동차의 발명은 아주 많은 이들에게 혜택을 안겨 주었다는 논리다. 하지만 말발굽을 다루는 대장장이나 역마차 건설업자들처럼 말과 관련된 일로 생계를 이어가던 이들은 사정이 달랐다.

두 번째 사례는 암모니아를 대량합성하는 하버−보슈 합성법Haber- Bosch process이 개발됨으로써 값싼 비료를 대량생산할 수 있게 된 것이다. 전 세계 농민들이 직접적인 수혜자가 되었다. 간접적으로는 그밖에도 많은 이들이 이득을 보게 되었다. 훨씬 더 싼값에 식품을 구할 수 있게 되었기 때문이다. 하지만 피해를 본 사람들도 많았다. 제1차세계대전 때 독일은 하버−보슈 합성법으로 폭탄을 제조해 연합군의 봉쇄작전을 이겨냈다. 가장 큰 피해자는 이 폭탄으로 무고하게 목숨을 잃은 수많은 사람들이다.

피해자를 만들어내지 않는 신기술이란 생각하기 어렵다. 피해자가 거의 없을 분야를 굳이 꼽자면 아마도 의약품 분야가 될 것이다. 항생제 발명의 유일한 피해자로는 운 나쁘게 항생제로 쉽게 제거되지 않는 슈퍼버그에 감염된 극히 일부분의 사람들일 것이다. 하지만 의약 분야를 제외하고 대부분의 신기술은 승자와 함께 많은 수의 패자를 만들어냈다.

앞으로 생각하는 기계가 만들어지면 승자와 패자는 누가 될 것인가? 그에 대한 답은 앞으로 20여 년에 걸쳐 우리가 몸담고 있는 사회를 어떻게 바꾸어나갈 것이냐에 달려 있다. 만약 아무런 조치를 취하지 않는다면 가장 큰 승자는 전문기술자 집단이 되고, 나머지 대부분은 일자리를 잃고 패자로 전락할 것이다. 택시 기사, 트럭 운전기사, 통역, 창고 관리자, 경비원, 나아가 언론인과 법률을 다루는 사무직원들은 패배자가 될 것이다. 하지만 이런 사태를 막을 방법이 없는 것은 아니다. 세금제도를 제대로 손질하고, 복지국가를 지향하며 연금제도와 교육제도를 올바로 바꾼다면 힘든 일은 로봇에게 맡기고, 우리 모두가 승자가 될 수 있을 것이다.

교훈 3 | 기술 발전은 사람의 생각을 획기적으로 바꾸어놓는다

포스트먼이 제시한 세 번째 교훈은 모든 기술발전은 놀라운 생각을 수반한다는 것이다. 이 놀라운 생각은 겉으로 드러나지 않는 경우들도 있지만 매우 놀라운 결과를 초래하게 된다. 예를 들어, 문자의 발명은 우리가 가진 지식이 시간과 공간을 넘어 공유될 수 있다는 생각을 불러왔다. 문자의 발명은 그 이전까지 지속되어 온 구전口傳의 전통을 뒤흔들어 놓았다. 구전으로는 시공을 넘나들 수 없기 때문이다. 그리고 대부분의 문화권에서 기억의 중요성이 줄어들고, 이야기 문화는 소멸되기 시작됐다. 전신 telegraph의 발명은 정보가 순식간에 세계 전역으로 퍼져나갈 수 있다는 생각을 몰고 왔다. 그로 인해 사람들의 시야가 엄청나게 넓어지고, 세계화 globalisation가 시작됐다. 우리는 지금도 당시에 있었던 그 혁명적인 생각들의 여파를 경험하고 있다.

그렇다면 생각하는 기계의 발명의 배후에는 과연 어떤 생각이 자리하고 있을까? 그리고 이 생각은 현실적으로 얼마나 놀라운 결과를 초래하게 될까? 첫 번째 생각은 인간뿐만이 아니라 기계도 생각을 할 수 있다는 것이다. 이러한 생각은 그동안 인간이 지구상에서 누려온 독보적인 지위를 심각하게 뒤흔들어 놓을 것이다. 앞으로 인간은 더 이상 지구상에서 제일 똑똑한 존재가 아니게 되는 것이다. 코페르니쿠스와 다윈을 비롯한 여러 인물들이 그동안 사람들의 인식에 이와 유사한 충격을 주었다. 하지만 이번 경우에는 생각하는 기계의 탄생이라는 충격적인 사건에도 불구하고, 그런 기계를 만든 것이 인간이라는 점에 대해 자부심을 계속 가질 수 있다는 점이 다르다. 그런 의미에서 충격의 파장은 다소 누그러질 수 있다.

생각하는 기계의 발명 뒤에 숨은 두 번째 생각은 라이프니츠의 명제가 옳았다는 것이다. 그것은 인간의 모든 사고과정이 계산으로 귀납될 수 있다는 명제이다. 인간이 하는 추론도 상징을 조작하는 것과 크게 다르지 않으며, 그런 상징들을 현실세계에 적용시킬 수 있다는 것이다. 하지만 이런 과정을 모두 컴퓨터가 해낼 수 있다는 사실은 대단히 심각한 결과를 낳을 수 있다.

우리의 윤리적이고 정신적인 삶에 대해서도 깊은 회의를 던져줄 것이다. 다가오는 미래에는 기계가 부富의 대부분을 창출하게 될 것이다. 그렇게 되면 두 가지 길이 가능하다. 하나는 우리가 꿈꿔온 이상향과 다른 디스토피아 세상이 펼쳐지는 것이다. 사회 대부분이 실업상태에 놓이고, 인간은 하찮은 존재로 전락하게 된다. 다른 하나는 더 유토피아적인 사회가 되는 것이다. 사회는 개인이 추구하는 인간적, 문화적, 예술적, 정치적인 길을 높이 존중하며, 모두가 그런 삶을 살 수 있도록 지원하게 된다. 하지만 이처럼 바람직한 방향으로 나아가기 위해서는 우리가 사회를 이끌어가는 방식을 과감히 수정할 필요가 있다.

교훈 4 | 변화는 점진적으로 일어나지 않는다

포스트먼의 네 번째 교훈은 기술의 진보로 인한 변화는 하나씩 쌓이며 점진적으로 일어나지 않는다는 것이다. 그런 경우는 드물다. 기술이 발달되면서 우리의 삶이 조금씩, 누적되는 식으로 변하는 게 아니라는 말이다. 기술의 진보는 우리가 사는 생태계를 통째 바꾸어 놓을 수 있다. 예를 들어 텔레비전의 발명은 단순히 기존에 있던 라디오에다 정보를 방송하는 방법을 하나 더 추가한 게 아니다.

텔레비전의 등장으로 정치적인 환경과 오락의 생태계 자체가 완전히 바뀌어 버렸다. 휴대폰의 발명은 단순히 사람들에게 유선전화 외에 통신 수단을 하나 더 안겨 준 것이 아니다. 휴대폰은 사람들의 일하고 노는 방식을 완전히 바꾸어 놓았다. 이들 신기술의 등장은 우리의 삶에 새로운 방식을 하나 더 추가한 데 그친 게 아니라, 삶 전체를 충격적으로 뒤바꾸어 놓은 것이다.

이런 이유로 포스트먼은 우리가 기술혁신에 대해 신중한 자세를 취해야 한다고 주문한다. 기술혁신이 초래할 결과는 엄청날 뿐만 아니라 예측 불가능하며, 대부분 되돌릴 수 없기 때문이라는 것이다. 그는 특히 신기술을 최대한 이용해 부를 축적하고, 그를 통해 우리의 문화를 급격히 바꾸려고 하는 자본가들의 행동에 주의를 기울일 것을 촉구한다. 19세기에 기술력을 바탕으로 변화를 이끈 자본가들로는 벨, 에디슨, 포드, 카네기 같은 이들이 있었다. 이들은(유감스럽게도 모두 남성들임) 인류를 19세기의 틀에서 벗어나도록 해주고 20세기로 인도했다. 21세기에 와서는 베이조스*Bezos*, 샌드버그*Sandberg*, 브린*Brin* 같은 이들이 구질서에서 벗어나 새로운 시대로 우리를 이끈 주역들이다.

그러면 생각하는 기계는 우리의 생태계에 어떤 영향을 미칠 것인가?

나는 인공지능*AI*이 우리의 삶 거의 모든 분야에 영향을 미칠 것이며, 그 영향력은 점진적으로 커지는 게 아니라 생태계 전반을 뒤흔드는 식으로 일거에 밀어닥칠 것이라는 주장을 지지한다. AI는 산업과 정치, 교육, 그리고 레저 분야까지 송두리째 바꾸어놓을 것이다. 인간의 생태계 전반에서 인공지능의 영향을 받지 않는 분야는 찾아보기 힘들게 될 것이다.

교훈 5 | 신기술에 대한 경계심을 허물면 안 된다

포스트먼이 제시한 마지막 다섯 번째 교훈은 신기술이 조만간 자연계 질서의 일부로 자리하게 될 것이라는 점이다. 내가 비행기, 기차, 자동차가 없는 세상을 상상하기 힘든 것처럼, 젊은 세대는 스마트폰과 인터넷 없는 세상을 상상하기 어려울 것이다. 궁금한 게 있어도 구글로 검색을 해볼 수 없고, 버스를 기다리면서 스마트폰으로 앵그리 버드 게임을 할 수 없었던 시절이 있었다. 그리고 48시간 만에 세계 일주를 하거나 100킬로미터 거리를 출퇴근한다는 것은 꿈도 못 꾸던 시절이 있었다.

포스트먼은 기술을 자연계 질서의 일부분으로 보는 이런 시각에 위험이 자리하고 있다고 말한다. 그 위험은 바로 기술이 자연계 질서의 일부로 받아들여지게 되면 그것을 수정하거나 통제하기가 힘들다는 사실이다. 신문은 이제 사람들로 하여금 돈을 지불하고 콘텐츠를 이용하도록 만들기 어렵게 되었다는 것을 알고 있다. 누구든 인터넷에서 무료로 콘텐츠를 볼 수 있기 때문이다. 음악 공유 프로그램인 냅스터*Napster* 때문에 음악 콘텐츠에서도 이와 유사한 상황일 벌어지게 되었다. 사람들은 이제 인터넷을 이용할 수 있는 권리를 물과 위생시설을 이용할 수 있는 권리처럼 기본적인 권리로 생각하고 있다.

요한 바오로 2세 교황은 바티칸천문대장에게 보낸 서한에서 이 문제와 관련해 조언을 제시했다. '과학은 종교가 오류와 미신에 빠져들지 않도록 지켜 줄 수 있습니다. 그리고 종교는 과학이 우상숭배와 그릇된 절대주의에 빠지지 않도록 지켜 줄 수 있습니다. 이 양자는 함께 번성하도록 서로 상대방을 더 넓은 세계로 인도할 수 있습니다.' 조심하지 않으면 기술과 '진보'를 가져다 줄 것이라고 한 기술의 약속이 거짓 종교가 될 수 있다. 그렇게 될 경우 그 기술은 종교 못지않게 위험하다.

포스트먼은 기술을 '낯선 침입자'*strange intruder*로 보는 게 가장 바람직한 자세라고 했다. 신기술은 자연계 질서의 일부가 아니라, 인간이 만든 생산품일 뿐이다. 그러한 기술은 인간의 생태계에 진보와 개선을 가져다 줄 수도 있고, 그렇지 않을 수도 있다. 신기술을 선하게 쓸지 악하게 쓸 것인지는 전적으로 우리의 선택에 달렸다. 가장 좋은 시금석이 바로 AI이다. 생각하는 기계는 좋은 것과 나쁜 것을 포함해 많은 결과를 우리에게 안겨줄 수 있다. 어느 쪽을 택할지 선택은 우리의 몫이다.

교훈 6 | 얼마나 놀라운 일이 일어날지 알 수 없다

포스트먼은 기술혁신과 관련해 위의 다섯 가지 교훈을 제시했다. 하지만 나는 여기에 하나를 더 보태고자 한다. 그것은 바로 기술의 진보가 인간을 어떤 방향으로 인도해 나갈지 예측하기가 매우 어렵다는 점이다. 그러다 보니 어떤 신기술이 성공적인 기술로 자리하게 될지 예측하기도 쉽지 않다. 헨리 포드Henry Ford가 한 유명한 경구 한 구절을 소개한다. '내가 만약 사람들에게 원하는 바가 무엇이냐고 물었더라면, 사람들은 더 빠른 말을 만들어 달라고 했을 것이다.'2

이런 식의 교훈을 주는 사례는 얼마든지 있다. 누가 한 말인지는 모르겠으나 세계 컴퓨터 시장의 규모가 대여섯 대밖에 되지 않을 것이라고 예측한 사람도 있었다. 레이저 이야기를 해보겠다. 레이저 발명가 중 한 명인 찰스 타운즈Charles Townes는 이렇게 썼다.

초창기 레이저를 개발한 우리들 가운데 앞으로 레이저가 얼마나 많은 용도로 쓰일지 제대로 예상한 사람은 아무도 없었다. 이것은 아무리 강조해도 지나치지 않을 정도로 대단히 중요한 사실이다. 오늘날 쓰이고 있는 많은 실용적인 기술들이 몇 년 혹은 몇 십 년 전 기초학문의 산물이다. 그 기술을 개발하는 데 참여한 사람들은 주로 학문적인 호기심에서 참여하게 되었고, 자신들이 하는 연구가 앞으로 어떤 방향으로 나아가게 될지에 대해 특별한 생각을 하지 않은 경우가 많았다. 사물의 본질에 대한 기초학문적인 연구가 실질적으로 어떤 성과를 가져다줄지에 관한 우리의 예측능력은 매우 수준이 낮다. (오늘날 우리가 하고 있는 연구 분야 가운데서 어느 것이 기술적으로 막다른 골목에 봉착하게 될지 예측하는 능력도 매우 낮다.) 원리는 간단하다. 새로운 연구를 진행하는 과정에서 나타나는 새로운 생각들이 정말 미처 접해본 적이 없는 생소한 내용들이기 때문이다.3

어떤 연구 지원단체가 쇼핑 생태계를 바꾸기 위해 빛 파동의 공명현상共鳴 resonance을 연구해 달라는 조건을 내걸고 연구를 지원한다는 것은 상상하기 힘들 것이다. 그런데 레이저가 발명됨으로써 바코드 스캐너가 만들어지고, 그로 인해 쇼핑 생태계 변화가 이루어졌다. 레이저는 그밖에도 수술, 용접, 프린트, 현미경 검사 등 여러 다른 분야에서 우리의 삶을 바꾸어 놓았다. 광파공명을 연구하면서 우리 삶에 이런 변화들이 일어날 것이라고 미리 예견한 사람은 아마도 없을 것이다.

1990년대 유럽입자물리연구소CERN에서 근무한 내 친구가 기술 혁신과 관련된 흥미 있는 이야기를 들려주었다. 월드와이드웹World Wide Web 개발과 관련된 이야기였다. 팀 버너스 리Tim Berners Lee라는 이름을 가진 컴퓨팅 분야 동료가 자기를 불러서 최초의 웹브라우저 데모demo를 보여주더라는 것이었다. 그것은 CERN을 비롯한 다른 연구소의 물리학자들이 정보를 보다 손쉽게 공유할 수 있도록 만들어 주기 위해 팀 버너스 리가 작업해 온 일종의 혁신적인 스컹크 프로젝트*skunk project*였다.

내 친구는 데모를 보고 몇 가지 조언을 해주었다. 잘 만들어진 것 같은데, 당시 네트워크 연결속도가 너무 느리기 때문에 그래픽 자료가 모조리 사라질 위험이 있다는 의견을 말해 주었다. 돌이켜 보면 버너스 리가 개발한 브라우저가 어린이도 사용할 수 있을 정도로 확산된 것은 그래픽 전송 기능을 갖고 있었기 때문이고, 그래서 월드와이드웹은 성공하게 된 것이다. 텍스트 전송기능에만 초점을 맞춘 고퍼*Gopher* 같은 라이벌 하이퍼텍스트*hypertext* 시스템들은 결국 사라지고 말았다. 월드와이드웹의 매력은 모두에게 오픈되었다는 점이다. 팀 버너스 리와 내 친구를 비롯해 그 누구도 20년 뒤에 웹이 이처럼 멋지게 쓰이게 될 줄 미처 알지 못했다.

어떤 기술이 성공을 거둘지, 새로운 기술이 우리의 삶을 어떻게 바꾸어 놓을지를 예측하는 것은 이처럼 어려운 일이다. 따라서 생각하는 기계가 앞으로 우리의 미래에 어떤 놀라운 변화를 가져다줄 것인지 말하기도 대단히 어렵다. 미리 예측할 수 있다면 놀랄 일도 없을 것이다. 최소한 생각하는 기계가 여러 가지 면에서 우리를 놀라게 할 것이라는 정도는 예측할 수 있지 않을까. 생각하는 기계는 초지능*superintelligent*이면서 동시에 의식이 넘치는 초의식*hyperconscious*적인 존재가 되지 않을까? 아니면 철저히 무의식적인 존재로 남아 있으면서, 이런 무의식적인 지성으로 인간의 의식적인 정신을 놀라울 정도로 압도하는 존재가 되지는 않을까?

분명한 것은 엄청나게 흥미롭고 놀라운 미래가 우리를 기다리고 있다는 사실이다.

2

제도적 안전장치

과거의 일에서 교훈을 얻는다고 해도 부분적인 도움밖에는 되지 않는다. 역사는 항상 되풀이되는 것이 아니며, 이번에는 과거와 다를 것이라는 믿음을 뒷받침해 주는 기술적인 근거도 있다. 산업혁명으로 기계는 인간이 가진 기술 가운데 불과 하나만 빼앗아 갔다. 생산을 인간의 근육이 가진 한계로부터 해방시킨 것이다. 하지만 오직 인간만이 할 수 있는 일들은 여전히 많이 남아 있다. 다가오는 혁명적인 변화에서는 기계가 마지막 남은 인간의 유일한 기술들 가운데 하나를 빼앗아 갈 것이다. 그것은 바로 인간 정신이 가진 한계로부터 경제를 해방시키는 것이다. 기계는 그야말로 초인적인 존재, 슈퍼휴먼*superhuman*이 되기 때문에 기계와 겨룰 수 있는 존재는 없게 된다. 부를 생산하기 위해 인간이 할 일은 거의 없게 된다. 모든 것을 기계가 알아서 해줄 것이기 때문이다.

왜 이번에는 과거와 다를지 그 이유를 강력히 뒷받침해 줄 사회적인 이유도 있다. 이번이 특별해서가 아니라 지난번이 매우 특별했기 때문이다.

지난번에는 세계가 매우 큰 충격을 경험했고, 그래서 아이러니하게도 사회가 변화에 적응하지 않을 수 없었다. 산업혁명을 겪고 나서 두 차례 세계대전이 일어났고, 그 중간에 대공황을 겪었다. 이 대사건들은 경제학자들이 소위 말하는 '일회성 불평등 해소'one-off reversal in inequality라는 변화가 일어날 무대를 마련해 주었다. 사회적으로 매우 극적인 변화가 일어날 수 있는 시기였다. 복지국가가 생겨나고, 노동법, 노동조합, 보편적 교육 같은 개념이 도입됐다. 나라별로는 미국에서 참전용사법Veterans Act, 영국에서 국민보건서비스법National Health Service Act이 제정되며 엄청난 사회적 변화를 촉발시켰다. 기계가 사람들의 일자리를 빼앗아가도록 방치하는 대신 노동인력을 교육시켜 그들에게 일자리를 주기 시작했다. 기계한테 일자리를 뺏기고 밀려난 사람들을 빈민구제소로 보내는 대신 그들에게 경제적인 안전장치를 만들어 준 것이었다.

글로벌 금융위기와 글로벌 기후온난화와 같은 여러 문제들에 직면해서도 이와 유사한 긍정적인 결과들이 만들어질 것이라는 기대를 가질 수 있다. 이런 문제들은 생각하는 기계가 초래할 혁명적인 변화에 맞춰 사회를 변화시키는 데 필요한 충격을 던져줄 수 있을 것이다. 하지만 우리 정치인들이 그럴 만큼 과감하게 행동에 나설 용기나 비전을 갖고 있는지, 또한 정치인들이 그렇게 움직일 수 있도록 우리 정치제도가 갖춰져 있는지 나는 확신을 갖지 못하겠다.

긍정적인 변화를 이끌어낼 여건을 만들기 위해서는 단순히 돈을 찍어내는 것 이상의 필요한 조치들이 취해져야 한다. 복지국가, 세금제도, 교육제도를 비롯해 노동법과 정치제도에도 과감한 변화가 필요하다. 사람들이 이런 문제를 다루는 일이 얼마나 시급한지 제대로 인식하고 있는지도 장담하지 못하겠다. 이 책은 사람들에게 이런 문제들에 대해 경각심을 일깨우고 변화를 촉구하는 호소문인 셈이다.

앞으로 반드시 바뀔 분야 하나를 들라면 경제 부문이다. 많은 일자리가 자동화되면서 우리 경제에 큰 충격을 미치게 될 것이다. 2015년에 바클레이은행*Barclays Bank*은 자동화에 12억 4천만 파운드를 투자하면 보수적으로 잡아도 향후 10년 동안 영국의 제조업 부문에서 600억 파운드 이상의 가치가 추가 창출될 것이라고 전망했다. 은행은 이 정도의 투자가 이루어지면 자동화되는 일자리의 수가 늘어나더라도 제조업 부문은 실제로 더 확대될 것이라고 전망했다. 그렇게 되면 제조업에 종사하는 사람의 수는 더 늘어난다는 것이다. 실제로 그렇게 될지는 두고 볼 일이다.

기술혁신이 일어나면 일자리가 불안정해지는 것은 피할 수 없을 것이다. 점점 더 많은 이들이 단기 임시직으로 일하는 '긱 이코노미'*gig economy*에 종사하게 될 것이다. 미국 인터넷 기업 인튜이트*Intuit*의 보고서는 오는 2020년까지 미국의 근로인력 가운데 40퍼센트가 프리랜서 형태로 일하게 될 것이라고 예측했다. 숙련 인력들은 컨설턴트를 제공하는 식의 긱 이코노미로 돈을 벌고, 수입이 더 나은 곳을 따라 이리저리 옮겨 다니게 된다는 것이다. 비숙련 인력들은 더 큰 어려움에 처하게 될 것이며, 직업 안정성을 잃는 것은 물론이고 의료보장을 비롯한 각종 사회적 혜택을 박탈당하며, 그에 비해 보상은 극히 미미한 처지에 놓이게 될 것이라고 했다.

과감한 정책 변화가 취해지지 않는다면 그런 비숙련 인력들로 인해 빈부간 불평등은 점점 더 심각해질 것이다. 그런 위협적인 사태가 역사상 처음 있는 일은 아니다. 마르크스는 산업혁명으로 생산수단을 소유한 이들의 손에 부의 집중이 과도하게 이루어지게 될 것이라고 예언했다. 그와 마찬 가지로 현재 진행 중인 혁명적인 기술혁신을 그대로 방치한다면 로봇을 소유한 이들의 손에 부의 과도한 집중현상이 일어나게 될 것이다.

이런 추세를 바꿀 수 있는 한 가지 수단은 세금이다. 특히 부자와 다국적 기업들에 어떻게 세금을 부과할 것인지 방안을 강구할 필요가 있다. 이들은 이미 무임승차할 조짐을 보이고 있다. 경제의 낙수효과Trickle-down도 일어나지 않는 것 같다.4 각국 정부가 나서서 부의 재분배를 보다 강제적인 방법으로 실행할 수 있을지 방안을 모색할 필요가 있다. 다른 한편으로는 덜 부유한 사람들을 어떻게 도울 것인지에 대한 방안도 찾아야 한다. 복지국가는 산업혁명의 후유증 속에서 태어났다. 기술 발달로 일자리를 잃게 된 노동자들을 돕기 위한 안전망이 만들어진 것이다. 이 문제는 눈앞에 다가온 '지식혁명'Knowledge Revolution 시대에 대비해 좀 더 깊이 다룰 필요가 있다.

과학기술 전문가들 사이에서 특히 많이 언급되는 아이디어로 '보편적 기본소득'universal basic income 제도를 도입하자는 안이 있다. 고용 여부와 관계없이 모든 사람에게 주거비와 생계에 필요한 일정한 수준의 소득을 보장해 주자는 것이다. 하지만 현재로서는 보편적 기본소득을 실시하는 나라가 한 곳도 없기 때문에 이 아이디어가 실제로 실행에 옮겨질지는 미지

수이다. 캐나다와 핀란드에서는 이 제도가 실험적으로 운영되고 있지만, 보편적인 범위로 확대되거나 전국적인 단위로 충분한 기간 동안 실시되는 곳은 아직 없다. 보편적 기본소득이 실시되면 사람들이 게을러질까? 구체적인 실행방법을 찾아낼 수 있을까? 재정부담은 어떻게 감당할 것인가?

보편적 기본소득을 시행하는 데 필요한 예산규모는 엄청나다.

미국의 경우 노동인구에 속하는 성인 2억 명을 상대로 한 사람 당 연간 1만 8천 달러를 지급하는 데 필요한 연간 예산은 3조 6천 억 달러로 미국의 전체 연방예산과 정확히 맞먹는 돈이다. 이 돈은 다른 어딘가에서 재원마련이 되어야 한다. 다른 연방정부 예산을 모두 삭감하거나 과세표준을 무작정 낮출 수는 없기 때문이다. 자동화로 생산성을 높이고, 더 많은 부를 창출해서 과세를 한다면 도움이 될 수 있을 것이다. 그렇더라도 엄청난 경제적, 정치적, 사회적, 심리적인 장애물들이 해소되어야만 한다.

보편적 기본소득보다 덜 급진적인 대안들도 몇 가지 제시되었다. 최저임금 인상과, 노조의 발언권 강화, 노동법 강화, 노동이동성을 높이는 방안 등이다. 구체적인 실행방안으로는 싼값에 주택을 공급하고, 노동 대신 자본에 세금을 부과하는 쪽으로 방향을 전환하고, 직업훈련과 근로자 재교육에 대한 재정지원 강화 등이 있다. 이러한 조치들이 취해지면 사회 전반에 걸쳐 일어날 급격한 변화를 다소 완화시키는 효과가 있을 것이다. 하지만 이런 조치들이 한꺼번에 취해진다고 하더라도 다가오는 변화에 제대로 대처할 수 있을지 여부는 여전히 의문으로 남는다.

기술혁신의 역사가 주는 마지막 교훈은 인간은 몽유병 환자처럼 느릿 느릿 미래로 걸어 들어간다는 것이다. 기술의 진보는 신속하게 이루어지는데, 이를 뒷받침하는 법률과 경제구조, 교육, 사회는 반응속도가 매우 느리다. 예를 들어 모바일 폰은 30여 년 전에 만들어졌고, 새 천년이 시작될 즈음 선진국들에서는 시장포화*market saturation*가 50퍼센트 정도에 이르렀다. 하지만 그때까지도 미국 내 일부 주에서는 운전 중 문자사용 금지법이 제정되지 않고 있었다. 워싱턴주가 미국에서 가장 먼저 이 금지법을 만든 것도 2007년이 되어서였다. 신기술은 여기저기서 마구 등장하는데 변화된 환경에 맞게 법이 만들어지는 데는 수십 년이 걸리는 것이다.

포스트먼은 이런 현상을 가리켜 기술이 모든 것을 앞지른다는 뜻으로 '기술 최우선'*technology uber alles*이라고 부른다. 신기술에 대한 이런 소극적인 태도는 우리의 삶을 풍요롭게 만들 많은 기회를 앗아간다. 기술은 인간의 종從이 되어야 하지, 그 반대가 되어서는 안 된다. 인간이 새로운 기술을 만들 능력을 갖고 있다는 것이 반드시 새로운 기술을 만들어야 한다는 의미는 아니다. 마찬 가지로 새로 개발된 기술을 어떤 용도로 이용할 수 있다고 해서, 반드시 그런 용도로 이용하라는 의미도 아니다. 2016년 11월에 상하이 자오퉁대上海交通大學校 연구원들이 머신러닝을 이용해 범죄자 얼굴사진과 범죄자 아닌 사람의 얼굴사진을 구분해 낼 수 있다고 발표했다. 하지만 이런 기술을 개발했다고 해서 그것을 실제로 활용하라는 의미는 아니다. AI 기술을 그런 식으로 활용하는 데 신중해야 하는 이유는 얼마든지 있다. 생각하는 기계가 만들어지면 그것을 언제, 어떤 곳에 활용할지 매우 신중하게 선별해야 한다.

2050년, AI가 만들 10가지 미래 변화

이 부분은 내가 꿈꾸는 미래의 이야기이다. 그 미래는 생각하는 기계들이 만들어가게 될 것이다. 그 꿈은 수송과 고용, 교육, 오락, 건강 등 다양한 분야에 걸쳐서 실현될 것이고, 꿈이 실현되는 시점은 아마도 2050년 전후가 될 것이다.

왜 2050년이냐고? 우선 2050년은 우리의 삶에 획기적인 변화들이 일어날 만큼 충분히 떨어진 미래이다. 레이 커즈와일*Ray Kurzweil*은 그때쯤이면 AI가 인류의 지능을 넘어서는 역사적 기점을 가리키는 '기술적 특이점'이 일어나 있을 것이라고 예견했다. 앞에서 밝혔듯이 실제로 우리가 2050년까지 그 역사적 기점을 넘어서게 될지 아니면 영영 넘어서지 못할지에 대해 나는 확신을 갖고 있지 않다. 그렇기는 하지만, 몇 가지 의미 있는 변화들이 일어날 것이라는 예측은 가능하다.

퍼스널 컴퓨터 혁명이 시작된 지 35년이 넘었다. IBM PC가 처음 선을 보인 게 1981년 8월이고, 콤팩트디스크가 나온 것은 1982년이었다. 캠코더와 셀폰은 1983년에 등장했다. PC와 CD, 캠코더, 셀폰은 이후 35년여 동안 우리의 삶을 엄청나게 풍요롭게 만들어 주었다. 그러니 지금부터 시작해 이후 35년 동안에도 우리의 삶에는 지난 35년 못지않게 놀라운 변화들이 일어날 것이라는 합리적인 예측을 해보는 것이다.

운이 좋으면 나도 2050년 언저리까지 살아서 그 변화를 직접 볼 수 있을지 모른다. 짓궂은 사람은 나보고 그때까지 살지는 못할 테니 예견이 틀리더라도 욕먹을 걱정은 안 해도 될 것이라고 말할지도 모르겠다. 설사 내 예측이 틀리더라도 조금은 너그럽게 대해주었으면 좋겠다.

일반적으로 사람들은 단기간에는 무슨 일을 해낼 수 있을 것처럼 과신하고, 장기간 변화에 대해서는 소극적으로 보는 경향이 있다. 빌 게이츠_Bill Gates_는 "우리는 향후 2년 동안 일어날 변화는 과대평가하면서, 10년간 일어날 변화는 과소평가하는 경향이 있다."고 했다.[1] 다시 말해 복합적인 성장에 대해서는 우리가 제대로 파악하지 못한다는 말이다. 그렇게 되는 이유 중 하나는 복합적으로 일어나는 변화에 대해 제대로 이해하지 못하기 때문이다. 인간은 진화를 통해 단기 변화에 집중하는 능력을 지니고 있지만, 여러 해에 걸쳐 복합적으로 진행되는 장기적인 변화는 제대로 파악하지 못한다. 연금과 도박산업이 번창하는 것은 인간이 복합적인 발전과 확률을 이해하는 데 어려움을 겪는다는 사실을 보여주는 증거이다.

18개월을 주기로 컴퓨터의 성능은 2배로 향상되는 반면, 컴퓨터 가격에는 변함이 없다는 '무어의 법칙'은 공식적으로 폐기되었지만, 컴퓨터의 처리능력은 2050년까지 지금보다 몇 천 배 더 향상될 것이다. 주 메모리가 수백 페타바이트_petabytes_에 이르고, 연산능력이 엑사플롭스_exaFLOPS_급인 컴퓨터가 등장할 것이다. 2100년이 되면 성능이 그보다 1천조兆quadrillion배 더 늘어난 컴퓨터가 등장할 것이다. 물론 스피드와 메모리가 아무리 는다고 하더라도 그것이 곧바로 생각하는 기계의 등장으로 이어진다는 보장은 없다. 하지만 생각하는 기계의 등장에 도움을 주게 될 알고리즘의 발전은 상당한 수준으로 이루어질 것이 분명하다.

이런 점들을 고려하여 나는 2050년까지 변화하게 될 인류의 삶의 모습 10가지를 이렇게 예측한다.

변화 1 | 일상화된 자율주행 자동차

신기술이 인간을 얼마나 빠른 속도로 끌어들이는지는 자칫하면 과소평가하기 쉽다. 여러분이 스마트폰을 처음 손에 넣은 시기는 10년 전쯤 될 것이다. 그리고 당시는 그 기계가 우리의 삶에 얼마나 중요한 자리를 차지하게 될지 미처 예상치 못했을 것이다.[2] 현재 스마트폰은 수첩, 카메라, 뮤직 플레이어, 게임 콘솔consoles, 위성 내비게이션 시스템을 비롯해 우리가 일상에서 이용하는 많은 기계들의 자리를 대신 차지했다. 현재 전 세계적으로 사용되는 스마트폰은 20억 대가 넘는 것으로 추산된다. 지구상에 사는 인류 3명 가운데 1명 이상이 스마트폰을 갖고 있는 셈이다. 지구상에 사는 사람 2명 가운데 1명이 하루 2.50달러도 안 되는 돈으로 살아가는 빈곤층이라는 사실을 감안하면 상당히 높은 수치라고 할 수 있다.

사람들은 자율주행 자동차의 등장으로 일어날 변화의 속도와 폭에 대해서도 과소평가하는 경향이 있다. 자율주행차의 도입은 우선 도로상의 안전을 근본적으로 변화시켜 놓을 것이다. 현재 전 세계적으로 도로에서 일어나는 사고로 인한 사망자 수가 매년 1백만 명이 넘는다. 미국에서는 2018년 한 해 도로 교통사고 사망자 수가 3만 3천 명에 달할 것이라는 전망이 나와 있다. 만약 승객을 가득 태운 보잉 747기가 매주 추락한다면 모두가 나서서 항공기 안전을 개선시켜야 한다고 목청을 높일 것이다. 그런데 자동차 사고는 수백, 수천 곳에서 일어나는데도 사람들이 크게 신경을 쓰지 않는 것 같다.

미국 교통부 통계에 따르면 교통사고의 95퍼센트 정도가 운전자 과실로 일어나는 것으로 되어 있다. 사람들은 과속을 하고, 음주운전을 하며, 운전 중에 문자를 보내고 라디오 주파수를 조절한다. 그러면 안 되는 줄 알면서도 그렇게 한다. 만약 운전에서 인간을 배제시킬 수 있다면 도로는 한층 더 안전해질 것이다. 스웨덴은 2020년까지 도로 사고 사망자 제로 달성이라는 야심적인 국가목표를 세워놓고 있는데, 스웨덴 자동차 메이커 볼보는 운전석에서 사람을 치우지 않고는 이 목표를 달성할 수 없다고 믿고 있다.

자율주행차는 또한 수송경제를 근본적으로 변화시키고, 인간이 수송수단을 이용하는 방법도 완전히 바꾸어놓을 것이다. 어린 층과 노년 층, 장애인들에게도 사상 최초로 자기 힘으로 자동차를 이용할 수 있는 길이 열리게 될 것이고 수송비용도 급격히 내려갈 것이다. OECD가 포르투갈 수도 리스본의 교통수요에 대해 실시한 조사결과에 따르면, 자율주행 자동차가 도입될 경우 현재 교통량의 불과 10퍼센트로 지금과 같은 수준의 수송능력을 유지할 수 있게 되는 것으로 나타났다.

우리가 이용하는 도로의 대부분은 사실 사람을 태우기 위해 돌아다니는 자동차들의 주차공간처럼 이용되고 있다. 도시에 굴러다니는 자동차의 3분의 1은 주차할 공간을 찾아 돌아다니는 것으로 추산된다. 이런 잉여 차량을 없앤다면 도시가 얼마나 여유롭게 될 것인지 생각해 보라. 출근해서 일하는 동안에는 내가 쓰는 차를 택시로 내보내 돈벌이로 쓸 수가 있다. 사실은 많은 이들이 자동차를 개인 소유로 가질 필요가 없게 된다. 우리가 구입하는 자산 중에서 두 번째로 비싼 물건이 자동차인데 대부분의 시간을 도로변에 세워놓고 녹슬어 가게 만들고 있는 것이다. 자율주행 자동차 카쉐어링car sharing 회사에 가서 이용권credit만 구입하면 되는데 굳이 자동차를 사서 세워둘 필요가 있을까?

자율주행 자동차가 일상화된다면 인간은 엄청난 혜택을 누릴 수가 있게 된다. 그리고 그런 날은 실제로 아주 가까운 장래에 실현될 것이다. 싱가포르는 2016년 8월부터 자율주행 택시를 시범적으로 운영하고 있다. 같은 달에 포드는 앞으로 5년 안에 완전 자율주행 자동차를 판매할 계획이라고 밝혔다. 헬싱키에서는 같은 2016년 8월에 한 달 동안 공공 도로에서 운전자가 없는 자율주행 버스를 시범 운행한다고 발표했다. 그로부터 한 달 뒤에는 우버Uber가 피츠버그에서 처음으로 자율주행 택시 시범운영을 시작했다. 2016년 9월에는 프랑스의 리옹과 호주의 퍼스에서 운전기사가 없는 버스가 도로에 등장했다. 자율주행 자동차를 생산하고 판매하기 위한 경쟁이 본격적으로 시작된 것이다.

앞으로 15년 내지 20년 안에 우리들 대부분이 자율주행 자동차를 타고 다니게 될 것이다. 그렇게 되면 우리가 매일 하는 출퇴근 방식이 바뀌게 된다. 출근하는 자동차 안에서 영화를 보고, 책을 읽고, 이메일을 보낼 수 있게 된다. 자동차를 타고 가는 시간이 더 이상 낭비되는 시간이 아니라 업무를 보고 레저를 즐기는 시간이 되는 것이다. 그렇게 되면 우리가 사는 도시와 마을이 더 넓어지게 된다. 사람들은 점점 더 생활비가 많이 드는 도심에서 멀리 벗어나 살려고 할 것이다.

자율주행 자동차가 일상화되면 사람들이 실제로 운전하는 시간은 점점 더 줄어들게 된다. 그리고 운전하는 부담을 기계한테 넘기려고 할 것이다. 그러면서 사람들은 운전하는 방법을 차츰 잊어버리게 될 것이다. 도로가 훨씬 더 안전해질 것이기 때문에 사람들은 자신의 안전을 위해서라도 운전면허증을 일찌감치 장롱 속에 넣어두려고 할 것이다. 젊은이들은 굳이 운전을 배우는 데 아까운 시간을 낭비하지 않으려고 할 것이다. 대신 자율 우버 택시를 호출하면 원하는 곳 어디든 갈 수 있기 때문이다. 2050년이 되어서 2000년을 되돌아보면 까마득한 옛날처럼 생각될 것이다. 1950년대에 사람들이 마차가 돌아다니던 1900년을 되돌아본 것과 같은 기분일 것이다. 사람들은 더 이상 직접 운전을 하지 않을 것이고, 그런 사실에 대해 전혀 개의치 않게 될 것이다.

변화 2 | 컴퓨터 가정의家庭醫시대

2050년이 되면 사람들은 매일 의사의 진찰을 받을 수 있게 될 것이다. 건강에 대해 지나치게 염려하는 심기증心氣症 환자뿐만이 아니라 대부분의 사람이 모두 그렇게 된다는 말이다. 가정에 있는 컴퓨터가 바로 의사 역할을 하게 될 것이기 때문이다. 이와 관련된 기술 대부분은 지금도 활용 가능하다. 관련 기술을 통합해서 활용하는 작업이 아직 제대로 이루어지지 않고 있을 뿐이다.

지금도 피트니스 워치*fitness watch*를 통해 심박수, 혈압, 혈당 수치, 수면 시간, 운동량 등 중요한 자료 다수를 자동으로 모니터할 수 있다. 여러분이 넘어지면 이를 모니터 하고, 의식을 잃을 경우 긴급호출도 해준다. 변기가 오줌과 대변을 자동으로 분석해 주며, 스마트폰은 규칙적으로 셀카를 찍어서 여러분의 건강상태를 살핀다. 예를 들어 피부 흑생종 의심증상이 있는지 살피고, 안구 건강을 모니터 하는 일을 스마트폰 셀카가 대신해주는 것이다.

치매 증상도 조기에 컴퓨터가 알아낸다. 컴퓨터는 정기적으로 녹음하는 목소리의 변화를 통해 감기 증상이나, 파킨슨병, 뇌졸중 증세까지 진단해 낸다. 이런 작업은 모두 일생 동안 여러분의 건강상태를 추적하는 인공지능 프로그램을 통해 이루어진다. 관련된 갖가지 센서들을 통해 건강상태를 매일 기록하고, 간단한 건강문제를 일일이 진단해 주고, 심각한 문제가 감지되면 알아서 전문가를 호출해 준다.

2050년이 되면 많은 이들이 자신의 유전자 서열genes sequence을 파악해서 자신이 어떤 유전적인 위험요소를 안고 있는지 알게 된다. 이런 진단은 비용도 아주 싸고 간단히 할 수 있기 때문에 누구나 쉽게 혜택을 누릴 수 있다. 많은 젊은이들은 태아 때부터 자신의 유전자 배열을 파악해서 알고 있을 것이다. 여러분의 건강상태를 추적 관리하는 인공지능 의사가 이 유전자 배열에 접근해서 여러분이 취약한 질병들을 면밀히 감시하게 된다.

완전히 새롭고, 지금보다 훨씬 더 개별 맞춤형 건강관리가 이루어지는 것이다. 건강하게 오래 살고 싶은 것은 인간 모두의 염원이기 때문에 이 분야는 1조 달러 규모의 거대 시장이 될 것이다. 앞으로 30년 동안 경제성장의 상당한 부분은 이 꿈을 이루는 데 집중될 것이다. 각자의 개인 AI 주치의가 평생 우리의 건강기록을 추적하고 처방까지 해준다. AI 주치의는 어떤 인간 의사보다도 훨씬 더 많은 의료 지식을 갖추고 있고 새로운 첨단 의료 지식도 모조리 섭렵하고 있다.

이런 변화들을 통해 이득을 보는 것이 선진국인 제1세계에 국한되지 않도록 노력해야 한다. 현재 제3세계 일부에서는 최소 비용으로 치료할 수 있는 질병들로 사람들이 목숨을 잃고 있다. 앞으로는 AI가 그 사람들에게도 진단 도구를 제공해 줄 수 있을 것이다. 우리가 일반의로부터 듣는 것과 같은 수준의 진단을 제3세계 사람들도 스마트폰을 통해 제공받을 수 있는 세상이 되도록 하는 것이다.

변화 3 | 가상과 현실의 구분이 없는 하이퍼리얼 시대

게임과 영화가 하나로 결합되어 전혀 다른 영화의 시대가 열린다. 누구든 마음만 먹으면 어떤 스토리든 영화로 만들고, 어떤 인물이든 주인공으로 내세울 수 있게 되는 것이다. 마릴린 몬로를 부활시켜 새로 찍는 영화의 주인공으로 등장시킬 수도 있다. 누구든 영화의 주인공이 될 수 있다. 물론 실제 마릴린 먼로가 등장하는 것이 아니라 먼로처럼 말하고 연기하는 아바타를 말하는 것이다.

영화는 철저히 관객과 소통하는 인터랙티브*interactive*로 만들어진다. 영화의 스토리는 여러분이 움직이고 말하는 대로 전개될 것이다. 할리우드와 컴퓨터 게임산업이 하나로 통합되는 것이다. 영화를 통해 사람들은 현실을 완전히 초월한 하이퍼리얼*hyperreal*의 세계로 빠져들게 된다. 영화산업과 가상현실, 증강현실*augmented reality*, 그리고 컴퓨터 게임이 한데 어우

러져서 하나의 연예산업이 탄생되는 것이다.

다른 한편으로는 현실세계와 가상세계, 증강현실이 한데 합쳐지는 데 대한 우려도 점차 커지게 될 것이다. 사람들이 실제로 존재하지 않을 뿐만 아니라 존재할 가능성도 없는 세상에 빠져서 보내는 시간이 자꾸 많아지기 때문이다. 이런 비현실적인 세계는 사람들을 끌어들이는 흡인력이 매우 강할 것이다. 그런 세계에서는 모두 거부가 되고 유명인사가 될 수 있으며, 모두 미남 미녀가 되고 천재가 될 수 있다.

반면에 현실세계는 그보다 훨씬 더 재미없는 곳이 된다. 그런 비현실적인 세계에 중독되어 현실세계를 외면하고 사는 현실 부적응자들이 대거 생겨나게 될 것이다. 이들은 깨어 있는 시간 대부분을 비현실 세계에 파묻혀 지낸다. 현실세계에서는 받아들여질 수 없는 행동을 하는 이들을 본받아 이들처럼 행동하는 사람들도 생겨나게 된다. 현실세계에서 불법적인 행위는 가상세계에서도 불법으로 규정해 하지 못하도록 금지시켜야 한다는 목소리가 커질 것이다. 다른 한쪽에서는 그런 가상세계가 도피처가 필요한 사람들에게 안전밸브 역할을 해준다는 반론도 펼 것이다. 이 문제를 두고 사회 전체가 큰 논란에 휩싸이게 될 것이다.

변화 4 | 컴퓨터가 인간을 채용하고 해고한다

지금 구글플렉스*GooglePlex* 어느 한쪽 구석에서 컴퓨터가 사람을 채용하고 해고하는 일이 실제로 벌어지고 있다고 해도 나는 놀라지 않을 것이다. 우리는 이미 배우자를 물색하는 일을 컴퓨터에 맡기고 있다. 인간사에서 가장 중요한 결정 가운데 하나를 컴퓨터에 맡기고 있는 것이다.

일자리를 연결시켜 주는 것과 배우자를 물색해 주는 것 중 어느 쪽이 더 어려운 일일지를 놓고 의견이 다를 수는 있다. 어떤 개인의 자질과 과거 경력은 새로운 일자리를 연결시켜 주는 데 좋은 지표가 된다. 어떤 개인에게 특정한 인관관계를 맺어 주는 데 있어서 적합성 여부를 판단을 수 있는 객관적인 자료를 확보하는 것은 그보다 훨씬 더 어려운 일이다.

하지만 컴퓨터에게 사람을 채용하고 해고하는 결정을 내리는 일을 맡긴다는 것은 단순히 채용과 해고 결정을 내리는 것으로 끝나는 일이 아니다. 그것은 채용된 사람의 고용 기간 동안 컴퓨터가 그 사람의 인력 관리 업무까지 점차 떠맡는다는 것을 뜻한다. 프로그램이 그 사람의 근무 스케줄을 짜고, 휴일에 쉬라는 허락을 내리고, 근무평가에 따라 포상을 주는 결정까지 맡는 것이다. 경영진은 그런 일을 컴퓨터에 맡김에 따라 생기는 시간을 보다 장기적인 비즈니스 전략을 수립하는 일에 쓸 수 있게 된다. 그렇게 하는 게 바람직하다.

2016년 12월, 세계 최대 헤지펀드 회사 가운데 하나로 1천억 달러가 넘는 자산을 운용하는 브리지워터 어소시에이츠Bridgewater Associates는 채용과 해고와 몇 가지 전략적인 결정을 포함한 회사의 일상적인 관리 업무를 컴퓨터 자동처리 기능에 맡기겠다는 계획을 발표했다. 이 자동화 계획은 IBM에서 인공지능 왓슨 개발을 주도했던 데이비드 페루치David Ferrucci가 책임지고 있다.

이런 종류의 프로젝트에 대해서는 여러 윤리적인 문제가 제기되고 있다. 사람의 채용, 그리고 특히 해고와 같은 결정을 컴퓨터에 맡기는 것이 과연 옳은 일인가? 특히 근본적인 방법으로 인간의 삶에 영향을 미치는 분야의 결정을 기계에게 맡기는 데는 명확한 한계를 정할 필요가 있다는 주장이 제기되고 있다. 어린 시절에 나는 아더 C. 클라크*Arthur C. Clarke*의 책을 좋아했다. 예언으로 가득 찬 그의 책을 읽으며 나는 생각하는 기계를 발명하겠다는 꿈을 키웠다. 사람을 해고하는 일을 기계에 맡기는 문제를 놓고 고심하면서 나는 그의 저서 《2001: 스페이스 오디세이》*2001: A Space Odyssey*에 나오는 유명한 한 구절을 다시 펼쳐보았다. '미안하지만, 당신한테 그 일을 맡길 수는 없어.'

우리는 앞으로 컴퓨터에게 이런 말을 할 줄 알아야 한다. 어떤 일을 기계한테 맡기면 사람보다 더 잘해낼 수 있다는 사실이 능사가 아니다. 인간이 기계한테 결정을 내려달라고 맡겨서는 안 되는 일들이 있는 것이다.

변화 5 | 모든 지시는 음성대화로

한층 더 긍정적인 예측을 해보자. 사람이 방에 들어가 '불 켜!'라고 크게 소리친다. 그리고 '다음 약속은 언제지?'라고 묻는다. 혹은 '어젯밤 축구경기에서 누가 이겼지?'라고 물을 수도 있다. 그러면 방안에 있는 무엇인가가 답을 해준다. 답을 하는 존재는 TV일 수도 있고, 스테레오 음향기나 냉장고일 수도 있다. 어떤 기계가 되었든, 그것은 방에 들어온 사람이 누구인지 알아본다. 목소리 패턴을 분석해 그 사람의 정체를 파악한 다음 그의 개인정보에 접근해서 일정을 체크하고, 어떤 축구경기의 결과를 알고 싶어 하는지 알아채고 답을 해주게 된다.

이런 생활 스타일을 싫다고 거부하고 온라인으로 연결되지 않는 19세기 생활 스타일을 고집하는 사람도 더러 나올 것이다. 하지만 대부분은 이런 온라인 가전기기가 주는 혜택을 누리려고 할 것이다. 가정에서 쓰는 냉장고와 토스터, 온열기, 욕실, 도어 잠금장치, 전등, 창, 자동차, 자전거, 화분까지 모조리 온라인으로 연결된다. 이런 식으로 2020년까지 '사물인터넷'Internet of Things으로 연결되는 품목은 2000억 가지가 넘을 것으로 예상되고 있다. 살아 숨 쉬는 인간들 한 명 한 명이 수십 가지의 전자기기들로 연결되는 것이다. 이들 품목 가운데 다수는 스크린 없이 연결된다. 음성 대화를 통해 자연스런 접촉이 이루어지는 것이다.

이러한 사물인터넷을 움직이는 작동 시스템이 바로 인공지능이다. 여러분과 하드웨어 사이를 이어주는 소프트웨어 기반이 되는 컴퓨터 오퍼레이팅 시스템은 지난 수십 년 동안 놀라운 발전을 이루어 왔다. 처음에는 사용자가 스위치를 누르고 플러그를 연결해서 하드웨어를 작동시켰다. 기계를 작동시키려면 그 기계가 움직이는 하드웨어의 작동원리부터 알아야 했다. 하지만 이후 오퍼레이팅 시스템은 진화를 거듭하며 사람이 점점 더 쉽게 컴퓨터와 소통할 수 있도록 만들었다.

1970년대에는 컴퓨터를 작동하는 데 다소 엽기적인 면이 있었다.

초짜 프로그래머들은 S-DOS, CP/M, Unix 같은 명령 시스템을 배우는 데 애를 먹었다. 파일을 복사하려면 'cp' 같은 별 의미 없는 명령어를 쳐야 했다. 1980년대 들어와서는 맥Mac OS와 윈도우Windows 같은 쉬운 그래픽 인터페이스로 발전이 되어서 포인트와 클릭만 하면 되게 되었다.

파일을 삭제하려면? 그걸 끌어다 휴지통에 넣어 버리면 된다. 이보다 더 쉬운 일이 어디 있겠는가? 이제 더 이상 컴퓨터 만지는 일이 천재 괴짜들만의 소관사항이 아니게 되었다. 누구나 마우스를 잡고 컴퓨터를 쓸 수 있게 된 것이다.

1990년대 들어와서 컴퓨터는 더 연결된connected 존재로 발전했다. 인터넷이 등장하며 브라우저가 왕의 자리에 올랐다. 구글의 운영체계OS인 크롬OSChrome OS는 브라우저만 사용한다. 더 최근에 와서 컴퓨터는 모바일화 되어서 스마트폰에 사용하는 앱 개발에 초점이 맞추어지고 있다. 다음에 일어날 혁명적인 변화는 대화식 운영체계conversational operating system가 될 것이다. 구글의 어시스턴트Assistant와 애플의 시리Siri를 비롯한 음성분석을 수행하는 후속 프로그램들이 이러한 새로운 운영체계의 기반이 될 것이다. 자판을 두드리는 시대는 끝날 것이다. 포인트를 가리키는 일도 없을 것이다. 사용자가 그냥 말만 하면 기계가 알아서(클라우드를 이용해) 명령을 수행하게 되는 것이다.

따라서 앞으로는 컴퓨터 기계와 직접 대면하는 일은 없어질 것이다. 음성대화가 대면을 대신하게 된다. 이 방에서 저 방으로 옮겨가고, 자동차로 옮겨가고, 사무실로 침실로 이동하는 도중에도 이러한 대화는 계속된다. 구글, 마이크로소프트Microsoft, 페이스북Facebook, 아마존Amazon 같은 기업들이 승자가 될 것이다. 네트워크 효과를 어마어마하게 누리는 분야들이기 때문이다. 사람들은 어디를 가든 이런 대화를 계속하고 싶어 한다.

피해를 보는 분야들도 있을 것이다. 개인의 프라이버시와 다양성, 민주주의가 도전을 받게 될 것이다. 미국 국가안보국National Security Agency을 비롯한 정보기관들은 손쉽게 사람들을 도청할 수 있게 될 것이다. 마케팅 기업들도 사람들의 일상과 관련된 데이터를 상업적 목적으로 이용하려 들 것이다. 그러니 앞으로는 프라이버시 부분을 체크해달라는 요청을 받으면 어떤 부분을 포기할지 신중히 고려한 다음 답을 해야 할 것이다.

변화 6 | AI 범죄시대

2050년이 되면 대형 은행이 로봇 강도에 의해 털리게 될 것이다.

로봇 강도는 은행 앞문을 통해 걸어 들어오거나 지하금고 문을 따고 들어가지는 않을 것이다. 그것은 전자로 침투하는 '소프트 강도'이다. 컴퓨터를 통해 수억 달러를 순식간에 털어갈 수 있다. 지금까지 사이버 범죄의 기술 수준은 비교적 낮은 편이었다. 범죄자들은 방심한 유저들로부터 패스워드를 빼냈다. 순진한 직원이 문제의 링크를 클릭하면 악성코드가 다운로드 되는 수법이다. 인공지능은 이런 게임의 법칙을 바꾸어 놓을 것이다. 그것은 우리에게 축복인 동시에 저주가 될 수 있다. 더 정교해진 소프트웨어가 시스템을 방어하게 될 것이다. 하지만 공격하는 범죄자도 더 똑똑해질 것이기 때문에 보안 시스템은 한층 더 정교해질 필요가 있다.

미국 국방부 산하 방위고등연구계획국DARPA은 2014년에 보안 시스템 개발을 위해 사이버 그랜드 챌린지Cyber Grand Challenge라고 불리는 해킹대회를 열었다. 이 보안 시스템이 개발되면 소프트웨어 상의 문제점을 실시간으로 스스로 찾아내 바로잡는다. 우승자인 카네기 멜론대의 인공지능 메이헴Mayhem 팀은 2016년 8월 세계 최대 규모의 연례 해킹대회인 데프콘 24DEF CON24에서 2백만 달러의 우승상금을 차지했다. 7개 팀이 본선에 올라 실전 해킹방어 경기인 캡처 더 플래그Capture the Flag 방식을 통해 96라운드의 경연을 벌였다.

이 경연은 참가팀들이 자신의 데이터를 지키면서 상대팀의 데이터를 공격하는 세계적으로 유명한 해킹 게임이다. 다른 해킹 게임과 다른 점이 있다면 참가자들이 인간이 아니라 자율 프로그램이라는 점이다. 메이헴은 이 자리에서 인간 해커팀들과도 대결을 벌였으나 불과 몇 개 팀만 제치고 하위권에 머물렀다. 하지만 2050년이 되면 인간이 이 인공지능 해커들을 이기지 못할 것이라고 나는 장담한다. AI 해커들은 인간 해커들보다 훨씬 더 빠르고 철저하게 일을 처리해 낼 것이다. 인공지능의 힘을 빌리지 않고서는 인공지능의 공격을 막아낼 수 없게 될 것이다.

DARPA는 사이버 그랜드 챌린지 대회 개최에 수백만 달러를 투자했다. 이들이 자율 사이버 보안에 관심을 갖는 주목적은 민간용이 아니다. 현대전은 사이버 공간으로 옮겨가는 중이며, 미군도 이 분야에서 적에게 우위를 내줄 수 없다는 생각을 갖고 있다. 하지만 이 분야에서 사용되는 기술은 민간 부분에서 금방 응용될 것이다. 러시아가 2016년 미국 대통령선거에 영향력을 행사하기 위해 해킹을 동원한 것은 사이버 공격이 얼마나 심각한 영향력을 미칠 수 있는지 보여주는 주요한 사례이다.

앞으로 닥칠 과제들 가운데 하나는 시스템을 방어하기 위해 사용되는 발전된 인공지능 기술들이 순식간에 시스템을 공격하는 용도로 전환될 것이라는 점이다. 은행들도 외부 공격으로부터 자체 시스템을 방어하기 위해서는 점점 더 정교한 인공지능 시스템 개발에 투자하지 않을 수 없게 될 것이다.

변화 7 | 로봇 스포츠팀 등장

2050년에도 독일 축구팀이 월드컵 챔피언이 될 것이라는 점을 전제로 이야기를 시작하겠다. 독일 축구팀은 지금까지 월드컵에서 브라질보다 한 번 적은 4번 우승을 차지했다. 하지만 브라질 팀과 달리 독일 팀 선수들은 상승세에 있다. 2050년에 우승을 차지한 독일 팀은 로봇팀과 시범경기를 벌여 패하게 될 것이다. 로봇 선수들은 인간 선수들에 비해 여러 면에서 유리하다. 우선 볼을 다루는 능력이 훨씬 더 우수하다. 이들은 절대로 실수를 범하지 않고 자로 잰 것처럼 정확한 패스를 계속할 것이다. 그리고 페널티킥 성공률은 백퍼센트이다.[3]

로봇 선수들은 어떤 경우에도 다른 선수들이 어느 지점에 자리를 잡고 있는지 정확하게 파악하고 플레이를 한다. 그리고 이들은 이런 정보를 활용해서 게임을 유리하게 풀어나간다. 지금까지 치러졌던 월드컵 본선경기를 비롯해 기록으로 남아 있는 경기들을 모조리 지켜보고 작전을 학습한 덕분이다. 2014년 준결승에서 맞붙은 독일과 브라질 경기기록도 물론 보고 학습했다. 독일이 7대 1로 이긴 경기였다. 로봇 팀 팬들은 독일팀을 좀 살살 다루라며 여유까지 부릴 것이다.

그렇다고 인간 축구선수들이 이런 시범경기 결과를 보고 너무 겁먹을 필요는 없다. 대부분의 축구팀은 여전히 인간 선수들로 구성될 것이기 때문이다. 로봇 선수끼리 벌이는 경기는 별 관심을 끌지 못할 것이다. 로봇이 인간을 상대로 승리를 거두고 나서부터는 특히 더 그럴 것이다.

하지만 인공지능AI은 축구를 비롯해 인간들이 하는 스포츠 경기의 운영 방식을 크게 바꾸어놓게 될 것이다. 감독과 팀원들은 선수들의 기량을 향상시키기 위해 머신러닝을 통해 선수 훈련과 작전 운용에 필요한 최적의 알고리즘을 찾아낼 것이다. 축구팀에서는 데이터 전문가들이 가장 고액의 연봉을 받게 될 것이다. 맨체스터 유나이티드 축구팀의 스카우터들은 유능하고 젊은 컴퓨터 학도들을 스카우트하려고 옥스퍼드대와 임페리얼Imperial대, 에든버러Edinburgh대 일대를 기웃거리게 될 것이다.

변화 8 | 무인 수송시대

2050년이 되면 사람이 타고 있지 않은 무인 선박, 무인 항공기, 무인 기차가 전 세계 대양과 하늘, 철도를 누비게 될 것이다.

옥스퍼드대가 일자리 자율화에 관해 발표한 보고서는 선장, 항해사, 파일럿이 자율화로 대체될 가능성을 27퍼센트로 보았다. 나는 이 수치가 너무 낮게 잡은 것이라고 생각한다. 2016년에 롤스로이스 해양 부분 사장은 이렇게 전망했다. "자율해운Autonomous shipping이 해운산업의 미래이다. 스마트폰이 큰 변화를 불러온 것처럼, 앞으로 원격으로 조종되는 스마트 선박이 선박 디자인과 해운산업 전반에 혁명적인 변화를 가져올 것이다."

트럭과 항공기 운항의 경우에는 중요한 결정이 눈 깜짝할 사이에 내려져야 한다. 하지만 선박은 비교적 시간적인 여유가 많은 편이다. 따라서 선박의 자율운항은 트럭이나 항공기보다 실현하기가 더 쉽다. 자율운항은 선박의 안전을 향상시키는 외에 효율성을 크게 높여 줄 것이다. 그리고 현재 승무원들이 쓰는 공간을 화물 싣는 곳으로 쓸 수 있게 된다. 교대 승무원이 오기까지 기다릴 필요도 없게 될 것이다. 자율주행 트럭과 마찬가지로 선박 운항비는 크게 떨어지게 된다.

2050년이 되면 자율운항 화물기도 크게 늘어날 것이다.

도로와 달리 하늘에는 이미 강력한 규제가 적용되고 있기 때문에 자율운항 항공기의 등장은 훨씬 수월할 것이다. 게다가 항공기에는 이미 상당한 수준의 자율운항이 실행되고 있다. 조종석에서 사람을 완전히 몰아내기 위해 추가로 취할 조치가 별로 남아 있지 않다. 화물 운송기의 경우 사람의 목숨이 걸려 있는 게 아니기 때문에 자율운항 승인이 내려지기까지 많은 시간이 걸리지 않을 것이다.

사람을 태우는 항공기는 당분간 계속 사람이 조종간을 잡게 될 것이다. 하지만 앞으로 몇 십 년 동안 무인 자율운행 화물기가 안전운항을 하는 것을 보고 나면 사람을 태우는 항공기도 굳이 사람에게 조종석을 맡길 필요가 있느냐는 문제를 놓고 의견이 분분해질 것이다.

이미 경전철을 비롯해 자율적으로 움직이는 도시철도와 메트로 시스템은 많이 도입되어 운행되고 있다. 장거리 운행 철도를 자율운행으로 만드는 데는 해결해야 할 여러 과정이 남아 있기 때문에 앞으로 몇 십 년은 더 걸릴 것이다. 호주의 광산기업 리오 틴토Rio Tinto는 세계 최초로 완전 자율주행으로 움직이는 장거리 철도 수송 시스템을 개발 중이다. 이 무인 철도 시스템으로 호주 서부 필바라Pilbara지역에서 철광석을 실어 나르게 된다.

이러한 자율수송AutoHaul 기술은 2014년부터 시험 가동되고 있다. 2017년 말까지는 초기 문제들이 나타났으나 2050년까지는 이런 문제들도 모두 해결될 것이라는 전망이다. 그때가 되면 다른 많은 장거리 철도들도 자율운송 체제로 전환될 것이다.

한 가지 예로 독일의 국영 철도회사인 도이치 반Deutsche Bahn은 2023년까지 장거리 무인 자율주행 열차를 도입한다는 계획을 세워놓고 있다. 자율주행 열차는 철로의 안전을 크게 향상시키는 것과 함께 화물 운송량도 크게 늘려 줄 것이다. 그렇게 되면 아이들이 커서 열차 기관사가 되고 싶다는 꿈은 더 이상 꿀 수 없게 된다. 사람이 열차를 운전한 때가 있었다는 사실 자체를 모르게 될지도 모르겠다. 그때가 되면 나이 든 사람들은 지금 우리가 증기기관차 시절을 생각하는 것처럼 사람이 열차를 몰던 시절을 그리워하게 될 것이다.

변화 9 | 로봇이 뉴스를 제작하고 보도한다

2050년이 되면 사람의 손이 하나도 들어가지 않고 제작된 TV 저녁뉴스가 등장할 것이다. 내가 제시한 다른 예측들처럼 무인 뉴스제작 시대도 사실은 지금도 거의 눈앞에 와 있다. 마지막 조각을 아직 끼워 맞추지 않고 있는 것뿐이다.

먼저 기자들이 하고 있는 기사작성 업무에 대해 생각해 보자. 간단한 스포츠 기사나 금융 관련 기사는 이미 컴퓨터가 알아서 작성하고 있다는 사실은 소개한 바 있다. 앞으로 기술이 발전해 감에 따라 점점 더 복잡한 기사까지 컴퓨터가 작성하게 될 것이다.

그렇게 되면 사람은 어떤 뉴스를 추적하고, 어떤 뉴스를 보도하며, 프로그램을 어떻게 편성할지 등을 결정하는 뉴스 에디터의 역할을 맡게 될 것이다. 워싱턴 포스트는 2016년 리우올림픽 때 자체 개발한 로봇기자 시스템인 헬리오그라프*Heliograf*를 시험 사용했다. 이 신문은 인공지능*AI* 로봇이 작성한 간단한 기사를 뉴스 블로그에 게재했다. 그로부터 35년이 지난 2050년이 되면 이런 시스템이 신문과 텔레비전, 라디오 뉴스룸에서 당연한 일로 자리 잡게 될 것이다.

그 다음 뉴스를 소개하는 앵커의 역할은 어떻게 될 것인지 알아보자. 앞에서 일본 연구자들이 2014년에 개발한 뉴스 읽는 로봇 앵커를 소개한 바 있다. 그보다 더 최근에는 마이크로소프트가 개발한 챗봇이 상하이 드래곤 텔레비전*Dragon Television*의 모닝 뉴스 프로그램에서 날씨 뉴스 보도를 맡기 시작했다. 뉴스 현장을 영상에 담는 카메라 기자의 경우는 어떻게 될까. 많은 스튜디오들이 이미 로봇 카메라에 그 역할을 맡기고 있다.

언론사들은 비용을 줄여야 한다는 압박을 점점 더 많이 받고 있기 때문에 궁극적으로는 사람의 손을 빌리지 않고 프로그램을 진행하도록 하는 게 불가피할 것 같다. 이런 방식으로 제작된 프로그램은 오늘날 우리가 보고 있는 방송 뉴스와 같은 수준의 품질을 그대로 유지할 것이다.

방송이 특정 시청자 그룹이 선호하는 관심 분야에 국한돼 맞춤식으로 제작되는 '내로우캐스트'*narrowcast* 방송이 되는 것은 피할 수 없을 것이다.

미디어 소유주들은 특히 몸값이 비싼 앵커들을 비롯한 방송제작 인력을 뉴스룸에서 몰아냄으로써 생기는 경제적인 이득을 누리게 될 것이다. 하지만 사람이 뉴스가치를 판단하지 않고 이를 컴퓨터에 맡길 경우 알고리즘이 발생시킬 편파성 우려를 놓고 논란이 전개될 것이다. 인간이 갖고 있는 관점은 우리가 세상을 보는 렌즈에 의해 만들어진다. 이 알고리즘들이 충분히 비판적인 시각을 유지할 수 있을까? 우리의 관심사를 충분히 고려해 줄 수 있을까? 거짓과 기만을 제대로 알아챌 수 있을까? 우리가 슬퍼할 때 함께 울어 줄 수 있을까? 아니면 최소한 우리에게 이전처럼 즐거움이라도 제대로 줄 수는 있을까?

변화 10 | 디지털 쌍둥이 로봇으로 영생의 꿈에 도전

이 마지막 예측을 보면 사람들은 귀가 번쩍 뜨일 것이다. 이 예측 역시 지금 거의 실현 단계에 와 있다. 2016년에 유지니아 큐다*Eugenia Kuyda*는 얼마 전에 교통사고로 죽은 남자 친구 로만 마즈렌코*Roman Mazurenko*와 나눈 채팅 기록, 사진 등을 토대로 그가 하는 말투를 그대로 흉내 내는 챗봇을 만들었다. 로만의 친구는 이렇게 말했다. "정말 놀랍게도 말하는 투가 정말 그 친구와 똑같았어요. 그 친구 말하는 투가 그랬거든요." 로만의 어머니는 나아가 이렇게 말했다. "우리 아이에 대해 엄마로서 모르는 게 많았어요. 하지만 이제 우리 애가 여러 관심사에 대해 어떻게 생각하는지 읽고 알 수 있게 되었어요. 아이에 대해 좀 더 알 수 있게 될 것 같아요. 마치 아이가 내 옆에 살아 돌아온 것 같은 착각이 들게 해줍니다."

2050년이 되면 이와 같은 인공지능 챗봇은 흔히 볼 수 있는 존재가 될 것이다. 나와 똑같이 말하고, 나의 과거를 그대로 꿰뚫고 있기 때문에 내가 죽으면 그 챗봇이 뒤에 남겨진 우리 가족을 위로해 줄 것이다. 챗봇에게 유언장을 읽고 남은 재산을 어떻게 나누어 주라고 시키는 사람들도 있을 것이다. 챗봇을 내세워 개인적인 원한을 갚으려고 하는 이들도 생겨날 것이다. 하지만 많은 이들은 챗봇으로 슬픔을 더 키우는 짓은 가능한 한 하지 않으려고 할 것이다. 그래서 가족들이 슬퍼할 순간이 오면 분위기를 전환시키라고 로봇에 유머감각을 프로그램 해 넣을 수도 있을 것이다.

실생활에서도 이런 '디지털 쌍둥이'digital doubles가 등장할 것이다. 유명인사들은 로봇에게 소셜미디어 작성하는 일을 대신하도록 맡길 것이다. 페이스북 메시지에 대신 응답하게 하고, 무슨 일이 있으면 트위터에 글을 올리고, 인스타그램에 사진을 올리고 캡션을 다는 일을 로봇이 대신 맡아서 하는 것이다. 많은 이들은 삶의 상당 부분을 그런 로봇에게 의존한다. 로봇이 우리의 일정을 관리한다. 약속 잡는 것을 비롯한 여러 사회활동을 로봇이 맡아서 하고, 이메일 답장 쓰는 일도 로봇에게 맡기게 될 것이다.

구글의 수석 이코노미스트인 할 베리언Hal Varian은 이런 법칙을 내세웠다. 실제로는 앤드류 맥아피Andrew McAfee가 창안한 개념이다. '미래를 예측하는 가장 간단한 방법은 오늘날 부자들이 쓰는 물건을 관찰하는 것이다. 예를 들어 중산층 사람들은 10년 동안 거의 같은 물건을 쓰고, 가난한 사람들은 그보다 10년 더 쓴다.' 오늘날 부자들은 자신들의 삶을 관리하는 데 개인비서의 도움을 받는다. 미래에는 많은 사람들이 디지털 비서의 도움을 받을 수 있게 될 것이다. 오늘날 부자들은 운전기사를 두고 있다. 미래에는 많은 이들이 자율주행 자동차를 타고 다니게 될 것이다. 오늘날 부자들은 가족의 자산을 관리해 주는 전문가를 따로 두고 있다. 미래에 사람들은 재산을 많이 갖지 않겠지만 로봇 어드바이저에게 자산관리를 맡기게 될 것이다.

이처럼 우리의 삶과 사후를 로봇에게 맡기는 디지털 아웃소싱 방식은 열띤 논란을 불러일으킬 것이다. 당신 행세를 하는 인공지능 로봇이 맘에 들지 않을 때는 어떻게 제제를 가할 수 있는가? 지금 나와 이메일을 주고받는 상대가 로봇인지 사람인지 알 권리가 나한테 있는가? AI 로봇이 정치유세에 대신 나오는 것은 법률로 금지하는 게 옳은가? 2016년 미국 대통령 선거는 그런 기술의 발달이 어디까지 나아갈 것인지 보여주는 하나의 시금석 역할을 했다.

이밖에도 앞으로 우리 사회 전반을 시끄럽게 할 많은 문제들이 남아 있다. 우리가 죽은 다음 내 AI 로봇의 스위치는 누가 꺼 줄 것인가? 여러분의 인공지능 로봇이 인종차별을 부추기고 남녀차별을 선동한다면 그것은 여러분의 책임인가? AI 로봇도 언론자유를 누릴 권리가 있을까?

흥미진진한 미래가 우리를 기다리고 있다.

에필로그

지금 행동에 나서지 않으면
AI가 재앙 안겨준다

21세기 말이 되어서 되돌아보면 우리는 생각하는 기계의 등장을 우리 인류의 위대한 과학적 업적 가운데 하나로 간주하게 될 것이다.

그것은 인류가 그동안 이루기 위해 노력해 온 어떤 담대하고 의욕적인 도전보다도 더 두드러진 업적이 될 것이다. 코페르니쿠스의 혁명적인 주장처럼 그것은 우주 안에서 인간이 차지하는 위치에 대한 우리의 생각을 근본적으로 바꾸어놓을 것이다. 어쩌면 그것은 인류의 마지막 도전이 될지도 모른다. 왜냐하면 앞으로는 지식의 한계를 넓혀가기 위해 인류가 그동안 계속해 온 도전을 생각하는 기계가 대신하게 될 수 있기 때문이다.

생각하는 기계는 인류가 남기는 위대한 유산이 될지도 모른다. 지금까지 인간의 삶에 이보다 더 큰 영향을 미친 발명품은 없다고 해도 과언이 아니다. 생각하는 기계의 등장은 규모 면에서 산업혁명에 버금가는 사회적 혁명을 촉발시킬 것이다. 증기기관차 발명을 통해 인간이 육체노동에서 해방되었다면, 생각하는 컴퓨터는 인간을 정신노동에서 해방시켜 줄 것이다. 이 혁명으로 우리의 삶의 모든 영역이 변화를 겪게 될 것이다. 일하는 방식과 노는 방식이 바뀌고, 자녀교육 방식, 환자를 치료하는 방식,

노인을 요양하는 방식까지 모조리 변화를 겪게 될 것이다.

지금 세계는 지구온난화와 수시로 닥치는 글로벌 금융위기, 테러와의 전쟁, 난민 문제 등 여러 어려움에 직면해 있다. 그리고 우리가 겪고 있는 이런 문제들은 모두 글로벌 차원의 난제들이다. 여기에 인공지능AI이 새로운 문제를 하나 더 추가하게 될 것이다. 인공지능은 당장 사람들의 일자리를 위협할 것이고, 장기적으로는 인류의 생존까지 위협하게 될 것이다. 하지만 우리는 인공지능이 가져다 줄 혜택도 있다는 점을 잊어서는 안 된다. 앞에 열거한 지구적인 난제들을 해결하는 데 인공지능이 도움을 줄 수도 있을 것이다.

인공지능의 발명이 인간의 삶을 더 풍요롭게 해줄지, 더 나쁜 쪽으로 몰고 갈지 여부는 우리 사회가 AI 기술발전에 어떻게 대응해 나가느냐에 따라 크게 좌우될 것이다. 이는 과학자, 기술자들뿐만 아니라, 정치인, 작가, 시인들까지 모두 나서서 머리를 맞대야 할 과제이다. 작가인 바츨라프 하벨Václav Havel은 벨벳혁명 기간 중 앞장서서 체코의 민주화를 훌륭하게 이끌었다. 눈앞에 닥친 이 지식혁명Knowledge Revolution을 성공적으로 이끌기 위해서는 우리도 이런 비전과 도덕성을 가진 사람들의 노력이 필요하다.

현재 진행 중인 이런 변화들은 많은 심각한 문제들을 야기시킬 것이다. 그 중에서도 가장 심각한 분야는 경제 분야이다. 만약에 합당한 견제장치가 마련되지 않는다면 새로운 기술을 가장 잘 활용할 수 있는 소수의 기업과 개인의 손에 부富가 집중될 것이다. 토마 피케티Thomas Piketty 같은 경제학자들은 자본주의 경제에서는 돈이 돈을 버는 자본수익률rate of return on *capital*이 사람이 일해서 돈을 버는 경제성장률*rate of economic growth*보다 성장속도가 빠르기 때문에 경제적 불평등이 증가한다는 주장을 내놓았다.

사실 인류 역사의 대부분이 이런 식으로 진행되어 왔다고 그는 주장한다. 그밖에 세계화와 글로벌 금융위기도 이러한 경제적 불평등을 키우는 데 일조한다. 이런 추세를 바로잡을 대비책을 마련하지 않는다면 인공지능은 소수의 손에 부를 집중시킴으로써 이러한 경제적 불평등을 더 심화시키고 말 것이다.

인공지능과 함께 인류의 미래가 어떻게 펼쳐질 것인지에 대해 사람들에게 널리 알리는 것은 과학자들의 책무이다. 앞에서 언급한 것처럼 인공지능은 여러 분야에서 우리에게 유익한 미래를 안겨줄 수 있다. 인공지능의 도움으로 인류는 더 건강하고, 더 부유하고, 더 행복해질 수 있다. 물론 AI가 인류에 불행한 미래를 가져올 수 있다고 경고하는 비평가들의 말도 일리가 있다. AI는 많은 사람들의 삶의 터전을 망가뜨리고, 전쟁의 참화를 더 키울 수 있으며, 인간의 프라이버시를 완전히 박탈해 버릴지도 모른다.

하지만 미래가 어떤 식으로 전개될지는 아직 결정되지 않았다. 만약 우리가 손 놓고 아무런 노력도 하지 않는다면 결과는 좋지 않은 방향으로 흘러갈 것이다. 역사적인 관점에서 보면 지금은 많은 요인들이 인류를 바람직스럽지 않은 방향으로 내몰고 있는 것이 분명하다. 지구는 점점 더 더워지고, 경제적 불평등은 증가되고 있으며, 개인의 프라이버시는 침해당하고 있다. 이런 추세를 바꾸기 위해서는 인류 전체가 당장 행동에 나서야 한다. 아직 때를 놓친 것은 아니지만 더 지체할 시간도 없다.

사회 전체가 나서서 결정을 내려야 할 아주 중요한 문제가 한 가지 있다. 그것은 바로 어떤 종류의 결정들을 기계한테 위임할 것이냐는 문제이다. 우리는 많은 종류의 결정을 자율기능을 가진 기술에 맡길 수가 있다. 그 가운데 일부는 우리의 삶은 더 낫게 만들어 줄 것이다. 생산성을 끌어올리고, 건강에 도움을 주고, 행복지수를 향상시켜 줄 것이다.

　하지만 그 가운데는 우리의 삶을 더 나쁘게 만들 종류의 결정도 있다. 이런 결정들은 실업률을 높이고, 개인의 프라이버시를 위축시키고, 윤리적인 문제를 일으킬 것이다. 나는 그동안 아무리 기계가 인간보다 더 나은 결정을 내릴 수 있다고 하더라도 기계한테 넘겨주어선 안 될 결정들이 있다는 주장을 펴왔다. 기계는 우리의 삶에 뛰어 들어온 낯선 침입자이다. 우리는 인류의 삶을 윤택하게 해줄 분야에 국한시켜서 이 침입자를 받아들여야 할 것이다.

　앞부분에 소개했던 사람의 이야기로 책을 마무리하고자 한다. 1951년 BBC 라디오3*ThirdProgramme* 방송 말미에 앨런 튜링은 이렇게 말했다.

　"우리는 그동안 말이나 글을 통해 인간이 가진 특성 가운데 일부는 기계가 절대로 흉내 낼 수 없다는 주장을 펴 왔다. 그런 주장을 통해 일종의 위안을 받은 것도 사실이다. 하지만 나는 그런 위안의 말을 여러분에게 해드릴 수가 없다. 나는 인간의 특성 가운데서 기계가 넘보지 못할 한계선이 있다고 생각하지 않기 때문이다. 하지만 나는 앞으로 생각하는 기계의 발명이 인간인 우리가 자신의 존재를 제대로 인식하는 데 큰 도움을 줄 것이라고 생각한다."

주 석

프롤로그

1. 앨런 튜링이 고안한 Pilot ACE 컴퓨터가 처음 언론에 공개된 것은 1950년 12월이 었다. 일반용 컴퓨터로는 역사상 대략 11번째였다. 그 이전에는 다음과 같은 컴퓨터 들이 있었다. Z3(독일,1941); Colossus Mark1(영국,1944); Harvard Mark1(미국,1944); Colossus Mark2(영국,1944); Z4(독일,1945); ENIAC(미국,1946); Manchester Baby(영 국,1948); Manchester Mark1(영국,1949); EDSAC(영국,1949); CSIRAC(호주,1949). 최초 의 상업용 전자컴퓨터인 UNIVAC1과 Manchester Ferranti가 등장한 것은 1951년이었 다. 이후 10여년에 걸쳐 Sperry Rand가 판매한 UNIVAC1 컴퓨터는 45대에 불과했다. 미국 인구센서스국, 미국 육군을 비롯해 보험회사 몇 군데가 고객이었다. 튜링이 인공 지능에 대한 꿈을 꾸기 시작하고 난 뒤에도 몇 십 년 동안 컴퓨터는 매우 희귀하고 값 비싼 괴물이었다. 오늘날은 전 세계적으로 10억 대가 넘는 컴퓨터가 쓰이고 있고, 몇 십 달러만 주면 살 수 있는 컴퓨터도 수두룩하다. 이렇게 되기까지 70년 가까운 세월 이 걸린 셈이다.

2. 참고문헌 [44]의 442쪽.

3. *Time*의 선정위원들 외에도 많은 이들이 이러한 평가를 지지한다. *Nature*는 튜링의 탄생 100년을 맞아 그를 '시대를 통틀어 가장 위대한 과학자 중 한 명'이라고 불렀다.

4. 봄베는 에니그마 암호코드를 푸는 데 사용된 전자기계 장치였다. 내장 프로그램을 비롯해 컴퓨터가 갖추어야 할 핵심 특성 몇 가지를 갖추지 않았기 때문에 컴퓨터는 아 니었다. 그래도 봄베는 독일군 에니그마 코드의 크립*crib*키를 찾아 컴퓨터가 하는 검 색작업을 수행했다.

5. '튜링 기계'는 긴 테이프와 단순한 논리규칙에 따라 움직이는 읽고 쓰는 헤드로 구 성된 일종의 가상 컴퓨팅 장비였다. 컴퓨터 프로그램의 움직임을 흉내 내는 기계인 셈

이다. 단순한 기계이기는 하지만 오늘날 우리가 쓰는 컴퓨터의 가장 기본적인 모델이라고 할 수 있다.

6. 참고문헌 [45]. *The Philosophical Transactions of the Royal Society*는 영국 왕립협회 로열 소사이어티가 1665년에 창간했으며, 영어권에서 가장 오래된 학술저널이다.

7. 튜링은 1954년에 불과 41세의 나이로 세상을 떠났으며, 사인은 자살로 발표됐다. 그가 죽기 전 반쯤 먹다 남긴 사과에 시안화물이 묻어 있었고, 사체에서도 같은 약물이 검출되었기 때문에 시안화물이 사인인 것으로 추정되었다. 참고문헌 [24].

8. 참고문헌 [9].

9. 참고문헌 [44].

10. 구글은 신경망 개발 기업인 딥마인드에 5억 달러, 자연어 처리 전문 기업인 와비 *Wavii*에 3천만 달러를 비롯해 로봇 개발 기업 7곳에 수백만 달러를 투자했다.

11. 이 책에서 명시하는 금액은 별도의 표시가 없는 한 미국 달러를 나타낸다.

12. 클로드 섀넌은 1916년에 태어나 2001년에 사망했다. 그가 MIT 석사논문에서 증명해 보인 내용이 오늘날 모든 컴퓨터 하드웨어의 기본원리로 평가받고 있다. 그런 이유로 그의 석사논문은 20세기에 가장 중요하고 유명한 석사논문으로 불리고 있다. 1950년 컴퓨터 체스에 관한 최초의 학문적인 논문도 발표했다. 주말이면 아내 베티와 함께 라스베이거스로 가서 카드 카운팅으로 블랙잭 도박을 해서 돈을 따기도 했다.

13. 나도 Go 게임을 몇 번 해봤지만 매번 참패하고 말았다.

14. 쿡 선장이 이끄는 유럽 탐험대가 호주 대륙에 발을 디디기 전까지 호주 사람들은 검은 백조가 있는 줄 몰랐다. AD 1세기에 로마 시인 주베날은 '선한 사람은 검은 백조처럼 귀하다.'는 식으로 귀한 것을 나타내는 데 검은 백조라는 표현을 썼다.

15. 독자 여러분은 내가 덧붙여서 쓰고 있는 주석 부분은 몽땅 무시하고 책을 읽어도 아무런 문제가 없을 것이다.

Chapter 01 | 생각하는 기계

1. 존 매카시는 1927년에 태어나 2011년에 사망했다. 그는 인공지능을 비롯해 컴퓨터 연구 전 분야에서 여러 가지 공헌을 했다. 1971년에는 컴퓨터 과학에서 가장 권위 있는 상으로 불리는 튜링 어워드*Turing Award*를 수상했다. 스탠퍼드대는 전 세계적으로 인공지능 연구를 주도하는 연구소 가운데 하나인 인공지능연구소*SAIL*를 설립했다.

2. 옥스퍼드 영어사전*The Oxford English Dictionary*에서는 '인공지능'*Artificial Intelligence*이란 용어가 매카시*McCarthy*, 마빈 민스키*Marvin Minsky*, 나다니엘 로체스터*Nathaniel Rochester*, 콜로드 섀넌*Claude Shannon*이 1955년 8월 다트머스 회의에 제출한 제안서에서 처음 사용했다고 소개하고 있다. 이 용어를 만든 사람은 매카시로 알려져 있다.

3. 라몬 룰은 1232년경에 태어나 1315년경에 사망한 것으로 알려져 있다. 200권이 넘는 저서를 남기고, 여러 분야에서 개척자적인 공헌을 했다. 나는 그가 사망하고 7백 년이 지난 뒤인 2013년 바르셀로나에서 열린 AI 컨퍼런스에서 의장을 맡아 회의를 진행한 바 있다. 당시 인공지능 분야에 그가 남긴 공헌을 기리는 행사를 개최했다.

4. 고트프리트 빌헬름 라이프니츠는 1646년에 태어나 1716년에 사망했다. 그는 여러 종류의 계산 기계를 발명했고, 오늘날 디지털 컴퓨터의 바탕이 되는 0과 1의 이진법을 발전시켰다. 그는 무엇보다도 미적분학을 체계적으로 발전시킨 것으로 유명하다.

5. *The Art of Discovery*, 1685. 참조.

6. 튜링 기계는 컴퓨터의 가장 보편적이고 형식적인 모델인 셈이다. 한마디로 말해 종이테이프 위에다 상징을 조작하는 기계이다.

7. 토마스 홉스는 1588년에 태어나 1679년에 사망했다. 국가의 존재와 왕정에 대한 객관적인 연구 저서인 《리바이어던》*Leviathan*으로 가장 많이 알려져 있다.

8. *De Corpore*(라틴어에서 번역함), Chapter 1.2, 1655. 참조.

9. 블레즈 파스칼은 이보다 10년 전인 1642년에 계산 기계를 만들었다. 하지만 그 전에도 주판을 비롯해 고대 천문학 관찰 도구 등 몇 가지의 계산 기계가 있었다.

10. 르네 데카르트는 1596년에 태어나 1650년에 사망했다. 과학적 지식에 논리적 추

론의 사용을 최초로 강조한 철학자 가운데 한 명이다.

11. *Modus tollens*는 후건부정식後件否定式을 뜻한다.

12. 조지 불은 1815년에 태어나 1864년에 사망했다. 사람의 사고논리를 수학적으로 설명해 보겠다는 아이디어는 그가 불과 열일곱 살 때 영국 사우스 요크셔주에 있는 동 커스터의 들판을 걷는 도중에 갑자기 떠오른 생각이었다고 한다. 하지만 그 생각을 논문으로 정리하기까지는 이후 10년이 더 걸렸다.

13. 조지 불의 아내 메리 에베레스트는 측량사였던 조지 에베레스트*George Everest*의 질녀로, 세계 최고봉 에베레스트는 조지 에베레스트의 이름을 따서 붙여진 것이다. 1864년에 조지 불은 대학에 강의하러 나가는 도중에 비를 맞고 감기에 걸렸다. 아내인 메리 에베레스트는 민간요법에 심취한 사람이었는데, 치료는 병의 원인과 일맥상통한다는 믿음이 강했다. 그래서 그녀는 남편을 침대에 누인 다음 젖은 침대보로 온몸을 감쌌다. 그런 다음 차가운 물을 몇 버킷이나 아픈 환자에게 들이 부었다. 그 때문인지 모르지만 이후 환자는 병이 악화되어서 결국 숨을 거두고 말았다. 불의 고손자 가운데 한 명인 제프리 에베레스트 힌튼*Geoffrey Everest Hinton*이 딥러닝 연구의 주도적인 학자 가운데 한 명으로 길지 않은 인공지능 역사에 이름을 올린다. 2003년에 나는 불이 근무한 대학인 칼리지 코크*College Cork*에 재직하며 매일 자전거를 타고 그가 살던 집 앞을 지나다녔는데, 만약에 그가 그토록 젊은 나이에 어처구니없이 유명을 달리하지 않았더라면 인공지능의 역사는 어떻게 바뀌었을까 하는 생각이 수시로 들었다.

14. 찰스 바비지 경은 1791년에 태어나 1871년에 사망했다. 그는 케임브리지대 수학과의 루카스좌 석좌교수로 재직했는데, 아이작 뉴턴 같은 쟁쟁한 학자들이 거쳐 간 명예로운 자리였다. 이후 스티븐 호킹도 이 자리에 앉았다. 계산 기계를 만들겠다는 그의 계획에는 거액의 정부 지원금이 들어가고 최고의 디자인과 엔지니어링이 총동원되었지만 참담한 실패로 기록되고 말았다.

15. 에이다 러브레이스는 시인 바이런 경의 딸로 1815년에 태어나 1852년에 사망했다. 여성의 STEM 분야 참여를 장려하기 위해 10월에 에이다 러브레이스 데이가 기념

일로 정해져 있다. STEM은 science 과학, technology 기술, engineering 엔지니어링, mathematics 수학의 4개 분야를 가리킨다.

16. 윌리엄 스탠리 제번스 경은 1835년에 태어나 1882년에 사망했다. 경제학, 특히 효용 분야에 수학적인 방식을 적용해 설명한 학자로 유명하다. 저서 《정치경제학 이론》*Theory of the Political Economy*, 1857년에서 '경제학도 학문이라면 수학적으로 설명할 수 있는 학문이 되어야 한다.'고 주장했다. 이후 많은 경제학자들이 그의 이론을 따르는 과정에서 좌절을 겪었다.

17. *Philosophical Transactions of the Royal Society of London*, 1870, volume 160, 517쪽.

18. 제번스는 46세 때 해스팅스 인근 해상에서 수영 도중 익사했다.

19. 추제*Zuse*가 만든 독일의 기계식 계산기 Z3는 1943년 연합군의 공습 때 파괴되었다. 영국의 콜로서스*Colossus* 컴퓨터는 1943년 2월에 제작 작업이 시작돼 일 년 뒤 처음으로 암호를 해독하는 데 성공했다. 콜로서스 컴퓨터의 존재는 1970년대까지도 비밀에 붙여져 있었다. 에니악*ENIAC*은 1946년에 처음으로 일반에 공개되었으며, 이후 많은 역사책에 세계 최초의 컴퓨터로 이름을 올렸다. 베이비*Baby*라는 닉네임이 붙은 소규모 실험기계 맨체스터는 1948년에 제작된 최초의 프로그램 내장 컴퓨터이다.

20. 토마스 왓슨이 컴퓨터 세계시장 규모가 불과 대여섯 대밖에 되지 않을 것이라고 했다는 주장은 근거가 희박하다. 진화론자 찰스 다윈의 손자인 찰스 다윈경은 영국 국립물리연구소 소장이던 1946년에 "온 나라가 달려들어도 풀기 힘든 문제를 기계 한 대가 너끈히 풀어낼 수 있게 되었다."고 말했다.

21. 마빈 민스키는 1927년에 태어나 2016년에 사망했다. 칼 세이건은 자기가 만난 사람 중에서 자기보다 지능이 더 뛰어난 사람은 아이작 아시모프*Isaac Asimov*와 민스키 두 명뿐이라는 말을 했다. 스탠리 큐브릭 감독의 영화 '2001: 스페이스 오디세이'*2001: A Space Odyssey*제작 때 과학 자문역할을 했다. AI 연구자인 레이 커즈와일은 민스키가 생명연장재단 Alcor company에 냉동보존되어 있으며 2045년에 생명을 되찾을 것이라고 말했다. 2045년은 커즈와일이 기계가 인간지능에 도달하게 되는 시기로 예견한

해이기도 하다. 커즈와일, 닉 보스트롬을 비롯한 AI 연구자 여러 명이 섭씨 영하 200도에 냉동보존된 민스키와 합류하기로 비용지불까지 마쳤다.

22. 허버트 알렉산더 사이먼은 1917년에 태어나 2001년에 사망했다. 의사결정 모델 이론에 기여한 공로로 1978년 노벨경제학상을 수상했다. 그는 앨런 뉴웰Allen Newell과 함께 Logic Theory Machine(1956)과 General Problem Solver(1957) 등 선구적인 AI 프로그램 두 개를 개발했다.

23. 앨런 뉴웰은 1927년에 태어나 1992년에 사망했다. 1975년에 허브 사이먼Herb Simon과 함께 튜링 어워드를 공동수상한 것을 비롯해 많은 상을 받았다. 1992년 암으로 사망하기 전 당시 조지 H.W. 부시 대통령으로부터 국가과학훈장National Medal of Science을 수여받았다.

24. 도널드 미치는 1923년에 태어나 2007년에 자동차사고로 사망했다. 1960년에 틱택토Tic-Tac-Toe 게임을 완벽하게 플레이 할 줄 아는 컴퓨터 프로그램 MENACEMachine Educable Noughts And Crosses Engine를 개발했다. 당시 컴퓨터가 개발되기 전이었기 때문에 미치는 다양한 게임 상황을 연출하기 위해 성냥곽 수백 통을 이용해 프로그램을 구동했다.

25. 다트머스 하계 연구 프로젝트에 대해 비판적인 사람들은 학자들이 자금 지원을 요청하기 위해 제안서를 낼 때는 예상되는 연구성과를 다소 과장하는 경향이 있다는 점을 염두에 두면 좋겠다.

26. 샤키Shakey 로봇은 이름 그대로 다소 불안정shaky한 구석이 있었다. 프로젝트를 주도한 찰스 로즌Charles Rosen은 이렇게 썼다. "작명을 하기 위해 한 달 동안 고민했다. 희랍어부터 시작해 온갖 이름을 뒤지는 데 동료 한 명이 '이 놈 너무 심하게 떨리니 이름을 샤키Shakey로 하는 게 어때.'라고 했다." 다음 주소에 가면 샤키를 볼 수 있다. https://vimeo.com/5072714.

27. 참고문헌 [14] 참조. 라이프Life지 기사는 35년 전에 쓴 것이지만 지금의 기준으로 봐도 잘 쓴 글이다. What guarantee do we have that in making these [critical]

decisions the machines will always consider our best interests?...The men at Project MAC [MIT's AI project] foresee an even more unsettling possibility. A computer that can program a computer, they reason, will be followed in fairly short order by a computer that can design and build a computer vastly more complex and intelligent than itself - and so on indefinitely. "I'm afraid the spiral could get out of control," says Minsky [from MIT]...Is the human brain outmoded? Has evolution in protoplasm been replaced by evolution in circuitry? "And why not?" Minsky replied when I recently asked him these questions. "After all, the human brain is just a computer that happens to be made out of meat." I stared at him - he was smiling.

28. AI 연구로부터 예상치 못한 결과를 얻은 또 하나의 좋은 사례는 스티븐 살터 Stephen Salter가 고안한 것으로, 해상에 설치해 파도 에너지를 전기로 변화시키는 펌프이다. 그는 1970년대 Department of Artificial Intelligence에서 로봇공학자로 일했다. 1973년 겨울에 그는 감기에 걸려 침대에 누워 있었는데, 아내가 누워 있는 동안 당시 에너지 부족 사태로 어려움을 겪고 있던 영국을 위해 무언가 보람 있는 일을 찾아보라고 권했다. 그래서 고안한 것이 제너레이터를 이용해 파도 에너지의 절반 이상을 전기로 바꾸는 과일 배 모양의 펌프였다. 사람들이 내게 AI 연구로 얻어진 게 무엇이 있느냐는 질문을 하면 나는 '살터의 펌프'라고 대답해 준다.

29. 컴퓨터가 속임수를 쓴 게 아닌지 걱정하는 사람이 있을지 모르겠다. 하지만 주사위를 던진 것은 컴퓨터가 아니라 사람이었다.

30. 한스 베를리너는 1929년에 태어났다. 체스 명인으로 월드 코러스폰던스 체스챔피언World Correspondence Chess Champion에 올랐다. 그가 BKG 9.8을 개발한 것도 백개먼 같은 다소 쉬운 게임을 통해 체스 게임의 기량을 키우기 위한 방안의 하나였다.

31. 참고문헌 [5] 참조.

32. 엘리자ELIZA라는 이름은 조지 버나드 쇼George Bernard Shaw의 희곡 피그말리온

*Pygmalion*에 등장하는 노동자 계급의 여주인공 엘리자 두리틀*Eliza Doolittle*에서 따온 것이다.

33. 조셉 바이젠바움은 1923에 태어나 2008년에 사망했다. 초기 인공지능 연구의 개척자로 일했지만 나중에는 인공지능에 대해 격렬한 비판자로 바뀌었다. 2010년 작 다큐멘터리 영화 '플러그 앤 프레이'*Plug and Pray*의 열렬한 지지자가 되었으며, 인공지능 기술이 우리를 어디로 데려다줄지 모른다는 주장을 폈다.

Chapter 02 | 초기 AI 연구

1. 뉴저지에 있는 벨연구소는 1947년 트랜지스터 발명으로 유명해졌다. 트랜지스터는 발명 당시보다 크기가 훨씬 줄어들었지만 현재 모든 컴퓨터와 스마트폰에 필수적인 부품이다. 나는 1990년대 초 벨연구소에서 일하는 AI 연구진의 도움으로 연구소를 둘러볼 기회가 있었다.

2. 존 R. 피어스는 1910년에 태어나 2002년에 사망했다. 벨연구소에서 여러 해 동안 연구 활동을 했고 트랜지스터라는 말을 고안해 낸 사람으로 유명하다. 또한 '인공지능 연구에 돈을 쓰는 것은 정말 어리석은 짓'*Funding artificial intelligence is real stupidity.*이라는 말을 한 것으로도 유명하다.

3. 참고문헌 [37] 참조. 음성인식 연구계획이 달나라에 가는 것만큼 어려운 작업이라고 비유한 보고서는 1969년에 작성되었다. 닐 암스트롱*Neil Armstrong*과 버즈 올드린 *Buzz Aldrin*이 그해 7월 달에 착륙했으니 아이러니가 아닐 수 없다.

4. 애플의 시리, 바이두, 구글 나우*Google Now*, 마이크로소프트의 코르타나*Cortana*, 스카이프 트랜슬레이터*Skype Translator*가 모두 딥러닝을 이용한다.

5. 더그 레너트는 1950년에 태어났다. '지능에는 1천만 가지의 규칙이 들어 있다.'는 말을 한 것으로 알려져 있지만 실제로 그런 말을 했는지는 확실치 않다.

6. CYC 프로젝트에서 추구하는 것처럼 지식을 코드화하는 것이 좋은 아이디어인지는

확실치 않다. 컴퓨터가 스스로 학습능력을 갖게 되더라도 지능 시스템에 명백한 사실과 규율을 확보한다면 유용하게 쓰일 것이다.

7. 휴버트 드레이퍼스는 1929년에 태어났다. 마빈 민스키 교수 등과 함께 MIT에 재직하면서 인공지능 연구와 접하게 되었다.

8. 참고문헌 [16] 참조. 민스키 교수는 드레이퍼스의 저서 *What Computers Can't Do*에 대한 응답으로 논문 'Why People Think Computers Can't.'를 발표했다. 로드니 A. 브룩스의 논문 'Elephants Don't Play Chess.'도 드레이퍼스 교수의 저서에 이어서 발표되었다. 누가 과학자들은 유머감각이 없다는 말을 했던가?

9. 로드니 브룩스는 1954년 호주에서 태어났지만 연구생활의 대부분을 MIT에서 보냈다. 최근에는 아이로봇*iRobot*과 리씽크 로보틱스*Rethink Robotics*라는 회사를 설립해 기술담당최고책임자*CTO*로 일했다. 진공청소기 룸바*Roomba*와 산업용 로봇 백스터*Baxter* 등 제법 유명한 로봇을 만든 회사들이다.

10. 브룩스가 자신이 개발한 로봇에 붙인 이름들을 보면 로봇과 로봇 개발자 사이의 관계를 암시하는 듯하다.

11. 왓슨은 90개에 달하는 IBM Power 750 서버 클러스터를 사용한다.

12. 에스프릿*Esprit* 프로젝트의 정식명칭은 European Strategic Program on Research in Information Technology로 1983년부터 1998년까지 시행되었다.

13. 딥러닝 분야의 연구보고서는 참고문헌 [18] 참고.

14. 캐나다가 딥러닝 분야에 투자한 것은 캐나다첨단연구소*Canadian Institute for Advanced Research*가 미래를 내다보고 내린 결정 덕분이다. 이 연구소는 1982년에 설립될 때부터 위험요인이 많고 인기 없는 연구 분야에 대한 투자 방침을 갖고 있었다.

15. 딥마인드가 49가지 전통적인 아타리 아케이드 게임*Atari arcade game*을 성공적으로 플레이하게 되기까지의 과정은 참고문헌 [34]에 상세히 소개되어 있음.

16. 신경망 러닝을 이용해 게임을 성공적으로 할 수 있게 된 것이 딥마인드가 첫 사례는 아니다. 1992년에는 신경망을 이용하는 TD-Gammon 프로그램이 초인간 수준으

로 백개먼 플레이를 했다. 하지만 TD-Gammon은 체스, 바둑, 체커 같은 비슷한 종류의 게임은 그 정도로 잘하지 못했다. 2013년에 획기적인 돌파구가 마련된 것은 추가배경 지식을 제공해 주지 않아도 49가지 종류의 게임 모두에 적용되는 동일한 러닝 알고리즘이 사용되었기 때문이다.

17. 게임트리game tree는 체스나 Go 게임을 분석하는 컴퓨터 프로그램에 이용되는 기본기술이다. 나무 뿌리는 게임 스타트에 해당되고, 각 단계마다 가능한 수를 모두 고려하게 된다. 승리를 나타내는 나뭇잎에서 게임이 끝나면 게임에서 이기는 것이다.

18. K2봉 정상에 오르는 사람은 네 명 가운데 한 명꼴로 등반 도중 목숨을 잃는 반면, 에베레스트 정상 등반의 경우는 15명 정도에 한 명꼴로 목숨을 잃는다. 에베레스트에서 사망한 등반가 중에는 유명한 AI 연구가 롭 밀른Rob Milne도 있다. 그는 에든버러대에서 박사학위를 받은 다음 미국 국방부 펜타곤에서 AI 책임 연구원으로 근무했다. 이후 스코틀랜드로 돌아와서 Intelligent Applications Ltd 사를 설립해 유럽 전역에서 AI의 실용화에 누구보다도 큰 기여를 했다. 등반에 심취했으나 안타깝게도 2005년 48세의 나이로 모든 대륙 최고봉 등정이라는 목표를 눈앞에 두고 에베레스트에서 의식불명이 된 뒤 숨을 거두었다.

19. 텔사 승용차를 자율주행 상태인 AutoPilot 모드로 두고 영화를 감상하는 것은 금물이다. 자율주행 모드로 해놓았다고 해도 돌발상황에 대비해 주의를 기울이고 있어야 한다. 2016년 초 조슈아 브라운Joshua Brown은 플로리다에서 텔사 자율주행차를 타고 가는 도중 교차로에서 방향을 바꿔 들어온 트럭과 충돌해 숨졌다. 당시 그는 운전석에서 해리포터 영화를 감상하고 있었던 것으로 조사됐다.

Chapter 03 | 어디서부터 인공지능인가

1. 참고문헌 [31] 참조.

2. 뢰브너는 올림픽 금메달은 순금이 아니지만 자기가 주는 메달은 순금이라는 점을

강조했다.

3. 휴 뢰브너는 뢰브너상을 제정한 것으로 유명한 것 외에 매춘 합법화 캠페인을 수시로 벌여 유명세를 탔다.

4. University of Reading's는 2014년 6월 8일 '튜링 테스트 통과로 컴퓨터 역사에 새로운 이정표가 세워졌다'*Turing Test success marks milestone in computing history*는 제목의 보도자료를 내놓았다. 다음은 보도자료 내용.

An historic milestone in artificial intelligence set by Alan Turing – the father of modern computer science – has been achieved at an event organised by the University of Reading. The 65-year-old iconic Turing Test was passed for the very first time by computer programme Eugene Goostman during Turing Test 2014 held at the renowned Royal Society in London on Saturday. "Eugene" simulates a 13-year-old boy and was developed in Saint Petersburg, Russia. The development team includes Eugene's creator Vladimir Veselov, who was born in Russia and now lives in the United States, and Ukrainian-born Eugene Demchenko, who now lives in Russia.'

(실제로 컴퓨터 프로그램이 튜링 테스트를 최초로 통과한 게 2014년 6월은 아니다. NBC News는 2011년에 인도 구와하티에서 개최된 Techniche festival에서 Cleverbot이 심사위원 여러 명을 속이는 데 성공함으로써 튜링 테스트를 통과했다고 보도했다.)

5. 헥터 레베스크*Hector Levesque*는 현재 토론토대*University of Toronto* 명예교수로 있다. 그는 박사과정*PhD*을 하기 위해 잠시 팔로알토에 있는 페어차일드 인공지능연구소 *Fairchild Laboratory for Artificial Intelligence Research*에 가 있은 기간을 제외하고는 연구 생활 거의 전부를 토론토대에서 보냈다.

6. 참고문헌 [33] 참조.

7. 참고문헌 [14] 참조.

8. 참고문헌 [30] 참조.

9. 유럽인들이 고속도로에서 자율주행차 시험운전을 하고 나서 1년 뒤인 1995에 CMU가 폰티악 트랜스포터 미니밴을 개조해 개발한 자율주행차 NavLab4가 미국 대륙을 횡단하며 3000마일을 달렸다. 주행의 98퍼센트를 컴퓨터가 맡아서 했다.

10. 이 설문조사 작업에는 Müller교수, Bostrom 교수와 함께 나도 참여했다.

11. 다음 문장 참조. 'In 2012 Vincent Müller and Nick Bostrom of the University of Oxford asked 550 A.I. experts...' (*Slate*, 28 April 2016).

12. 다음 문장 참조. 'A 2014 survey conducted by Vincent Müller and Nick Bostrom of 170 of the leading experts in the field...'(*Epoch Times*, 23 May 2015).

13. Müller교수와 Bostrom 교수의 설문조사에 응한 응답자 170명 가운데 29명은 Microsoft Academic Research가 연구저서 데이터를 바탕으로 작성한 'Top 100 Authors in AI' 목록에 이름이 오른 사람들이다.

14. 책에서 언급한 두 번의 컨퍼런스는 Müller 교수와 Bostrom 교수가 2012년 12월 옥스퍼드에서 개최했다.

15. 조사에 응한 응답자 80명 가운데는 나도 포함됐다.

16. 논리적으로 말하면 초지능*superintelligence*이 등장하면 AI 연구자들은 모두 일자리를 잃게 될 것이다. 그래서 AI 연구자들 사이에는 초지능 개발은 AI 연구자들이 모두 은퇴할 나이가 되면 완성되도록 하자는 주장도 있다!

Chapter 04 | AI의 현주소

1. 머신러닝을 연구하는 부류에 대해 더 상세히 알고 싶으면 참고문헌 [15] 참조.

2. 토마스 베이스*Thomas Bayes*는 1701년경에 태어나 1761년에 사망했으며 통계학자, 철학자, 그리고 장로교 목사로 활동했다. 그의 이름을 딴 베이스 정리는 역확률 이론을 보여준다. 예를 들어 항아리에 담긴 검은색 공과 흰색 공의 수를 알고 있다고 치자. 그러면 무작위로 집을 때 검은색 공을 잡을 확률을 계산해 낼 수 있다. 베이스 정리는

이를 거꾸로 적용한다. 검은색 공을 집을 확률을 알면 이를 근거로 항아리에 든 검은색 공과 흰색공의 비율을 계산할 수 있다는 것이다. 비슷한 방법으로 컴퓨터 프로그램으로 카메라의 픽셀 같은 데이터를 알 수 있으면 베이스 정리를 이용해 사진 속의 물체가 고양이인지 개인지 추정해 볼 수 있다.

3. 사이먼 콜턴Simon Colton은 현재 런던대 골드스미스 칼리지Goldsmiths College와 팰머스대Falmouth University에서 컴퓨터 창의력Computational Creativity 교수로 재임하고 있다. 컴퓨터가 그림을 그리는 페인팅 풀Painting Fool 프로그램 개발자이기도 하다. 컴퓨터도 예술가로 인정받게 되는 날이 올 것이라는 희망을 가지고 있다. Bundy 교수와 내가 사이먼 콜턴의 박사학위PhD 지도교수였다.

4. HR 프로그램에 대한 상세한 내용은 참고문헌 [12] 참조.

5. 딥스페이스원Deep Space One에는 이름과 달리 딥러닝이 들어 있지 않다. 딥스페이스원의 컨트롤 소프트웨어는 어떤 형태의 머신러닝도 사용하지 않았다.

6. 백스터Baxter는 유명한 AI 연구자인 로드니 브룩스Rodney Brooks가 설립한 로봇 스타트업 Rethink Robotics가 생산했다. 백스터는 생산라인에서 단순하고 반복적인 작업을 수행하도록 설계되었다. 컴퓨터의 손에 특정 동작을 간단히 입력시켜 주면 컴퓨터가 그 동작을 기억했다가 반복하는 것이다. 백스터는 사람들 주위에서 안전하게 작업하도록 제작되어서 초기 산업용 로봇들처럼 작업시간이 아닐 때 창고에 격리 보관할 필요가 없다.

7. 인터넷은 유난히 고양이에 집착하는 경향이 있다. 이미지넷ImageNet은 보관하고 있는 고양이 이미지만 6만 2,000건이나 된다.

8. Large Scale Visual Recognition Challenge는 알고리즘이 해당 이미지를 가장 근사치가 높은 5종류의 물체 가운데 하나와 매치시키는 경우를 레이블을 올바르게 붙인 것으로 간주하는 식으로 오독률 퍼센트를 집계한다.

9. 참고문헌 [51].

10. 예외적으로 명확한 규칙이 없고, 승패가 분명히 가려지지 않는 게임에는 모닝턴

크레센트*Mornington Crescent*를 비롯해 몇 종류가 있다.

11. 우리 아버지는 커넥트4 게임의 열한한 팬이셨다. 그래서 커넥트4를 완벽하게 플레이할 줄 아는 이 프로그램을 구해서 어느 해 크리스마스 선물로 아버지께 드렸다. 그 프로그램을 써보시고 나서 아버지는 게임하는 재미가 더 못하다는 평을 하셨다. 나도 그 말이 맞을 거라고 생각했다.

12. 당시 IBM은 체스 프로그램 판매시장의 전망을 좋지 않게 보았다. 딥블루 수준의 하드웨어가 아니면 체스 프로그램을 제대로 구동시키지 못할 것으로 보았다.

13. ELO 레이팅은 체스처럼 두 명이 하는 게임에서 선수들의 기술 수준을 계산하는 방식이다. ELO라는 이름은 레이팅을 개발한 헝가리 출신의 미국인 물리학 교수인 Arpad Elo의 이름을 딴 것이다. 카스파로프가 기록한 ELO 레이팅 최고기록은 2851점이고, 포켓 프리츠4의 ELO 레이팅은 2898이다. 딥프리츠는 3150라는 놀라운 점수를 받았는데, Magnus Carlsen이 기록한 인간 최고기록 2870점보다 훨씬 높은 점수이다.

14. 참고문헌 [27].

Chapter 05 | AI의 한계

1. 미국 공군연구소*US Air Force Research Laboratory*가 개발한 AI 프로그램이 인간 전문가 여러 명과 고난도의 시뮬레이션 공중전을 벌여 AI 프로그램이 승리를 거두었다. (참고문헌 [19]).

2. 구글 연구원들은 무작위로 선정한 Street View 사진의 실제 위치를 알아내도록 신경 네트워크를 훈련시켰는데, 인간보다 더 뛰어난 결과를 나타낼 정도로 우수한 성능을 자랑했다. (참고문헌 [50]).

3. 1980년대 초 캘리포니아의 한 병원에서 엑스퍼트 시스템 PUFF를 가동해 본 결과 폐질환 진단에서 인간 의사와 대등한 수준의 실력을 발휘했다. (참고문헌 [1]).

4. 존 설은 1932년에 태어나 생각하는 기계의 개발 아이디어에 대해 가장 강력한 비판

자 가운데 한 명이 되었다. (참고문헌 [42]).

5. (참고문헌 [41]).

6. (참고문헌 [11]).

7. 알기 쉽게 수치로 설명하자면 AI 컨퍼런스에는 많이 모이면 수천 명이 모이는 반면, AGI 컨퍼런스에는 제일 규모가 큰 연차 회의에도 고작 몇 백 명 정도 참석한다.

8. 참고문헌 [7].

9. 존 클라크 *John Clark*는 1785년에 태어나 1853년에 사망했다. 그가 개발한 기계 유레카 *Eureka* 전면에는 다음과 같은 문장이 새겨져 있다.

'Full many a gem, of purest ray serene,

The dark, unfathom'd caves of ocean bear

And many a flower is born to blush unseen

And waste its fragrance on the desert air.'

Full many a thought, of character sublime

Conceived in darkness, here shall be unrolled

The mystery of number and of time

Is here displayed in characters of gold.

Transcribe each line composed by this machine,

Record the fleeting thoughts as they arise;

A line, once lost, may ne'er be seen again,

'A thought, once flown, perhaps for ever flies.'

10. 출처는 *Illustrated London News*, 1845년 7월 19일자.

11. 참고문헌 [10].

12. Springer에서 2008년에 *Handbook of Robotics* 첫 번째 개정판을 출간했으니 2058년에 56번째 개정판을 내기 위해서는 앞으로 연간 한 번 넘게 개정판을 내야한다는 계산이 나온다.

13. 아시모프가 주장한 로봇법 세 개의 법안 내용이 안고 있는 한계는 다음과 같은 네 번째 법안이 발표되면서 뚜렷이 드러났다. '로봇은 자신의 행동으로 인간에게 피해를 입혀서는 안 되며, 스스로 행동하지 않았지만 결과적으로 인간이 피해를 입는 일이 일어나도록 해서도 안 된다.'*A robot may not harm humanity, or, by inaction, allow humanity to come to harm.* 이 네 번째 법안의 번호는 0로 매겨졌는데, 앞서 발표한 세 가지 법안보다 앞선다는 의미에서 그렇게 한 것이다.

14. 참고문헌 [3].

15. I.J. Good은 1916년에 태어나 2009년에 사망했다. 그는 AI 연구자들이 컴퓨터 바둑 Go에 도전하도록 자극하는 데 일조했다. 그는 튜링으로부터 바둑을 배웠는데, 1965년 *New Scientist*에 바둑이 체스보다 AI 연구자들에게 더 어려운 과제가 될 것이라는 요지의 글을 기고했다. (참고문헌 [22]). 그로부터 몇 년 뒤에 최초의 컴퓨터 바둑 프로그램이 선 보였다.

16. 여러분도 재미삼아 bing.com에 들어가 auto complete로 'Politicians are'라는 문장을 한번 쳐보시기 바란다.

17. COMPAS의 정식명칭은 Correctional Offender Management Profiling for Alternative Sanctions. AI 연구자들은 3자 혹은 4자 축약어 사용을 선호한다.

18. 참고문헌 [48].

19. 존 폰 노이만*John von Neumann*은 1903년에 태어나 1957년에 사망했다. 튜링과 함께 컴퓨터의 초석을 다진 사람 가운데 한 명이다. 메모리*memory*, 중앙처리 유닛*central processing unit*, arithmetic 프로세싱 유닛과 logic 프로세싱 유닛, input/output 디바이스 등 현대 컴퓨터의 기본 토대를 만들었다. 수학, 경제학, 물리학, 통계학과 컴퓨터 등 다방면에 많은 공헌을 한 천재였다. 저서 *The Computer and the Brain*이 1958년에 유작으로 사후출판되었다.

20. 참고문헌 [46].

21. 참고문헌 [23].

22. 참고문헌 [47].

23. 참고문헌 [28]과 [8].

24. 레이 커즈와일Ray Kurzweil은 2005년에 저서 *The Singularity Is Near: When humans transcend biology*를 출간했다. 이 책에서 커즈와일은 특이점에 기초해서 인공지능과 인류의 미래에 대해 다루고 있다.

25. 참고문헌 [47].

26. 참고문헌 [39].

27. 참고문헌 [6].

28. 참고문헌 [10].

29. The infinite sum adds up to just 2.

30. 참고문헌 [2].

Chapter 06 | AI가 미칠 파장

1. 참고문헌 [49].

2. 참고문헌 [26].

3. 바실리 레온티예프Wassily Leontief는 1906년에 태어나 1999년에 사망했다. 상호연관적인 방법으로 다양한 경제 분야에서 투입inputs을 근거로 산출outputs을 예측한 공로로 노벨경제학상을 수상했다. 그가 사용한 방법은 수학적인 면에서 구글이 개발한 PageRank의 선구적인 역할을 했다. PageRank는 인커밍 링크incoming links의 중요성에 바탕을 두고 상호연관적인 방법을 이용해 다양한 웹페이지의 중요성을 예측한다.

4. 참고문헌 [29].

5. '트리플 혁명 특별위원회'Ad Hoc Committee on the Triple Revolution가 주목한 3대 혁명은 자동화가 증가하면서 일어나는 사이버혁명cybernation revolution, 상호 파멸의 길로 치닫게 되는 무기혁명weaponry revolution, 그리고 1960년대의 인권혁명human rights

*revolution*이다. 트리플 혁명 특별위원회의 건의서는 이 세 가지 가운데서 첫 번째 사이버혁명에 주목했다.

Chapter 07 | AI와 일자리 충격

1. The Daily Telegraph, 2016년 2월 13일자에서 인용.

2. 참고문헌 [20].

3. 나는 연방산업과학원*CSIRO* 내 연구부서인 Data61에서 data sciences 분야에 대한 집중 연구를 진행했다.

4. 아마존 CEO 제프 베이조스*Jeff Bezos*는 2013년 2억 5천만 달러에 워싱턴 포스트를 인수했다.

5. 참고문헌 [40].

6. 이스마일 알 자자리*Ismail al Jazari*는 1136년에 태어나 1206년에 사망했다. 그는 저서 《기발한 기계에 관하여》*The Book of Knowledge of Ingenious Mechanical Devices*로 가장 많이 알려졌다. 발명가, 기계 엔지니어, 공예가, 미술가, 수학자, 천문학자로 활동했다. 그를 로봇공학의 아버지로 부르는 이들도 있다.

7. 시대를 불문하고 정치인이 자신의 자리에 안심할 수 있는 때는 없을 것이다.

8. 참고문헌 [25].

9. 참고문헌 [17].

Chapter 08 | AI와 전쟁

1. 휴먼라이츠워치는 무기금지 활동 분야에서 탁월한 공헌을 했다. 오타와 대인지뢰금지조약 체결과 집속탄 사용금지조약이 체결되도록 막후에서 활동한 비정부기구*NGO*들 가운데 하나였다. 아티클 36*Article 36*은 1977년 체결된 제네바협정 추가의정서

1의 36조에서 이름을 딴 NGO 단체이다. 36조에서는 각국이 신무기 개발과 전쟁 수단과 방법을 선택함에 있어서 국제법을 반드시 준수할 것을 요구하고 있다. 영국을 비롯한 일부 국가에서는 이 조항이 치명적인 자율무기를 통제하는 데도 적용되어야 한다고 주장한다. 과학과 국제문제에 관한 퍼그워시회의*Pugwash Conference on Science and World Affairs*는 핵무기를 비롯한 기타 대량살상무기가 인류에 가하는 위협에 대해 학문적, 이성적으로 경각심을 가질 것을 촉구한다. 1995년에 노벨평화상을 수상했다.

2. 게임이론*Game theory*은 지적이고 합리적인 의사결정권자들 사이에서 생겨나는 갈등과 협력관계의 수학적 모델을 연구한다. 존 폰 노이만*John von Neumann*을 게임이론의 아버지로 부르는 경우가 많다. 하지만 게임이론에 담긴 아이디어 가운데는 17세기까지 거슬러 올라가는 것도 있다. 존 내쉬*John Nash*는 게임이론에 대한 공적을 인정받아 1994년 노벨경제학상을 공동수상했다. 그의 업적과 생애는 책으로 엮어졌고, 영화 '뷰티풀 마인드'*A Beautiful Mind*로 만들어졌다. 노벨경제학상 수상에 일조한 것으로 알려진 비협력게임이론*non-cooperative game theory*을 주제로 쓴 박사학위 논문은 불과 28쪽에 참고문헌이 달랑 2개인 것으로 유명하다.

Chapter 09 | AI 시대를 축복으로 맞이하려면

1. 닐 포스트먼*Neil Postman*은 1931년에 태어나 2003년에 사망했다. 작가와 문화비평가로 인기를 얻었으며, 《교육의 종말》*The End of Education:Redefining the value of school*, 《테크노폴리》*Technopoly:The surrender of culture to technology*, 《아동기의 소멸》 *The Disappearance of Childhood*을 비롯해 영향력 있는 저서를 다수 남겼다. 30여 년 전에 출간된 그의 저서 《죽도록 즐기기》*Amusing Ourselves to Death: Public discourse in the age of show business*에는 트럼프 대통령의 등장을 예견하는 듯한 문장이 있어 화제를 모으기도 했다. 'Our politics, religion, news, athletics, education and commerce have been transformed into congenial adjuncts of show business, largely without

protest or even much popular notice. The result is that we are a people on the verge of amusing ourselves to death.' 1998년 3월 27일 콜로라도주 덴버에서 열린 New Tech 98 컨퍼런스에서 기술변화를 주제로 연설했다.

2. 헨리 포드가 실제로 이런 말을 했음을 뒷받침해 주는 증거자료는 없다. 이 인용문이 처음으로 인쇄 매체에 나돌기 시작한 것은 15년 전쯤이다.

3. 찰스 타운즈Charles Townes는 1915년에 태어나 2014년에 사망했다. 분자증폭기masers와 레이저를 발명한 공로로 1964년에 노벨물리학상을 수상했다. 레이저 발명과 관련해서는 참고문헌 [43]의 4쪽 참고.

4. IMF 보고서는 중하위 소득층의 소득 점유율이 늘면 성장이 늘어나지만, 상위 20퍼센트의 소득 점유율이 늘면 성장률은 감소한다고 분석한다. 부자가 더 부유해져도 그 혜택이 빈곤층으로 흘러들어가는 낙수효과가 일어나지 않는다는 것이다.(참고문헌 [13]).

Chapter 10 | 2050년, AI가 만들 10가지 미래 변화

1. 참고문헌 [21].

2. iPhone 첫 제품이 출시된 것은 2007년이다. Noika 9000 Communicator는 그보다 10년 앞선 1996년에 나왔고, BlackBerry 6210은 2003년에 출시됐다.

3. 영국인인 나는 어떤 팀이든 페널티킥으로 독일 팀을 꺾어 주었으면 좋겠다.

참고문헌

[1] J.S. Aikins, J.C. Kunz, E.H. Shortliffe & R.J. Falat (1983) PUFF: An expert system for interpretation of pulmonary function data. *Computers and Biomedical Research*, 16: 199~208.

[2] P. Allen & M. Greaves (2011) The Singularity Isn't Near. *MIT Technology Review*, October, pp. 7~65.

[3] I. Asimov (1950) *I, Robot*. New York, Gnome Press.

[4] D. Autor (2014) Polanyi's Paradox and the Shape of Employment Growth. Working Paper 20485, National Bureau of Economic Research, September.

[5] H.J. Berliner (1980) Computer Backgammon. *Scientific American*, 242 (6):64~72.

[6] N. Bostrom (2001) When Machines Outsmart Humans. *Futures*, 35 (7):759~764.

[7] N. Bostrom (2006) How Long Before Superintelligence? *Linguistic and Philosophical Investigations*, 5 (1): 11~30.

[8] N. Bostrom (2014) *Superintelligence: Paths, dangers, strategies*. Oxford (UK), Oxford University Press.

[9] L. Carroll (1895) What the Tortoise Said to Achilles. *Mind*, 4 (14): 278~280.

[10] D. Chalmers (2010) The Singularity: A philosophical analysis. *Journal of Consciousness Studies*, 17 (9~10): 7~65.

[11] D. Cole (2004) The Chinese Room Argument. In *The Stanford Encyclopedia of Philosophy*. The Metaphysics Research Lab, Center for the Study of Language and

Information, Stanford University.

[12] S. Colton, A. Bundy & T. Walsh (2000) Automatic Invention of Integer Sequences. In *Proceedings of the 17th National Conference on AI*. Association for Advancement of Artificial Intelligence.

[13] E. Dabla- Norris, K. Kochhar, N. Suphaphiphat, F. Ricka & E. Tsounta(2015) Causes and Consequences of Income Inequality: A global perspective. Technical report, IMF, SDN/15/13.

[14] B. Darrach (1970) Meet Shakey, the First Electronic Person. *Life*, 69 (21):58~68.

[15] P. Domingos (2015) *The Master Algorithm: How the quest for the ultimate learning machine will remake our world*. New York, Basic Books.

[16] H.L. Dreyfus (1992) *What Computers Still Can't Do: A critique of artificial reason*. Cambridge (MA), MIT Press.

[17] H. Durrant- Whyte, L. McCalman, S. O'Callaghan, A. Reid & D. Steinberg (2015) Australia's Future Workforce? Technical report, Committee for Economic Development of Australia, June.

[18] C. Edwards (2015) Growing Pains for Deep Learning. *Commun. ACM*, 58 (7) : 14~16.

[19] N. Ernest, D. Carroll, C. Schumacher, M. Clark, K. Cohen & G. Lee. Genetic Fuzzy Based Artificial Intelligence for Unmanned Combat Aerial Vehicle Control in Simulated Air Combat Missions. *Journal of Defense Management*, 6 (1).

[20] C.B. Frey & M.A. Osborne (2013) The Future of Employment: How susceptible are jobs to computerisation? Technical report, Oxford Martin School.

[21] B. Gates (1994) *The Road Ahead*. New York, Viking Penguin.

[22] I.J. Good (1965) The Mystery of Go. *New Scientist*, 21 January, pp. 172~174.

[23] I.J. Good (1965) Speculations Concerning the First ltraintelligent Machine. *Advances in Computers*, 6: 31~88.

[24] A. Hodges (1983) *Alan Turing: The enigma*. London: Burnett Books.

[25] V. Kassarnig (2016) Political Speech Generation. *CoRR*, abs/1601.03313.

[26] J.M. Keynes (1930) Economic Possibilities for Our Grandchildren. *The Nation and Athenaeum (London)*, 48 (2): 36~37 and 48 (3): 96~98.

[27] R.E. Korf (1997) Finding Optimal Solutions to Rubik's Cube Using Pattern Databases. In *Proceedings of the Fourteenth National Conference on Artificial Intelligence and Ninth Conference on Innovative Applications of Artificial Intelligence*, AAAI Press, pp. 700~705.

[28] R. Kurzweil (2006) The Singularity Is Near: *When humans transcend biology*. New York, Penguin.

[29] W. Leontief (1952) Machine and Man. *Scientific American*, 187 (3): 150~160.

[30] F. Levy & R.J. Murnane (2004) *The New Division of Labor: How computers are creating the next job market*. Princeton, Princeton University Press.

[31] Z.C. Lipton & C. Elkan (2016) The Neural Network that Remembers. *IEEE Spectrum*, February.

[32] J.R. Lucas (1961) Minds, Machines and Gödel. *Philosophy*, 36 (137): 112~127.

[33] M. Minsky (1967) *Computation: Finite and infinite machines*. New Jersey, Prentice Hall.

[34] V. Mnih, K. Kavukcuoglu, D. Silver, A. Rusu, J. Veness, M. Bellemare, A. Graves, M. Riedmiller, A. Fidjeland, G. Ostrovski, S. Petersen, C. Beattie, A. Sadik, I. Antonoglou, H. King, D. Kumaran, D. Wierstra, S. Legg & D. Hassabis (2015) Human- level Control through Deep Reinforcement Learning. *Nature*, 518: 529~533.

[35] H. Moravec (1988) *Mind Children: The future of robot and human intelligence*. Cambridge (MA), Harvard University Press.

[36] R. Penrose (1989) *The Emperor's New Mind: Concerning computers, minds, and the laws of physics*. New York, Oxford University Press.

[37] J.R. Pierce (1969) Whither Speech Recognition? *The Journal of the Acoustical Society of America*, 46 (4B): 1049~1051.

[38] S. Pinker (1994) *The Language Instinct: How the mind creates language*. New York: HarperCollins.

[39] S. Pinker (2008) Tech Luminaries Address Singularity. *IEEE Spectrum*, June.

[40] D. Remus & F.S. Levy (2015) Can Robots Be Lawyers? Computers, lawyers, and the practice of law. Technical report, Social Science Research Network(SSRN), December.

[41] J. Searle (1980) Minds, Brains and Programs. *Behavioral and Brain Sciences*, 3 (3) : 417~457.

[42] J. Searle (1990) Is the Brain's Mind a Computer Program? *Scientific American*, 262 (1): 26~31.

[43] C.H. Townes (1999) *How the Laser Happened: Adventures of a scientist*. New York, Oxford University Press.

[44] A.M. Turing (1950) Computing Machinery and Intelligence. *Mind*, 59 (236): 433~460.

[45] A.M. Turing (1952) The Chemical Basis of Morphogenesis. *Philosophical Transactions of the Royal Society of London B: Biological Sciences*, 237 (641): 37~72.

[46] S. Ulam (1958) Tribute to John von Neumann. *Bulletin of the American Mathematical Society*, 64 (3).

[47] V. Vinge (1993) The Coming Technological Singularity: How to survive in the post-human era. In H. Rheingold (ed.), *Whole Earth Review*. Point Foundation.

[48] T. Walsh (2016) Turing's Red Flag. *Communications of the ACM*, 59 (7):34~37.

[49] J. Weizenbaum (1976) *Computer Power and Human Reason: From judgment to calculation*. New York, W.H. Freeman & Co.

[50] T. Weyand, I. Kostrikov & J. Philbin (2016) PlaNet: Photo geolocation with convolutional neural networks. *CoRR*, abs/1602.05314.

[51] W.A. Woods. Lunar Rocks in Natural English: Explorations in natural language question answering (1977) In A. Zampolli (ed.), *Linguistic Structures Processing*, Amsterdam, North- Holland, pp. 521~569.

찾아보기

○

옮긴이 이기동

서울신문에서 초대 모스크바 특파원과 국제부차장, 정책뉴스부차장, 국제부장, 논설위원을 지냈다. 베를린장벽 붕괴와 소련연방 해체를 비롯한 동유럽 변혁의 과정을 현장에서 취재했다. 경북 성주에서 태어나 경북고등과 경북대 철학과, 서울대대학원을 졸업하고, 관훈클럽 신영연구기금 지원으로 미국 미시간대에서 저널리즘을 공부했다. 《현대자동차 푸상무 이야기》《블라디미르 푸틴 평전-뉴차르》《미국의 세기는 끝났는가》《인터뷰의 여왕 바버라 월터스 회고록-내 인생의 오디션》《마지막 여행》《루머》《미하일 고르바초프 최후의 자서전-선택》을 우리말로 옮겼으며 저서로 《기본을 지키는 미디어 글쓰기》가 있다.

AI의 미래
생각하는 기계

초판 1쇄 인쇄 | 2018년 6월 20일
초판 2쇄 발행 | 2018년 10월 31일

지은이 | 토비 월시
옮긴이 | 이기동
펴낸이 | 이기동
편집주간 | 권기숙
편집기획 | 김문수 이민영 임미숙
마케팅 | 유민호 이정호 김철민
주소 | 서울특별시 성동구 아차산로 7길 15-1 효정빌딩 4층
이메일 | previewbooks@naver.com
블로그 | http://blog.naver.com/previewbooks

전화 | 02)3409-4210
팩스 | 02)3409-4201 02)463-8554
등록번호 | 제206-93-29887호

교열 | 이민정
디자인 | Kewpiedoll Design
인쇄 | 상지사 P&B

ISBN 978-89-97201-38-9 03550